职业院校工学结合特色教材

照明线路安装与检修

主 编 吴 仝

副主编 曹辉剑 刘自强

参 编 吴 可

主 审 谢 刚

西南交通大学出版社

·成 都·

内容简介

本书采用工学结合、任务引领、工作过程导向的“理论实践一体化”教学模式编写。

本书共包括 6 个任务群，24 个工作任务。主要教学内容有：光学基础知识认知、安全用电基础知识认知、照明灯具安装、照明设备安装与检修、室内照明线路安装与检修、室外照明认知。

本书可作为中（高）等职业院校电气技术应用、电气运行与控制等电气类专业的教材，也可作为维修电工及相关工种职业技能鉴定培训用书，还可供相关工程技术人员参考。

图书在版编目（CIP）数据

照明线路安装与检修 / 吴仝主编. —成都：西南交通大学出版社，2021.1

职业院校工学结合特色教材

ISBN 978-7-5643-7895-0

Ⅰ. ①照… Ⅱ. ①吴… Ⅲ. ①电气照明 – 设备安装 – 高等职业教育 – 教材②电气照明 – 设备检修 – 高等职业教育 – 教材 Ⅳ. ①TM923

中国版本图书馆 CIP 数据核字（2020）第 245306 号

职业院校工学结合特色教材

Zhaoming Xianlu Ānzhuang yu Jianxiu

照明线路安装与检修

主编 吴仝

责任编辑 张华敏

特邀编辑 杨开春 陈正余

封面设计 原谋书装

印张：15.25 字数：382 千

成品尺寸：185 mm × 260 mm

版次：2021 年 1 月第 1 版

印次：2021 年 1 月第 1 次

印刷：四川煤田地质制图印刷厂

书号：ISBN 978-7-5643-7895-0

出版发行：西南交通大学出版社

网址：http://www.xnjdcbs.com

地址：四川省成都市金牛区二环路北一段 111 号 西南交通大学创新大厦 21 楼

邮政编码：610031

发行部电话：028-87600564 028-87600533

定价：46.00 元

课件咨询电话：028-81435775

前言

目前，职业教育教学改革正在顺利推进，已经进入到了非常关键的时期，全国中等职业教育中“在做中学”“在学中做”的职教理念已经得到了广泛认可，理论和实践相结合的教学模式，也就是“理实一体化”的教学模式在实践中取得了较好的效果。

本书是依据《中等职业学校电气技术应用专业教学标准》中对“照明线路安装与检修”课程的要求，同时根据编者长期的教学实践经验和当前职教改革的需要，结合“照明线路安装与检修”课程的教学实际，采用工学结合、任务引领、工作过程导向的“理论实践一体化”教学模式编写的。

本书从“照明线路安装与检修”实际岗位中的工作任务出发，深入分析每个工作任务的工作过程，从每个任务的工作程序、安装标准、安装工艺以及安全措施和安全注意事项入手，以解决工作中的实际问题为出发点，将照明线路安装与检修工作分解为光学基础知识认知、安全用电基础知识认知、照明灯具安装、照明设备安装与检修、室内照明线路安装与检修、室外照明认知共6个工作任务群，每个任务群下面有若干个实际工作任务，每个工作任务分为“任务目标”“知识要求”和“技能要求”3个部分。其中，“任务目标”包含“知识目标”“技能目标”和“素质目标”3个部分；“知识要求”包含“知识要点”“巩固练习”以及“知识拓展”3个部分；“技能要求”包含“工作任务”“任务描述”和“任务实施”3个部分。

在编写过程中，对专业知识的要求本着工作任务的需要，“刚好够用，略有提高”为准，对专业基础知识，特别是常见、常用的专业基础知识做了详细的介绍，同时，对专业技能提高必需的理论知识通过“知识拓展”展现出来。编写中充分考虑了学习者的理解能力和接受能力，内容编写顺序从简单到复杂、由浅入深、循序渐进，简化理论知识，注重操作技能，真正做到“在做中学”“在学中做”。培养和提高学习者在工作中解决实际问题的能力，激发学习者自觉学习和主动学习的动力，做到理论和实践相统一的目的。

本书由内江铁路机械学校吴仝主编，曹辉剑、刘自强任副主编，四川铁道职业学院吴可参编。具体编写分工如下：吴仝编写内容简介、前言、工作任务群四、工作任务群五和工作任务群六；曹辉剑编写工作任务群三；刘自强编写工作任务群一；吴可编写工作任务群二和附表。全书由吴仝统稿，四川铁道职业学院谢刚主审。

在本书的编写过程中，四川铁道职业学院谢刚、内江铁路机械学校周向明、李鲁华给予了大力支持和帮助，并提出了许多有益的建议和意见，在此表示衷心的感谢！

本书可作为职业院校电气技术应用、电气运行与控制等电气类专业的教材，也可作为维修电工及相关工种职业技能鉴定培训用书，还可供相关工程技术人员参考。

由于编者水平有限，书中错漏之处在所难免，恳请广大读者，特别是从事照明线路安装与检修的现场工作人员提出宝贵的意见和建议，使本书能够不断完善，并适应照明线路安装与检修工作发展的需要。

编　者

2020 年 11 月

目　录

任务群一　光学基础知识认知

任务一　光的颜色与波长关系认知

【任务目标】

一、知识目标

1. 掌握光的定义和组成。
2. 掌握光的性质。
3. 熟悉光线、可见光、紫外线和红外线的定义及其波长范围。
4. 熟悉常见的光度量种类及其作用。

二、技能目标

1. 能熟练使用光谱仪辨识可见光的各种颜色及其波长范围。
2. 能熟练辨识可见光、紫外线和红外线及其波长范围。

三、素质目标

1. 培养敏锐的判断力、观察能力和辨识能力。
2. 培养遵章守纪的意识。
3. 培养团队协作精神。

知识要求

【知识要点】

人类的生活时刻都离不开光，舒适的光线不但能提高人的工作效率和产品质量，还有利于人的身心健康，电气照明技术实际上是对光的认知、设计和控制的技术，对照明线路的安装与检修提供了扎实的理论基础和坚实的技术支持。

一、光的概念

(一) 光的定义

对于光是什么，目前有两种解释：一种解释认为，光照射在物体上，能引起物体的温度上升，说明光是具有能量的，光是能量存在的一种形式，即人们通常所说的光能，这可以称为光的能量解释；另一种解释认为，能量以电磁波或粒子形式发射或传播的过程，称为辐射，光能可以在没有任何中间媒介的情况下向外发射和传播，这种向外发射和传播的过程称为光的辐射，即光是任何能够直接引起视觉的辐射，这可以称为光的辐射解释。

综合能量和辐射两方面的解释，可以给光下一个完整的定义：光既是能量存在的一种形式，也是任何能够直接引起人眼视觉的辐射。

光在一种均匀介质（或无介质）中将以直线的形式向外传播，光的这种直线传播形式称为光线。

(二) 光的性质

现代物理研究证实：光具有波粒波动性和微粒性，光在传播过程中主要显示出波动性，而在光与物质的相互作用中，主要显示出微粒性。因此，光的性质包括波动性和微粒性，也就是光具有波粒二重性。

二、光学理论

现代物理研究认为，光学理论有两种，即光的电磁理论和光的量子理论。

(一) 光的电磁理论

光的电磁理论认为，光是能在空间中传播的一种电磁波，电磁波的传播形式见图 1-1-1。

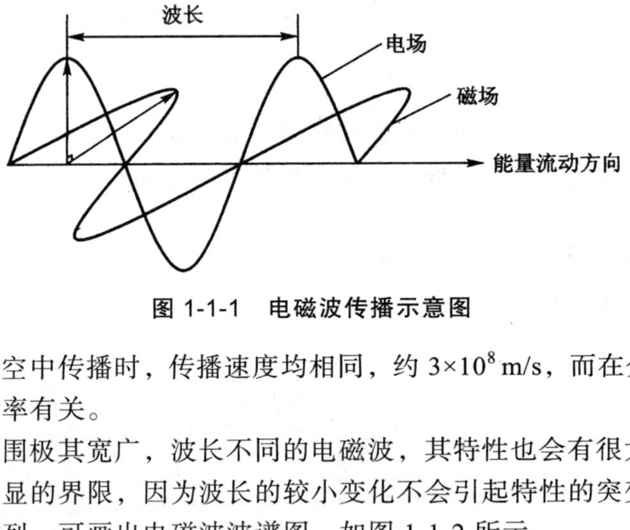

图 1-1-1 电磁波传播示意图

所有电磁波在真空中传播时，传播速度均相同，约 3×10^8 m/s，而在介质中传播时，其传播速度与介质的折射率有关。

电磁波的波长范围极其宽广，波长不同的电磁波，其特性也会有很大的差别，但相邻波长的电磁波并没有明显的界限，因为波长的较小变化不会引起特性的突变。将各电磁波按波长（或频率）依次排列，可画出电磁波波谱图，如图 1-1-2 所示。

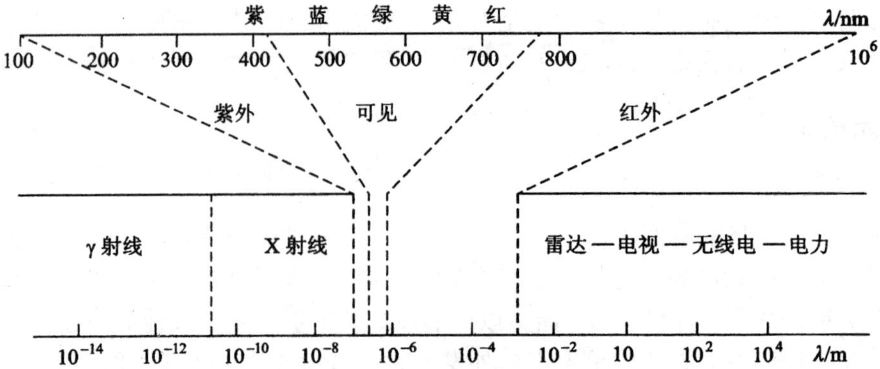

图 1-1-2 电磁波波谱图

(二) 光的量子理论

光的量子理论认为，光是由辐射源发射的微粒流。光的这种微粒是光的最小存在单位——光量子，简称光子。光子具有一定的能量和动量，在空间中占有一定的位置，并作为一个整体以光速在空间中移动。光子与其他实物粒子不同，它没有静止的质量。

光的电磁理论和量子理论是一致的，它们都是解释一种物理现象。光的电磁理论可以解释光在传播过程中出现的物理现象，如光的干涉、衍射、偏振和色散等；光的量子理论可以解释光的吸收、散射和光电效应等。

三、光的组成

根据光的波长范围不同，可以将光的波长分为三个段落，即光由可见光、紫外线和红外线三段不同波长的光组成。

(一) 可见光

能使人的眼睛产生光感的电磁波称为可见光，可见光的波长范围在 380 ~ 780 nm（nm 称为纳米，1 nm = 10^{-9} m）。

不同波长的可见光，在人眼中会产生不同的颜色，将可见光按波长从 380 nm 到 780 nm 依次展开，将呈现紫、蓝、绿、黄、橙、红等颜色，可见光的颜色与其波长和波长范围的对应关系见表 1-1-1。但各种颜色对应的波长范围并不是截然分开的，而是随波长逐渐变化的，也就是说，光的各种颜色之间是连续变化的。只有单一波长的光才表现为一种颜色，称为单色光；全部可见光混在一起就形成了日光（白色光）。

表 1-1-1　可见光颜色的波长和波长范围

颜色	波长/nm	波长范围/nm	颜色	波长/nm	波长范围/nm
红	700	640 ~ 780	绿	510	480 ~ 550
橙	620	600 ~ 640	蓝	470	450 ~ 480
黄	580	550 ~ 600	紫	420	380 ~ 450

(二) 紫外线

波长小于 380 nm 的电磁波叫紫外线，正常情况下，紫外线在人眼中是不能引起视觉效应的，也就是说人眼看不见紫外线。

(三) 红外线

波长约为 780 nm ~ 1 m 的电磁波叫红外线，和紫外线一样，正常情况下，红外线在人眼中也不能引起视觉效应，人眼同样也看不见红外线。

紫外线和红外线虽然不能引起人的视觉反应，但其辐射特性与可见光极其相似，可以用平面镜、透镜、棱镜等光学元件进行反射、成像或色散，故光学上通常把紫外线、红外线和可见光统称为光。

太阳所辐射的电磁波中，波长大于 1 400 nm 的部分被低空大气层中的水蒸气和二氧化碳强烈吸收，波长小于 290 nm 的部分被高空大气层中的臭氧所吸收，能达到地表面的电磁波，其波长正好与可见光相符。

四、常用的光度量

(一) 光谱光视效率 $V(\lambda)$

1. 光谱光视效率的定义

任一波长可见光的光谱光视效率 $V(\lambda)$ 等于该波长的光谱光效能 $K(\lambda)$ 与最大光谱光效能 K_m 之比，即

$$V(\lambda)=\frac{K(\lambda)}{K_m}$$

光谱光效能是用来衡量电磁波所引起视觉能力的量。

最大光谱光效能 K_m 是指波长为 555 nm（明视觉）或 510 nm（暗视觉）可见光的光谱光效能，其值为 683 lm/W。

2. 光谱光视效率的作用

光谱光视效率是用来评价人眼对不同波长光的灵敏度的指标。人眼对于不同波长的光的感受是不一样的，这不仅表现在光的颜色上，而且也表现在光的亮度上。不同波长的可见光尽管辐射的能量一样，但人眼看起来其明暗程度会有所不同，这说明人眼对不同波长的可见光有不同的主观感觉量。在辐射能量相同的各色光中，如果在白天或光线充足的地方，人眼对波长为 555 nm 的黄绿色光最敏感，波长偏离 555 nm 越远，人眼对其感光的灵敏度就越低；而在视线昏暗时，人眼对波长 510 nm 的绿色光最敏感。

(二) 光通量 $\varPhi$

1. 光通量的定义

光源在单位时间内向周围空间辐射出的、能使人产生光感的能量，称为光通量，单位为流明（lm），用符号 $\varPhi$ 表示。

2. 光通量的作用

光通量是反映光源发光能力的一个基本量，是光源的一个基本参数，它能表征发光体辐射光能的多少。

光通量是人眼在单位时间内所能感觉到的光源辐射能量，是人眼的主观感觉量，并不是光源的全部辐射量。

(三) 发光强度 I_θ

1. 发光强度的定义

光源在空间的某一方向上的单位立体角内发射的光通量与该立体角的比值，称为光源在这一方向上的发光强度，简称为光强，单位为坎德拉（cd），以符号 I_θ 表示。

2. 发光强度的作用

发光强度是用来描述光源光通量在空间的分布情况的参数。不同光源发出的光通量在空间的分布是不相同的，即使是某个具体光源的光通量在空间分布也并非各个方向都是均匀的。

在日常生活中，人们为了改变光源光通量在空间的分布情况，采用了各种不同形式的灯

罩进行配光。例如，40 W 的白炽灯在未加灯罩前，其正下方的光强约为 30 cd，加上一个不透光的搪瓷伞形灯罩后，向上的光除少量被吸收外，都被灯罩朝下反射，使下方的光强由 30 cd 增至 73 cd 左右。

(四) 照度 *E*

1. 照度的定义

物体被照面上单位面积内所接受的光通量，称为该物体被照面（工作面）上的照度，用符号 E 表示，单位为勒克斯（lx）。其计算公式为：

$$E=\frac{\Phi}{A}$$

式中：E 为物体被照面上的照度；Φ 为物体被照面上的光通量；A 为物体被照面的面积。

上式说明，1 lx 的照度表示 1 lm 的光通量均匀分布在 1 m^2 的被照面上。

2. 照度的作用

照度是用来描述物体被照面上被照射程度的光学量，它表示被照面接受光通量的面密度，用来鉴定被照面的照明情况。照度值越高说明被照面上的被照射程度越高，也就是被照面上的光通量越多；照度值越低说明被照面的被照射程度越低，被照面上的光通量就越少。各种场所的照度标准值可参见附录。

通常情况下，物体被照面上的照度与光源的光强成正比，与物体被照面至光源距离的平方成反比。因此，在照明设计中，为了提高局部的照度或改善照度的均匀性，在光源和灯具不变的情况下，可以通过改变灯具的安装高度来实现。

(五) 亮度 *L*

1. 亮度的定义

被视物体发光面在视线方向上的光强与发光面在垂直于该方向上的投影面积之比值，称为发光面的表面亮度，用符号 L 表示，单位为坎德拉每平方米（cd/m^2）。

2. 亮度的作用

亮度是用来表示物体表面发光（或反光）强弱的光学量，它反映了物体的明亮程度。人眼主观所感受到的物体明亮程度，除了与物体表面亮度有关外，还与人们所处环境的明亮程度有关。例如，统一亮度的表面，分别放在明亮和黑暗环境中，就会感到放在黑暗中的表面要比放在明亮环境中的更亮。

【巩固练习】

1. 什么是光和光线？光的性质是什么？
2. 什么是可见光、红外线和紫外线？
3. 可见光的颜色有哪些？各种颜色光的波长范围是多少？
4. 光学理论有哪几种？
5. 常用的光度量有哪些？
6. 什么是光通量和照度？光通量和照度有什么作用？

技能要求

【工作任务】 可见光的颜色与波长认知。

【任务描述】 学生根据教师在光谱仪上设定的显示光谱，正确说出其名称、颜色及其波长范围，并回答教师的提问。

【任务实施】

1. 准备工作

① 人员组织：将班级学生分为 8 ~ 10 组，每组 3 ~ 5 人，每次轮流考核 1 人。

② 设备准备：光谱仪 1 台、测量工具 1 套。

③ 资料准备：评分表 1 张，记录笔 1 支。

2. 实际操作

① 考核人员：1 人。

② 考核时间：5 min。

③ 考核标准：

评分表

第______小组　　学生姓名______________　　总评分__________

项目及配分		考核内容及评分标准	自评分 30%	小组评分 30%	教师评分 40%
考核程序	40 分	1.根据光谱仪显示的光谱辨识各种光的名称、颜色和波长。每错一处扣 5 分。			
		2. 根据教师提问回答问题。每错一题扣 5 分。			
考核质量	40 分	1.根据光谱仪显示的光谱能立即说出各种光的名称、颜色和波长。迟疑或停顿时间较长或答题错误，每错一处扣 5 分。			
		2.回答老师问题应迅速、果断。停顿时间较长或答题错误，每错一处扣 5 分。			
考核时间	10 分	考核总时间为 5 min，每超时 1 min 扣 5 分，超时 3 min 及以上停止考核。			
安全规章	10 分	遵章守纪，具有团结协作精神，仪容仪表应符合安全文明生产要求。团结协作精神缺乏，酌情扣 1 ~ 5 分。违反安全规范操作，情节较轻，酌情扣 1 ~ 5 分；情节较重或造成了人身伤害，视为不合格。			
合计	100 分				

任务二　材料的光学性质认知

【任务目标】

一、知识目标

1. 掌握材料的反射、透射（折射）和吸收等光学性质。
2. 了解材料的反射比、透射比和吸收比的定义和作用。
3. 掌握影响材料反射、透射和吸收的因素。
4. 熟悉视力、视觉、视觉适应、视野、视觉疲劳和眩光的定义。
5. 了解视觉、视觉适应、视觉疲劳和眩光的种类。
6. 了解阴影的定义、作用及其消除方法。

二、技能目标

1. 能熟练使用光学性质检测仪辨识各种材料的光学性质。
2. 能熟练测量各种材料的透射比、反射比和吸收比。
3. 能正确回答老师的问题。

三、素质目标

1. 培养敏锐的判断力、观察能力和辨识能力。
2. 培养遵章守纪的意识。
3. 培养团队协作精神。

知识要求

【知识要点】

材料的光学性质直接影响着室内照明效果，了解一些建筑材料的光学性质，对于在照明设计中正确选用不同的光学材料有着十分重要的意义。

材料的光学性质主要有光的反射、透射（或折射）和吸收三种。

光在均匀介质中沿直线传播，当光在传播过程中遇到另一种介质时，会出现反射、透射（或折射）和吸收的现象，一部分光被介质表面反射，一部分光透过介质，余下的一部分光则被介质吸收，如图 1-2-1 所示。

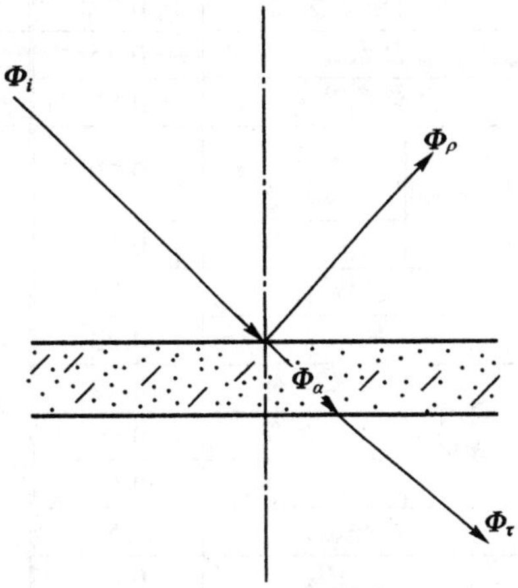

图 1-2-1　光的反射、透射和吸收

一、光的反射

(一) 光的反射定义

光投射到物体表面时，总有一部分光被反射回来，光的反射是指光线投射到物体表面被反射回来的现象，如图 1-2-2 所示。

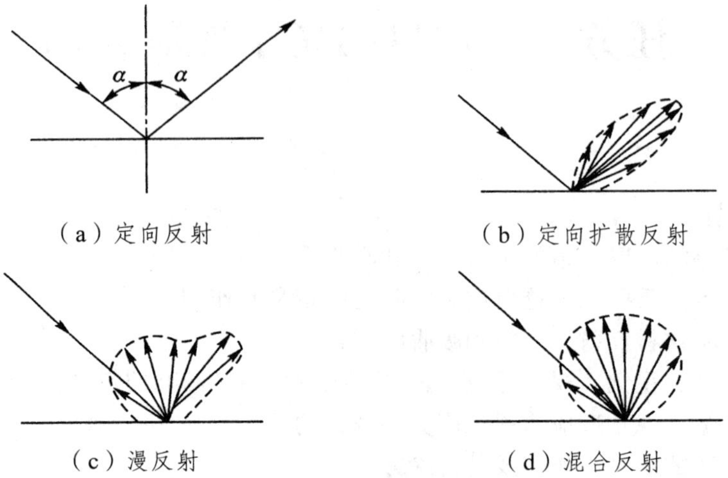

图 1-2-2　反射光的分布形式

(二) 材料的反射比 ρ

材料的反射比是指被介质（物体）表面反射的光通量与入射到介质（物体）表面的光通量之比，用符号 ρ 表示。光的反射比反映了物体表面对光线的反射情况，反射比越大，物体表面反射的光线就越多；反射比越小，物体表面反射的光线就越少。

计算公式如下：

$$\rho=\frac{\Phi_\rho}{\Phi_i}$$

式中：ρ 是光的反射比；Φ_ρ 是指被材料表面反射的光通量；Φ_i 是入射到材料表面的光通量。

室内各种装饰材料的反射比见表 1-2-1。

表 1-2-1　室内装饰材料的反射比

材料		反射比 ρ	材料		反射比 ρ	材料		反射比 ρ
大白粉刷		0.75	铸铁、钢板地面		0.15	大理石	白色	0.60
水泥砂浆抹面		0.32	混凝土地面		0.20		白色间绿色	0.39
白水泥		0.75	瓷釉面砖	白色	0.80		黑色	0.08
白色乳胶漆		0.84		黄绿色	0.62		红色	0.32
调和漆	白色和米黄色	0.70		粉色	0.65	水磨石	白色	0.70
	中黄色	0.57		天蓝色	0.55		白色间灰黑色	0.52
红砖		0.33		黑色	0.08		白色间绿色	0.66
灰砖		0.23	无釉陶土地砖	土黄色	0.53		黑灰色	0.10
塑料墙纸	黄白色	0.72		朱砂色	0.19	塑料贴面板	浅黄色木纹	0.36
	蓝白色	0.61	马赛克地砖	白色	0.59		中黄色木纹	0.30
	浅粉白色	0.65		浅蓝色	0.42		深棕色木纹	0.12
胶合板		0.58		浅咖啡色	0.31	磨砂玻璃		0.28～0.33
广漆地板		0.10		深咖啡色	0.20	普通玻璃		0.08
菱苦土地面		0.15		绿色	0.25	沥青地面		0.10
石膏		0.91						

(三) 影响材料反射的因素

影响材料反射的主要因素是材料本身的性质，其中最主要的是材料表面的光滑程度、颜色和透明度，材料表面越光滑、颜色越浅、透明度越小，反射比就越大。另外，光的入射方式和光的波长等也影响物体表面的反射比。

(四) 光的反射种类

光投射到物体表面时，会产生反射，物体表面的反射虽然改变了光的方向，但光的波长成分并没有改变。

反射光的强弱和分布形式不仅取决于材料表面的性质，也与光的入射方向有关。根据光的反射分布形式，可以将光的反射分为定向反射（规则反射）、定向扩散反射、漫反射和混合反射四种，如图 1-2-2 所示。

1. 定向反射

定向反射也叫规则反射或镜反射，它的特点是光线经过反射之后仍按一定的方向传播，立体角没有改变，其反射规律为：

① 入射光线与反射光线以及反射表面的法线同处于一个平面内。

② 入射光和反射光分别在法线的两侧，入射角等于反射角，如图 1-2-2（a）所示。

在材料的运用中，光滑密实的材料表面容易形成定向反射，如玻璃镜面、光滑的金属表面等。在照明工程中常利用定向反射的规律进行精确的控光，以获得需要的光强分布，从而提高灯具效率。

2. 定向扩散反射

定向扩散反射的特点是在产生定向反射的方向上，反射光最强，但反射光光束立体角增大，使反射光被“扩散”到较大、较宽的范围，如图 1-2-2（b）所示。

经过冲砂、酸洗或锤点处理的毛糙金属表面可以形成定向扩散反射。

3. 漫反射

漫反射的特点是光线无规则地向各个方向散射，反射光的分布与入射光方向无关，如图 1-2-2（c）所示。

容易形成漫反射的材料一般为无光泽的毛面材料或由细微的晶粒、颜料构成的表面。

4. 混合反射

混合反射的特点是光线在材料表面的反射，既有定向反射，也有漫反射，也就是表现为定向反射与漫反射相结合的特征。如光亮的搪瓷等材料就可形成混合反射，如图 1-2-2（d）所示。

二、光的透射和折射

(一) 光的透射定义

当光线投射到一些物体表面时，有部分光线会穿透该物体，这种光线穿透物体的现象就称为光的透射，如图 1-2-3 所示。

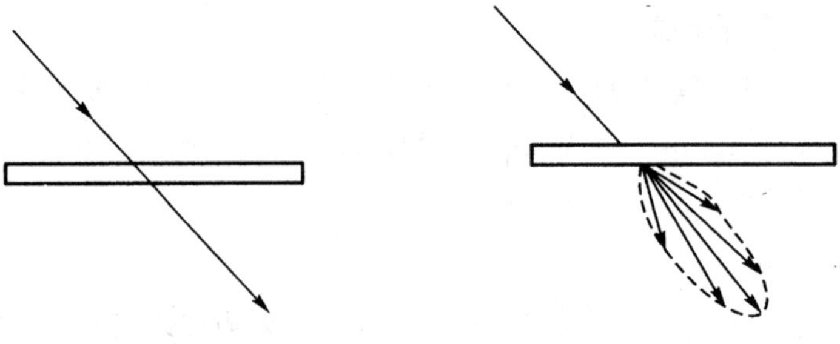

（a）定向透射　（b）定向扩散透射

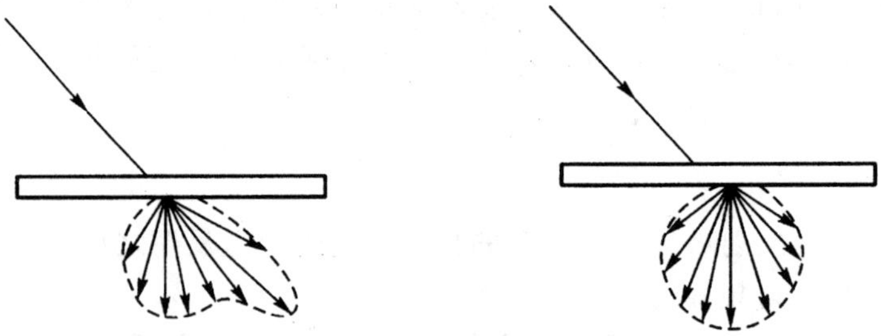

（c）漫透射　（d）均匀投射

图 1-2-3　光的透射分布形式

(二) 材料的透射比 τ

材料的透射比是指穿透该介质（材料）的光通量与入射到介质（材料）表面的光通量之比。光的透射比可以表征光穿透物体的光通量大小。光的透射比越大，穿透物体的光通量就越多；光的透射比越小，穿透物体的光通量就越少。

计算公式如下：

$$\tau = \frac{\Phi_\tau}{\Phi_i}$$

式中：τ 是材料的透射比；Φ_τ 是指被材料表面透射的光通量；Φ_i 是入射到材料表面的光通量。

采光材料的光透射比见表 1-2-2。

表 1-2-2　采光材料的光透射比

材料名称	颜色	厚度/mm	透射比 τ
普通玻璃	无	3～6	0.78～0.82
钢化玻璃	无	5～6	0.78
磨砂玻璃（花纹深密）	无	3～6	0.55～0.60
压花玻璃（花纹深密）	无	3	0.57
压花玻璃（花纹稀浅）	无	3	0.71
夹丝玻璃	无	6	0.76
压花夹玻璃（花纹稀浅）	无	6	0.66
夹层安全玻璃	无	3＋3	0.78

续表

材料名称	颜色	厚度/mm	透射比 τ
双层隔热玻璃（空气层 5 mm）	无	3＋5＋3	0.64
吸热玻璃	蓝色	3～5	0.52～0.64
乳白玻璃	乳白	3	0.60
有机玻璃	无	2～6	0.85
乳白有机玻璃	乳白	3	0.20
聚苯乙烯板	无	3	0.78
聚氯乙烯板	本色	2	0.60
聚碳酸酯板	无	3	0.74
聚酯玻璃钢板	本色	3～4	0.73～0.77
	绿色	3～4	0.62～0.67
小波玻璃钢瓦	绿色		0.38
大波玻璃钢瓦	绿色		0.48
玻璃钢罩	本色	3～4	0.72～0.74
钢窗纱	绿色		0.70
镀锌铁丝网（孔 20 mm×20 mm）			0.89
茶色玻璃	茶色	3～6	0.08～0.50
中空玻璃	无	3＋3	0.81
安全玻璃	无	3＋3	0.84
镀膜玻璃	金色	5	0.10
	银色	5	0.14
	宝石蓝	5	0.20
	宝石绿	5	0.08
	茶色	5	0.14

（三）影响材料透射的因素

影响材料透射的因素主要是材料是否是透明材料，以及透明材料（物体）的透明度和厚度，非透明材料的透射比为零。材料的透明度越高，透射比越大；同一种材料厚度越大，透射比越小。另外，光线的入射方式和光的波长等因素也会影响材料的透射比。

（四）光的透射种类

按照透光材料的分子结构不同，光的透射可分为定向透射和扩散透射两大类。其中，扩散透射还可分为定向扩散透射、均匀透射和漫透射。定向透射如图 1-2-3（a）所示，定向扩散透射如图 1-2-3（b）所示，漫透射如图 1-2-3（c）所示，均匀透射如图 1-2-3（d）所示。

(五) 光的折射

1. 折射的定义

当光从一种介质射入另一种介质时，由于两种介质的密度不同，就会造成光线方向的改变，光的折射是指光从一种介质射入另一种介质时造成光线方向改变的现象，如图 1-2-4 所示。从本质上说，光的折射是属于光的透射范畴，都是光线穿透介质的现象。也就是说，光的折射是光透射的一种特殊形式。

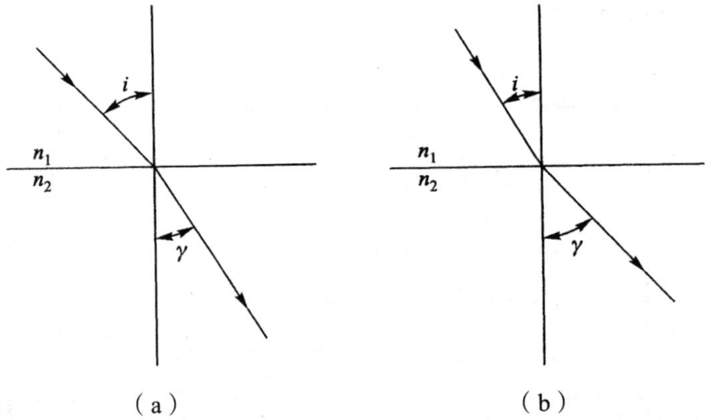

图 1-2-4 光的折射

2. 光的折射定律

实验证明，光的折射是符合折射定律的规律的，光的折射定律如下：

① 入射角、折射角与分界面的法线同处于一个平面内，且分居于法线的两侧。

② 入射角正弦和折射角正弦的比值，对确定的两种介质来说是一个常数。

$$\frac{\sin i}{\sin \gamma}=\frac{n_2}{n_1} \quad \text{或} \quad n_1 \sin i = n_2 \sin \gamma$$

式中：n_1 为入射介质的折射率；n_2 为折射介质的折射率；i 为入射角；γ 为折射角。

在实际工程应用中，常常利用光的折射原理来精确控制光的分布，并制造出能控制光分布的材料，如折光玻璃砖、各种棱镜灯罩等。

另外，使用折射棱镜我们可以观察到光的色散现象。当一束白光通过折射棱镜时，由于组成白光的单色光频率不同，就会因为折射而分离成各种颜色，这就是光的色散。雨后彩虹的形成原理就是光的色散造成的。

三、光的吸收

(一) 光吸收的定义

光投射到介质（物体）上，总会有一部分光线被介质（物体）吸收，这种光投射到介质上被介质吸收的现象就称为光的吸收。

(二) 材料的吸收比 α

材料的吸收比是指被介质吸收的光通量与入射到介质表面的光通量的比值，用符号 α 表示，计算公式如下：

$$\alpha=\frac{\Phi_\alpha}{\Phi_i}$$

式中：α 是材料的吸收比；Φ_α 是指材料吸收的光通量；Φ_i 是入射到材料表面的光通量，$\Phi_i=\Phi_\rho$。

光线投射到介质上被介质吸收的吸收量有大小的区别，不同的材料吸收光线的能力是不同的，对于不同的材料，可以用光的吸收比来衡量它们对光线的吸收能力，吸收比越大，说明材料对光线的吸收能力就越强，反之，吸收能力就越弱。

(三) 影响材料光吸收的因素

影响材料光吸收的主要因素是材料的性质和光程。

1. 材料的性质

材料的性质是指材料的透光性、表面粗糙程度、颜色等方面。

材料的透光性对光线的吸收影响很大。材料的透光性越好，则材料对光线的吸收作用就越弱，即吸收比就越小。

材料表面的粗糙程度对光线的吸收也有影响。材料表面越粗糙，对光线的吸收作用就越强，吸收比就越大；反之，材料表面越平整光滑，对光线的吸收作用就越弱，吸收比就越小。

另外，材料的颜色对光线的吸收影响也较大。材料的颜色可以影响其对光线的吸收程度，材料的颜色越深，吸收光线的能力就越强，吸收比越大。

2. 材料的光程

材料的光程是指光线在材料（介质）中的传播距离，光程越长，对光线的吸收就越大，吸收比也就越大。所以，在深水中或在深洞中看不到光线，就是这个道理。

四、光的能量守恒定律

光的透射、反射和吸收现象是同时发生的，根据能量守恒定律，入射到介质表面的光通量应等于透射光通量、反射光通量和吸收光通量之和，即：

$$\Phi_i=\Phi_\rho+\Phi_\tau+\Phi_\alpha$$

则有 $$\tau+\rho+\alpha=1$$

五、视觉概念

当光线射入人的眼睛后，就会使人产生视觉，能够看到物体的形状、色彩，感觉到物体的尺寸大小、质感和空间关系。可见光是视觉产生的前提，也就是说，人眼的视觉依赖于光。

(一) 视力

视力，也称为视觉敏锐度。视力的定性含义是眼睛区分精细部分的能力，视力的定量含义是指人眼能够识别分开两个相等物体最小张角 D 的倒数（采用兰道尔环检测），通常情况下一般采用视力的定性含义。

视力与被视物体的背景亮度和亮度对比值有关。当亮度对比值增加，或背景亮度增加时，都有利于视力的提高。在亮度对比值较小时或背景亮度较小时，一旦它们增加，对提高视力的作用很大；但随着亮度对比值或背景亮度值的提高，对视力的影响将逐渐减小。实际上，当亮度对比过大或背景亮度过大时，不但不会再提高视力，反而会影响视力，甚至损伤眼睛。

视力还与个人的视觉差别有关。

（二）视觉

视觉是指由进入眼睛的辐射所产生的光感觉而获得对于外界的认识，包括人脑将进入眼睛的光刺激转化为整体经验的过程，例如，察觉某些物体的存在，鉴别它，确定它在空间中的位置，阐明它与其他事物的关系，辨认它的运动、颜色、明亮程度或形状。简单地说，就是眼睛能看见物体，并能辨别物体的基本属性。

眼睛的视觉是由眼睛内的视细胞（即感光细胞）产生的。从眼睛的构造可知，视细胞是由锥体细胞和杆体细胞组成的，这两种细胞对光的感受性是不同的，杆体细胞对光的感受性很高，而锥体细胞对光的感受性很低。根据引起视觉产生的感光细胞不同，视觉可分为明视觉、暗视觉和中介视觉。

明视觉是指在明亮的环境下（亮度达到 10 cd/m^2），主要由锥体细胞参与视觉工作的视觉状态。

暗视觉是指在昏暗的环境下（亮度在 $10^{-2} \sim 10^{-6}$ cd/m^2），主要是由杆体细胞参与视觉工作的视觉状态。

中介视觉是指亮度在 $10 \sim 10^{-2}$ cd/m^2 时，杆体细胞和锥体细胞同时工作的视觉状态。

锥体细胞和杆体细胞对光的敏感性也是不同的，锥体细胞对波长为 555 nm 的光的敏感性最大，杆体细胞对波长为 510 nm 的光的敏感性最大。

（三）视觉适应

视觉适应是指视觉器官的感觉随着接受的亮度和颜色的刺激而变化的过程，或它的最终状态。眼睛不但在阳光下能看清物体，在月光下也能看见物体，这主要是由于锥体细胞和杆体细胞相互交换工作及瞳孔的大小变化等因素所致，也就是说，当视觉环境内亮度有较大幅度变化时，视觉对视觉环境内亮度变化有着一定的适应能力。根据眼睛对视觉环境亮度的适应性，视觉适应可分为明适应和暗适应。

明适应是指眼睛从黑暗处进入明亮的环境后，从无法看清到恢复正常视力的过程。人从黑暗处进入明亮的环境时，最初会感觉到刺眼，而且无法看清周围的景物，但过一会儿就可以恢复正常的视力。

暗适应是指眼睛从明亮环境到暗处后，逐渐适应黑暗环境的过程。人从明亮的环境进入暗处时，在最初阶段将什么都看不见，逐渐适应了黑暗后，才能区分周围物体的轮廓。

明适应和暗适应所需的适应时间，视具体情况有长有短，一般明适应所需的时间较短，暗适应所需的时间较长。所以在空间照明设计时，要考虑到人眼的明适应和暗适应因素，重视过渡空间和过渡照明的设计。

（四）视野

人眼的视觉范围称之为视野或视场，即当头和眼睛不动时，人眼能察觉到的空间范围。

在正常情况下，人的两眼视野：水平面的视野为 180°；垂直面的视野为 130°；水平面上方为 60°，水平面下方为 70°。

在正常亮度范围内，人的视野将随亮度的提高而增大，但当亮度过高时，由于瞳孔的缩小反而会使视野变窄；同时视野还随颜色、对比度、物体的动或静、物体的大小以及人种等不同而变化。

(五) 视觉疲劳

视觉疲劳是指人眼长时间在恶劣照明环境中工作而引起的眼睛疲劳。

人眼长时间在恶劣的照明环境中进行视觉工作，容易引起疲劳。疲劳可分为全身疲劳和眼睛局部疲劳。眼睛疲劳主要表现为眼睛痛、头痛、视力下降等症状。眼睛局部的疲劳往往是全身疲劳的起因。

视觉疲劳会随着照度的增加而得以改善，照度在 500 lx 以下时，易出现上述疲劳；当超过 500 lx 时，上述情况开始改善，直到大约 1 000 lx，1 000 lx 以上的照度对改善视功能、减少视觉疲劳影响不大。可见，500 ~ 1 000 lx 的照度范围适合于绝大多数连续工作的室内工作场所。

(六) 眩光

1. 眩光的定义

眩光是指人眼在视野中有极高的亮度或强烈的亮度对比时，造成人眼视觉降低和不舒适的现象。

人眼在视野内，由于亮度的分布或范围不适宜，或者在空间或时间上存在极端的亮度对比，会引起人眼的不舒适和降低目标可见度的视觉状况。也就是说，在视野中有极高的亮度或强烈的亮度对比时，会造成视觉降低和人眼不舒适甚至痛感的现象。

2. 眩光的分类

（1）按眩光的影响程度分类

根据眩光对视觉的影响程度，可分为失能眩光和不舒适眩光。降低视觉功效和可见度的眩光称为失能眩光。出现失能眩光后，会降低目标和背景间的亮度对比，使视力下降，甚至丧失视力。引起人眼睛不舒适感觉，但并不一定降低视觉功效或可见度的眩光称为不舒适眩光。不舒适眩光会影响人们的注意力，长时间就会增加视觉疲劳，这是一种常见的、又容易被忽视的眩光。

（2）按眩光产生的原因分类

根据眩光产生的原因，眩光可分为直接眩光和反射眩光。直接眩光是由发光体直接引起的；反射眩光是由灯具或其他反射面反射发光体所形成的。

3. 眩光的危害

眩光对人的生理和心理都有明显的危害，它能引起人的视觉疲劳，不仅影响劳动效率，甚至造成严重事故，所以在电气照明中对照明眩光十分重视。

我国《民用建筑照明设计标准》规定：直接眩光限制的质量等级分为三级，其相应的眩光程度和应用场所举例见表 1-2-3；工业企业照明眩光限制等级分为五级。

表 1-2-3 眩光限制的质量等级

质量等级		眩光程度	适用场所举例
Ⅰ	高质量	无眩光感	有特殊要求的高质量照明房间，如计算机房、制图室等
Ⅱ	中等质量	有轻微眩光	照明质量要求一般的房间，办公室、候车室和船舱室等
Ⅲ	低质量	有眩光感	照明质量要求不高的房间，如仓库、厨房等

4. 眩光的限制

限制眩光通常采取以下方法：

（1）限制直接眩光的方法

限制直接眩光主要是控制光源在 γ 角为 45° ~ 90° 范围内的亮度，有两种方法：

① 选择透光材料，即采用漫射材料或表面做成一定的集合形状的材料将发光体遮蔽，并对 γ 角范围内靠上边的部分施加更严格的限制。

② 控制保护角（遮光角），使（90° − γ）部分变得小于受灯具结构控制的预定的保护角。

直接型灯具应根据灯的亮度和限制眩光等级选择适当的保护角（遮光角）。我国《民用建筑照明设计标准》规定的最小保护角列于表 1-2-4，选择时，直接型灯具的保护角不应小于该表中的规定。

表 1-2-4 直接型灯具的最小保护角

灯具出光口的平均亮度 L（10^3 cd/m²）	直接眩光限制等级			应用光源举例
	Ⅰ	Ⅱ	Ⅲ	
$L \leqslant 20$	20°	10°		荧光灯管
$20 \leqslant L \leqslant 500$	25°	20°	15°	涂荧光粉或漫射光玻璃壳的高光强气体放电灯
$L > 500$	30°	25°	20°	透明玻璃壳的高光强气体放电灯、透明玻璃壳的白炽灯、卤钨灯

由于灯具造型复杂等原因，且保护角与灯具的安装高度密切相关，所以当房间长与宽一定时，灯具安装得越高，产生眩光的可能就越小。为了限制眩光，可通过限制灯具的最低悬挂高度来限制直接眩光。《工业企业照明设计标准》规定的工业企业室内一般照明灯具的最低悬挂高度见附表 1。

另外，除了利用灯具的保护角外，还可以利用建筑构件的遮光作用来限制眩光，例如梁和发光顶棚等。

（2）限制反射眩光的方法

限制反射眩光的主要方法是使作业面上的大部分光来自合适的投射方向，即产生的定向反射不直接射向观察者的眼睛，而是射向远处或侧方。一般只要在观察者上方不安装灯具，就可以较好地消除反射眩光。

在实际照明环境中，很难完全避免反射眩光，例如，教室中的黑板常易产生反射眩光，使学生无法看清黑板上的字，如果增加黑板的局部照明，只要它的反射光不在学生的视线范围内，就能有效地限制反射眩光；也可以采用发光面面积大、亮度低的灯具和在视线方向反射光通量小的特殊配光灯具，同时，视觉工作对象和房间内应尽量采用无光泽的表面。

(七) 阴影

1. 阴影的定义

定向光照射到物体上在其背面所产生的光照效果就称为阴影。

直射光线在照射到不透明物体时，由于物体有一定的面积，它会遮挡住光线的传播途径，就会在物体的背面留下物体照射平面的影像，这就是物体的阴影。

2. 阴影的作用

阴影根据其光照目的不同，既有好的作用，但也有坏的作用，故应根据具体情况分别评价其好坏。

当阴影构成视觉的障碍时，对视觉是有害的；当用阴影可把物体的造型（立体感）和材质感表现出来时，适当的阴影对视觉又是有利的。由于阴影能够表现物体和形体的立体效果，利用阴影也是照明光环境的一项重要任务。因完全的定向光照会使阴影太生硬，完全的漫射照明（如发光顶棚或间接照明）又会使立体效果不鲜明，所以，为了形成适当的立体效果，必须很好地控制定向光和漫射光的比例，一般在主观察方向上的垂直照度与水平照度之比应不小于 0.25。

3. 阴影的消除方法

这里提出阴影的消除，主要是从工作、生活角度考虑尽量减少由光照所产生的阴影对人的视觉障碍。

考虑减少阴影的一般措施就是使被照面上的光来自不同方向的照明，即采用漫射照明或扩散照明，通常提高顶棚、地面、墙面的反射比可有效地改善照明的扩散度。

对以直射光为主的照明，可使用宽配光的灯具均匀布置，以获得适当的漫射照明。对要求避免阴影的场所（如教室、检验室、制图室等）宜采用漫射照明。对于工业厂房照明，要注意避免设备或其他构件形成的阴影。

【巩固练习】

1. 什么是光的透射、反射和吸收？
2. 影响材料透射、反射和吸收的因素有哪些？
3. 什么是视力和视野？
4. 什么是视觉和视觉适应？视觉和视觉适应各分为哪几种？
5. 什么是视觉疲劳？
6. 什么是眩光？眩光可分为哪几种？
7. 眩光有什么危害？限制眩光的方法有哪些？
8. 什么是阴影？它有什么作用？阴影的消除方法有哪些？

技能要求

【工作任务】 材料的光学性质认知。

【任务描述】 1. 学生根据老师在光学性质检测仪上设定的材料显示光线，正确辨识材料的光学性质。

2. 根据老师设定的材料光学性质，学生操作光学性质检测仪正确地显示出来，并回答老师的提问。

【任务实施】

1. 准备工作

① 人员组织：将班级学生分为 8 ~ 10 组，每组 3 ~ 5 人，每次轮流考核 1 人。

② 设备准备：光学性质检测仪 1 台，各种颜色（含深浅颜色）材料若干，不同厚度的透明材料、半透明材料和不透明材料若干。

③ 资料准备：评分表 1 份，记录笔 1 支。

2. 实际操作

① 考核人员：1 人。

② 考核时间：10 min。

③ 考核标准：

评分表

第______小组　　　　学生姓名____________________　　　　总评分____________

项目及配分		考核内容及评分标准	自评分 30%	小组评分 30%	教师评分 40%
考核程序	40 分	1. 根据光学性质检测仪显示的光线辨识材料的光学性质（透射、反射、吸收）。每错一处扣 5 分。			
		2. 学生操作光学性质检测仪能正确地显示出来。每错一处扣 5 分。			
		3. 根据教师提问回答问题。每错一题扣 5 分。			
考核质量	40 分	1. 根据光学性质检测仪显示的光线能立即说出各种材料的光学性质（透射、反射、吸收）。迟疑或停顿时间较长，每一处扣 3 分。			
		2. 学生操作光学性质检测仪程序正确、显示正确。每错一处扣 3 分。			
		3. 回答老师问题应迅速、果断。停顿时间较长或答题错误，每错一题扣 3 分。			
考核时间	10 分	考核总时间为 10 min，每超时 1 min 扣 2 分，超时 5 min 及以上停止考核。			
安全规章	10 分	遵章守纪，具有团结协作精神，仪容仪表应符合安全文明生产要求。团结协作精神缺乏，酌情扣 1 ~ 5 分。违反安全规范操作，情节较轻，酌情扣 1 ~ 5 分；情节较重或造成了人身伤害，视为不合格。			
合计	100 分				

任务三 光与颜色认知

【任务目标】

一、知识目标

1. 掌握颜色、光源色、色表、色相、明度、彩度的定义。
2. 掌握光源色和物体色的混合规律。
3. 掌握颜色的三原色。
4. 了解色彩的物理效应、心理效应和生理效应以及标志作用。
5. 熟悉色温和显色性的定义。
6. 了解光源与色温的关系、色温与感觉的关系。
7. 了解光源显色性、显色指数在照明设计中的重要性。

二、技能目标

1. 能熟练使用调色板调出任务规定的各种颜色。
2. 能熟练辨识教师提供的各种颜色，并能指出颜色的混合原理。

三、素质目标

1. 培养敏锐的判断力、观察能力和辨识能力。
2. 培养遵章守纪的意识。

知识要求

【知识要点】

对于室内照明设计，灯光的色彩有其重要的意义，其特有的表现力可以烘托出室内的气氛，影响人的生理机能和心理状态。

一、颜色的基本概念

(一) 颜色与光源色

颜色是光作用于人的视觉神经所引起的一种感觉，颜色起源于光。

因发光体发出的光而引起人们色觉的颜色称为光源色。

光的颜色与光的波长有关，光的波长不同，颜色也不同，光的波长与颜色的关系见表1-1-1。通常一个光源发出的是由许多不同波长单色光组成的复合光，其光源色取决于它的光谱能量分布。

(二) 色表

1. 光源色表

光源色表是指人眼直接观察光源时所看到的光源颜色，也就是光源本身显示的颜色，即光源色。

2. 物体色表

非发光体的颜色称为物体的表面色，可简称为物体色表。

物体色表是物体在光源照射下，其表面产生的反射光或透射光所引起的色觉。因此，色表取决于物体表面的光谱反射比，也取决于入射光的光谱组成。例如，用白光照射某一表面，它吸收了白光包含的绿光和蓝光，反射红光，于是这一表面就呈现红色；若用红光照射该表面，它将呈现出更加鲜艳的红色。

注意：为了区别光源色表和物体色表，方便读者清楚色表这个概念的含义，本书在以后的表述中，凡是光源色表一律使用光源色表示，物体色表采用色表表示，即色表一词仅指物体色表。

二、颜色的基本特征

颜色的基本特征包括色相、明度和彩度。

(一) 色相

色相也叫色调或色别，它反映不同颜色各自具有的相貌。红、橙、黄、绿、青、紫等色彩名称就是色相的标志。

(二) 明度

明度即色彩的明暗程度。

它的具体含义为：

① 不同色相的明暗程度是不同的。光谱中的各种色彩，以黄色的明度为最高，由黄色向两端发展，明度逐渐减弱，以紫色的明度为最低。

② 同一色相的明度，由于受光强弱的不同，明度也是不一样的。光越强，明度越高；反之就越低。

(三) 彩度

彩度又称为纯度或饱和度，指颜色的深浅程度。

彩度反映颜色色相的表现程度，也可以反映光线波长范围的大小。可见光光谱中各种单色光彩度最高，黑、白、灰色的彩度为零，也可认为黑、白、灰色无彩度。光谱色中加白色，则彩度降低，明度提高；加黑色，则彩度降低，明度也降低。

三、颜色的混合

颜色的混合是指将两种或两种以上不同的颜色混合，从而产生一种新的颜色。

光源色的混合与物体色（颜料）的混合有很大的不同，光源色的混合（即光色混合）遵循加法混色，物体色的混合（也称为颜料混合）遵循减法混色。

(一) 光色混合（加法混色）

1. 颜色的三原色

在色度学中将红（700 nm）、绿（546.1 nm）、蓝（435.8 nm）称为颜色的三原色。

2. 光色混合方法

实践证明：人眼能够感知和辨认的每一种颜色都能从红、绿、蓝三种颜色中匹配出来，而这三种颜色中，无论哪一种都不能由其他两种颜色混合产生。因此，在三原色中，若将红色光与绿色光混合可得出另外一种中间色，将红、绿两种光的强度任意调节，可得出一系列介于红与绿之间的中间色，如：红橙色、橙黄色、橙色、黄橙色、黄色、黄绿色、绿黄色等。当绿色光与蓝色光混合时可得出一系列介于绿色光与蓝色光之间的中间色。蓝色光与红色光混合时，可得出一系列介于蓝色光与红色光之间的中间色。图 1-3-1 所示为加法混色的原色和中间色。即：

红色 + 绿色 = 黄色　　绿色 + 蓝色 = 青色

蓝色 + 红色 = 品红色　　红 + 绿 + 蓝 = 白色

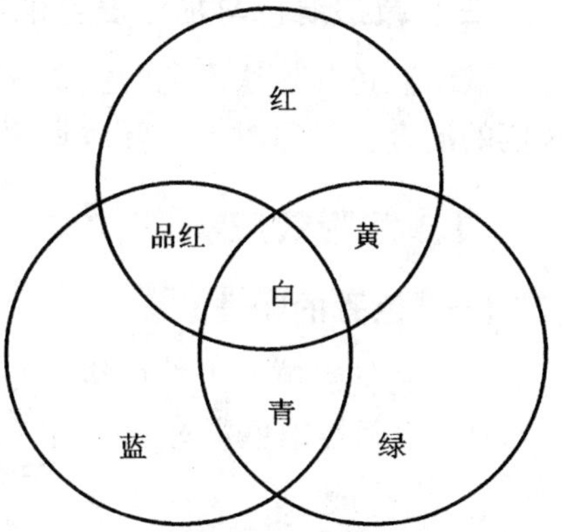

图 1-3-1　加法混色的原色和中间色

3. 光色混合的应用

光色的相加混合常应用于不同类型光源的混光照明，如舞台照明等。

(二) 颜料混合（减法混色）

1. 颜料混合方法

色表（物体表面颜色）是由其他光源照射物体表面产生反射光，该反射光射入人眼睛而引起的色觉。因此，这种色觉主要取决于物体表面的光谱吸收比。

为了获得真实的色觉，常用白光（也可用三原色混合而成的白光）来照射物体，物体从照射在其上的白色光中吸收了某些成分，反射了某些成分，就形成了色表。例如，用白光照射物体，反射在人眼中是黄色，说明物体吸收了蓝色光，反射了红色光和绿色光，从而形成黄色，即：白色(入射光) - 蓝色(被吸收) = 红色(反射光) + 绿色光(反射光) = 黄色(色觉)，因此，黄色称为减蓝色，用来控制蓝色；同样，品红色 = 白色 - 绿色，品红色称为减绿色，用来控制绿色；青色 = 白色 - 红色，青色称为减红色，用来控制红色。

2. 颜料混合的应用

减法混色的三原色是加法混色三原色的补色，即品红、黄色和青色。将减法混色中的三原色相混合，可以得出颜料混合规律：

品红(颜料) + 黄色(颜料) = 红色(反射光,色觉)

黄色(颜料) + 青色(颜料) = 绿色(反射光,色觉)

青色(颜料) + 品红(颜料) = 蓝色(反射光,色觉)

品红 + 青色 + 黄色 = 黑色

根据上述规律，将黄色滤光片与青色滤光片混合，由于黄片减蓝、青片减红，重叠相减只透过绿色；将品红和黄色颜料混合，因品红减绿、黄色减蓝而呈现红色；将品红、黄、青颜料混合在一起，则呈现黑色。图 1-3-2 所示为

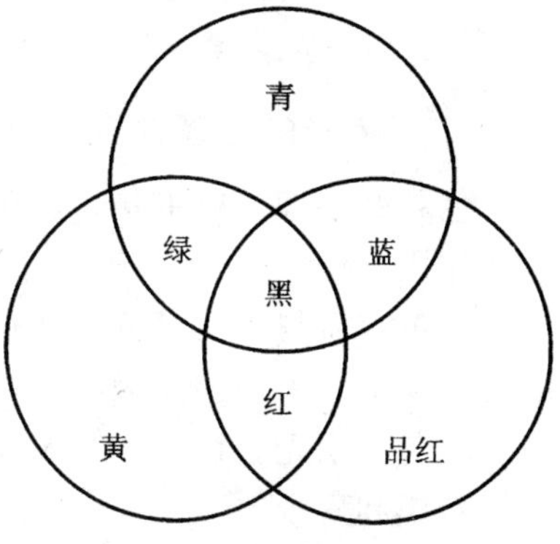

图 1-3-2　减法混色的原色和中间色

减法混色的原色和中间色。

(三) 减法混色与加法混色的区别

减法混色与加法混色的主要区别是：加法混色适用于光源色的混合，减法混色适用于物体色的混合。学习时一定要注意两者的区别，不能误用。

四、色彩效应

(一) 色彩的物理效应

色彩直接影响到人的情绪、心理状态甚至工作效率，色彩还可以改变空间体量，调节空间情调。正确运用色彩对于提高室内的视觉感受、创造一个良好的视觉环境具有重要的影响。

1. 温度感

色彩的温度感是人们长期生活习惯的反应。例如，人们看到红色、橙色、黄色产生温暖感；看到青色、蓝色、绿色产生凉爽感。通常将红、橙、黄之类的颜色称为暖色，把青、绿之类的颜色叫冷色，黑、白、灰称为中性色。

2. 重量感

重量感即通常所说的色彩的轻、重。色彩的重量感主要取决于明度。明度高的颜色重量轻，明度低的颜色重量重。明度相同，彩度高的一方显示为重量轻，彩度低的一方显示为重量重。

3. 体量感

体量感是指由于颜色的作用，使物体看上去比实际的大或者小。从体量感的角度看，可将色彩划分为膨胀色和收缩色。由于物体具有某种颜色，使人看上去增加了体量，该颜色即属于膨胀色；反之，如果使人看上去缩小了物体的体量，该颜色则属于收缩色。色彩的体量感取决于明度，明度越高，膨胀感越强；明度越低，收缩感越强。面积大小相同的色块，黄色看起来最大，其他依次为橙、绿、红、蓝、紫。

4. 距离感

明度高的颜色给人以前进的感觉，明度低的颜色给人以后退的感觉，因此，把明度高的颜色叫作前进色，把明度低的颜色叫作后退色。暖色属于前进色，冷色属于后退色。就彩度而言，彩度高者为前进色，彩度低者为后退色；在色相方面，主要色彩由前进到后退的排列次序是：红＞黄＞橙＞紫＞绿＞青。

(二) 色彩的心理效应

色彩的心理效应主要表现在它不仅能给人以美感，还能影响人的情绪，引起联想，具有象征作用。

红色：血与火的颜色，富有刺激性。它意味着热情、奔放、喜悦、吉祥和忠诚，也象征危险、动乱、卑俗和浮躁。

黄色：阳光之色，常给人以崇高、华贵、威严的印象，还可以使人感到光明、辉煌、灿烂、希望和喜悦。

橙色：丰收之色，具有明朗、甜美、兴奋、温暖、活跃、芳香的感觉，象征着成熟和丰美。

绿色：自然之色，富有生机。它象征着生命、青春、春天、健康，代表着和平和安全，还给人以公平、安详、宁静、智慧、谦逊的感觉。

蓝色：大海之色，它使人想到深沉、远大和理智，是一种极其冷静的颜色，也容易引起阴郁、贫寒、冷淡等感觉。

紫色：代表着神秘和幽雅，它易使人产生高贵、优雅和庄重的感觉，也可使人想到阴暗、污秽和险恶。

白色：象征着纯洁，表示和平与神圣，它给人以明亮、干净、坦率、纯真、朴素、神圣的感觉，也可使人想到哀怜、凄凉、虚无和冷酷。

黑色：可以使人感到坚实、含蓄、庄严、肃穆，也可以使人联想起忧伤、消极、绝望、黑暗、罪恶与阴谋。

灰色：具有朴实感，更多的是使人想到平凡、空虚、沉默、阴冷、忧郁和绝望。

(三) 色彩的生理效应（暗示）

除此之外，色彩还有心理暗示作用，从而引起人的生理发生变化。举例如下：

红色：能刺激神经系统，加快血液循环。

橙色：能产生活力，诱人食欲。

黄色：可刺激神经系统和消化系统。

绿色：有助于消化和镇静。

蓝色：能缓解紧张情绪，调整体内平衡。

紫色：对运动神经、淋巴系统和心脏系统有抑制作用。

因此，要正确运用各种色彩，以满足人的心理和生理需求。

五、色彩的标志作用

色彩的标志作用主要体现在安全标志、管道识别、空间导向和空间识别等方面。例如：用红色表示危险、禁止、停止等；用绿色表示安全、通过、卫生等。

用不同的色彩来表示安全标志，对建立正常的工作秩序、生产秩序，保证生命财产的安全，提高劳动效率和产品质量等，具有十分重要的意义。

六、光源的显色性

在照明设计中，光源的颜色常用光源色和显色性来衡量。

(一) 光源的色温

1. 色温的定义

在照明应用领域里，常用色温或相关色温描述光源色。当一个光源的颜色与完全辐射体（黑体）在某一温度发出的颜色相同时，此时的绝对温度就叫此光源的色温，单位为开尔文或开，用 K 表示。

完全辐射体（黑体）是特殊形式的热辐射体，它既不反射，也不透射，能把投射在它上面的辐射全部吸收。黑体加热到高温便产生辐射，黑体辐射的光谱功率分布完全取决于它的温度。在 800 ~ 900 K 温度下，黑体辐射呈红色，3 000 K 时呈黄白色，5 000 K 左右呈白色，在 8 000 ~ 10 000 K 之间呈淡蓝色。

2. 常见光源的色温

热辐射光源，如白炽灯，其光谱功率分布与黑体辐射非常相近，用色温来描述它的光源色很恰当；非热辐射光源，如荧光灯、高压钠灯，它们的光谱功率分布形式与黑体辐射有一定的差距，只能用黑体在某一温度辐射最接近的颜色来近似地确定这类光源的色温，这称为相关色温。表 1-3-1 所示是部分光源的色温或相关色温。

表 1-3-1 天然和人工光源的色温（或相关色温）

光源	色温/K	光源	色温/K
蜡烛	1 900 ~ 1 950	日光	5 300 ~ 5 800
高压钠灯	2 000	昼光（日光＋晴天天空）	5 800 ~ 6 500
白炽灯 40 W	2 700	全阴天空	6 400 ~ 6 900
白炽灯 150 ~ 500 W	2 800 ~ 2 900	晴天蓝色天空	10 000 ~ 26 000
碳弧灯	3 700 ~ 3 800	荧光灯	3 000 ~ 7 500
月光	4 100		

3. 色温与感觉（颜色）

色温为 2 000 K 的光源所发出的光呈橙色；2 500 K 左右呈浅橙色；3 000 K 左右呈橙白色；4 000 K 呈白中略橙色；4 500 ~ 7 500 K 近似白色（其中 5 500 ~ 6 000 K 最接近白色）；日光的平均色温约为 6 000 ~ 6 500 K。

光源色温的高低会使人产生冷暖的感觉，为了调节冷暖感，可根据不同地区、不同场合采取与感觉相反的光源来处理。如在寒冷地区宜使用低色温的暖色光源，在炎热地区宜使用高色温冷色调光源等。表 1-3-2 所示是色温与感觉的关系。

表 1-3-2 色温与感觉的关系

色温/K	感觉	色温/K	感觉
＞5 000	冷	＜3 300	暖
3 300 ~ 5 000	中间		

根据光源的色温和它们的光谱能量分布，将常用光源的色相（色调）列于表 1-3-3 中。

表 1-3-3 常用光源的色相

光源	色相	光源	色相
白炽灯、卤钨灯	偏红色光	荧光高压汞灯	浅蓝-绿色光，缺乏红色成分
日光色荧光灯	与太阳相似的白色光	金属卤化物灯	接近于日光的白色光
高压钠灯	金黄色光，红色成分偏多、蓝色成分不足	氙灯	非常接近于日光的白色光

(二) 光源的显色性

1. 光源显色性的定义

把物体在待测光源下的颜色同它在参照光源下的颜色相比的符合程度，定义为待测光源的显色性。

光源的显色性主要用来表示光照射到物体表面时，光源对被照物体表面颜色的影响作用。物体表面色的显示除了取决于物体的表面特征外，还取决于光源的光谱能量分布，不同的光谱能量分布，其物体表面显示的颜色也会有所不同。

参照光源，是指能呈现出物体“真实”颜色的光源。CIE 及我国制订的光源显色评价方法，都规定相关色温低于 5 000 K 的待测光源，以完全辐射体作为参照光源，它与早晨或傍晚时的日光的色温相近；色温高于 5 000 K 的待测光源以组合昼光作为参照光源，它相当于中午的日光。因此用日光或与日光极为接近的人工光源作为参照光源是比较理想的。

2. 显色指数 R_a

光源显色性的好坏用显色指数来表示。将日光的显色指数 R_a 规定为 100（最大值），则其他光源的显色指数均低于 100。具有各种颜色的物体受某光源照射后的显色效果若与参照光源相近，则认为该光源的显色性好，即显色指数高；反之，若物体被照射后表面颜色出现明显失真，则说明该光源与标准光源在显色性方面存在一定差距，其显色性差，显色指数也低。一般认为 R_a 在 80 ~ 100 范围内，显色性优良；R_a 在 50 ~ 79 范围内显色性一般；$R_a<50$，则显色性较差。我国生产的电光源的显色指数及色温见表 1-3-4。

表 1-3-4　我国生产的电光源的显色指数及色温

光源名称	相关色温/K	R_a
白炽灯（500 W）	2 900	95 ~ 100
荧光灯（日光色 40 W）	6 600	70 ~ 80
荧光高压汞灯（400 W）	5 500	30 ~ 40
镝灯（1 000 W）	4 300	85 ~ 95
高压钠灯（400 W）	2 000	20 ~ 25

注意：光源的色温和显色性之间没有必然的联系，因为具有不同的光谱分布的光源可能有相同的色温，但是显色性却可能差别很大。

为了说明光源的显色性，下面比较白炽灯和荧光高压汞灯的光谱能量分布情况：与白炽灯的光谱能量分布情况相比，荧光高压汞灯的光谱中虽然也有各色光的成分，但在光谱能量的分布中，蓝绿色光的成分多而红色光的成分少，因此被照物体表面呈现出青灰色，即显色性差。白炽灯的光谱能量分布较均匀（曲线平滑），且能量偏重于长波（红黄光）方面，使其色表呈黄红色，照射到物体表面时，不仅能使黄、橙、红色反映真实，而且还有加重的效果，即能使黄、橙、红颜色变得更加鲜艳，因而它的显色性较好。

【巩固练习】

1. 什么是颜色、光源色和色表？
2. 什么是色相、明度和彩度？
3. 颜色的三原色有哪些？光色混合和颜料混合的规律是什么？
4. 色彩的物理效应有哪些？色彩的心理效应有哪些？
5. 什么是光源的色温和显色性？
6. 光源的色温与人的感觉有什么关系？

技能要求

【工作任务】 光与颜色认知。

【任务描述】 1. 学生根据教师给定的多种颜色样本，调出一样的色彩。

2. 根据老师展示的各种颜色，正确说出其颜色名称和混合色的混合原理，并回答教师的提问。

【任务实施】

1. 准备工作

① 人员组织：将班级学生分为 8 ~ 10 组，每组 3 ~ 5 人，每次轮流考核 1 人。

② 设备准备：调色板 1 套，各种颜色颜料若干，调色工具 1 套。

③ 资料准备：评分表 1 张，记录笔 1 支。

2. 实际操作

① 考核人员：1 人。

② 考核时间：15 min。

③ 考核标准：

评分表

第______小组　　学生姓名____________________　　总评分____________

项目及配分		考核内容及评分标准	自评分 30%	小组评分 30%	教师评分 40%
考核程序	50 分	1. 根据教师给定的多种颜色样本，调出一样的色彩。每调错一处扣 5 分。			
		2. 根据老师展示的各种颜色，说出颜色名称和混合色的混合原理。每错一处扣 3 分。			
		3. 根据教师提问回答问题。每答错一题扣 3 分。			
考核质量	30 分	1. 调出的色彩与教师给定的颜色样本完全一致。色彩有较小误差，每处扣 1 分；有较大误差，每处扣 2 分。			
		2. 能快速、正确地说出老师展示颜色的名称和混合色的混合原理。迟疑或停顿时间较长，每一处扣 2 分。			
		3. 回答老师问题应迅速、果断。停顿时间较长或答题错误，每错一题扣 5 分。			
考核时间	10 分	考核总时间为 15 min，每超时 1 min 扣 2 分，超时 5 min 及以上停止考核。			
安全规章	10 分	遵章守纪，具有团结协作精神，仪容仪表应符合安全文明生产要求。团结协作精神缺乏，酌情扣 1~5 分。违反安全规范操作，情节较轻，酌情扣 1~5 分；情节较重或造成了人身伤害，视为不合格。			
合计	100 分				

任务群二

安全用电基础知识认知

任务一　安全用电常识认知

【任务目标】

一、知识目标

1. 掌握安全用电、人身安全的定义。
2. 掌握触电的定义、种类和触电方式。
3. 熟悉触电事故的特点。
4. 熟悉防止触电的方法和安全用电的注意事项。

二、技能目标

1. 能正确辨识各种触电种类。
2. 能正确辨识各种触电伤害症状。
3. 能正确说出防止触电的方法和安全用电的注意事项。

三、素质目标

1. 培养安全意识，牢固树立“安全第一”的作业思想。
2. 培养敏锐的观察力、注意力和判断力。

知识要求

【知识要点】

在现代的生产、生活中，电能已经成为主要能源形式，特别是工作和生活场所的照明系统均使用电能。但是，当电能失去控制时，会引发各种电气事故，电气事故不但损坏设备，影响生产、生活，并且对人体会有伤害。

科学证明，人体通过一定量的电流时，会造成器官伤害甚至危及生命。因此，保证人身用电安全是我们使用电能的首要条件，学习安全用电常识是我们今后从事电气类工作的基础。

一、概述

人身安全通常是指各种事物对人不产生危害、不导致危险、不造成损失、不发生事故。安全用电是指不发生接近或接触带电体造成触电伤害。

触电事故的特点是具有多发性、突发性、高死亡率和行业特征，如能正确地采取救护措施，会降低死亡率。

二、触电

(一) 触电的定义

触电是指电流流过人体时或电流形成电弧、闪击放电对人体产生的生理和病理伤害。

(二) 触电的分类

触电对人体的伤害是多方面的，按照触电对人体的伤害程度，一般分为电击和电伤两种类型。

1. 电击

(1) 电击的定义

电击是由于电流通过人体而造成的内部器官在生理上的反应和病变，如刺痛、灼热感、痉挛、昏迷、心室颤动或停跳、呼吸困难或停止等现象。

(2) 电击的特征

电击是触电事故中最危险的一种，大约 85% 以上的触电死亡事故是由电击造成的。

电击常会给人体留下较明显的特征，包括电标、电纹、电流斑。

电标是在电流出入口处所产生的炭化标记；电纹是电流通过皮肤表面，在其出入口间产生的树枝状不规则发红线条；电流斑则是指电流在皮肤表面出入口处所产生的溃疡。

2. 电伤

电伤是指由于电流的热效应、化学效应或机械效应对人体外表造成的局部伤害。

电伤常常与电击同时发生，电伤最常见的是电灼伤。触电伤亡事故中，纯电伤性质以及带有电伤性质的约占 75%。尽管大约 85% 以上的触电死亡事故是由电击造成的，但其中 70% 的含有电伤成分。对于电工技术人员自身的安全而言，预防电伤具有更重要的意义。

(三) 影响触电后果的因素

电流对人体伤害的严重程度一般与下面几个因素有关：通过人体电流的大小、电流通过人体时间的长短、电流通过人体的途径、通过人体电流的频率、触电者的身体状况等。

(四) 触电方式

1. 直接接触触电

直接接触触电是指人体直接接触或过分靠近电气设备和线路的带电体，从而发生的触电现象。

单相触电、两相触电、电弧伤害都属于直接接触触电。

(1) 单相触电

单相触电是指在地面或其他接地导体上，人体某一部位触及一相带电体导致的触电事故，如图 2-1-1 所示。

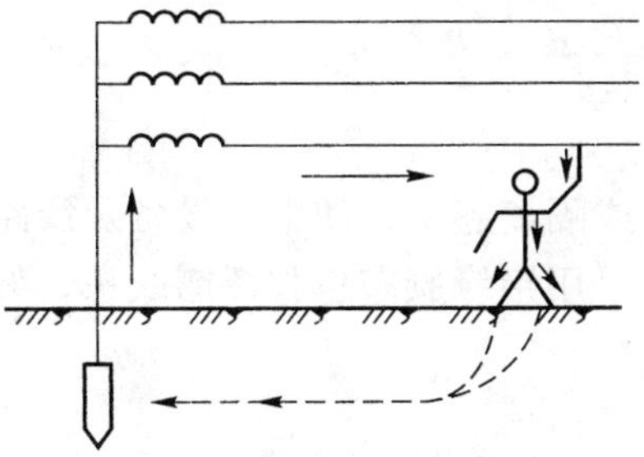

（a）中性点直接接地

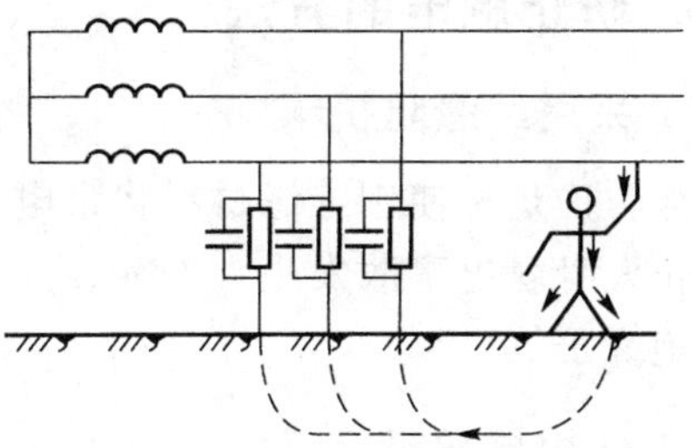

（b）中性点不接地

图 2-1-1　单相触电示意图

（2）两相触电

两相触电是指人体两处同时触及同一电源的任何两相带电体而发生的触电事故。两相触电如图 2-1-2 所示。

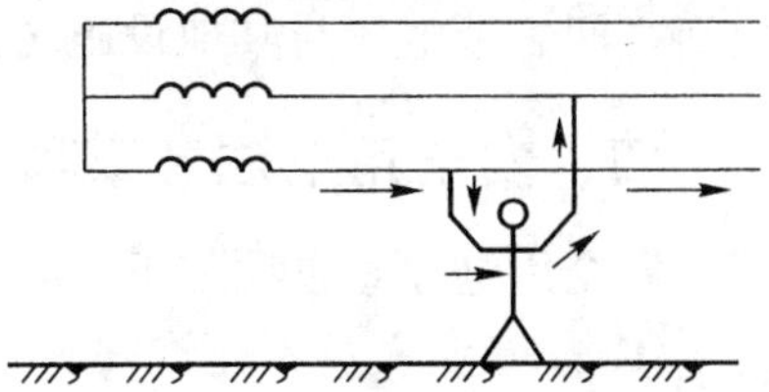

图 2-1-2　两相触电示意图

（3）电弧伤害

电弧是气体间隙被强电场击穿时的一种现象。人体过分接近高压带电体会引起电弧放电，带负荷分、合闸会造成弧光短路。电弧不仅使人受电击，而且使人受电伤，对人体的伤害往往是致命的。

总之，直接接触触电时，通过人体的电流较大，危害性也大，往往导致死亡事故，所以要想方设法防止直接接触触电。

2. 间接接触触电

间接接触触电是指当电气设备绝缘损坏而发生接地短路故障时，人体接触带电的电气设备金属外壳或结构，从而发生的触电现象。

电气设备在正常运行时，金属外壳或结构是不带电的。但当电气设备绝缘损坏而发生接地短路故障时（俗称“漏电”），其金属外壳或结构就会带有电压，此时人体触及漏电的电气设备金属外壳或结构，就会发生触电。跨步电压触电就属于间接接触触电。跨步电压触电和跨步电压电位分布如图 2-1-3、图 2-1-4 所示。

图 2-1-3　跨步电压触电示意图

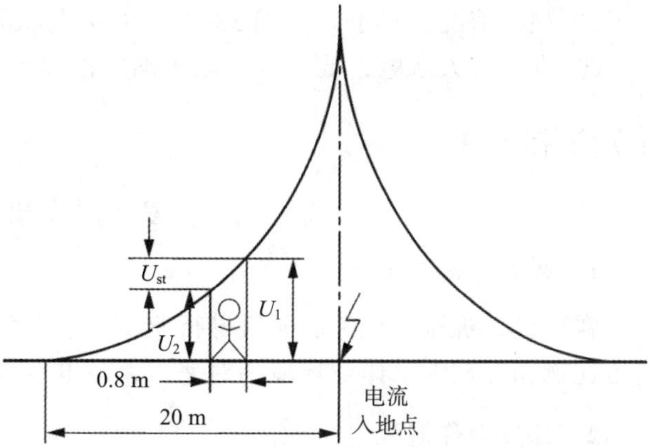

图 2-1-4　跨步电压电位分布示意图

三、防止触电的方法

(一) 采用绝缘防护

绝缘防护是指使用绝缘材料将带电导体封闭保护或隔离起来，使电气设备及线路正常工作，防止人身触电事故发生。例如，为导线加绝缘皮，用绝缘胶布包扎裸露线头，架设线路时使用绝缘子等。

(二) 使用屏护措施

屏护措施是指用防护装置将带电部位、场所或范围隔离开来，以防止人员意外接触。例如，室内高压配电室用遮拦罩起来，室外配电室用栅栏隔离开等。

(三) 保持安全距离

安全距离又称间距，是指为了防止触电事故或短路故障而采取的带电体之间、带电体与地面之间、带电体与其他设施之间必须保持一定距离的措施。

四、安全用电注意事项

安全用电注意事项如下：

① 非专业人员不允许安装和拆卸电气设备与线路。

② 不接触低压带电体，不接近高压带电体。

③ 不用湿手接触带电的开关、灯座、插座等电器，不用湿布揩擦电器。

④ 在临近带电体操作时，要保持安全距离。

⑤ 电工作业前应检查绝缘鞋、绝缘手套以及工具的绝缘手柄等安全用具的绝缘性能是否良好，有问题应及时更换，并定期进行检查。

⑥ 低压带电作业应设专人监护。尽量不带电作业，必须带电操作时，应使用各种安全防护工具，戴绝缘手套和安全帽，必须穿长袖衣工作，使用有绝缘柄的工具。严禁使用锉刀、金属尺以及带有金属物的毛刷、毛掸等工具。

⑦ 电工在作业时，要严格遵守停电规定，要切实做好防止突然送电的各项安全措施。例如，锁上闸刀，并挂上“有人操作，不许合闸!”的警告牌等，不准约时送电。

⑧ 不要移动处于工作状态中的电器，应在切断电源的条件下移动。

⑨ 根据情况，在不宜使用 380 V/220 V 电压的场所，应使用 12 ~ 36 V 的安全电压。

⑩ 发现有人触电，要立即采取正确的抢救措施。

【知识拓展】

一、发生触电事故的原因

1. 作业环境恶劣

在冶金、机械、化工、建筑等行业，由于潮湿、高温场所多，移动式和携带式电气设备所占比例相对较大，作业环境相对恶劣，触电事故发生率较高。

2. 违反操作规程

不按操作规程要求操作也是造成触电的主要原因之一，例如：带电操作高压线路的隔离开关；工作时不验电、不挂接地线、不戴绝缘手套；巡视设备时不穿绝缘鞋；修剪树木时碰触带电导线等。又如，带电接临时低压线；带电修理电动工具、搬动用电设备；相线与中性线接反；湿手去接触带电设备等。

3. 人员操作失误

这是造成人身触电的主要原因。在企业生产中，考核人员在电气设备运行、维护、检修过程中的失误，最易发生触电事故。主要的操作失误包括：误入带电隔间；误触带电设备；违反操作规程进行带电作业；没有工作票或没有获得许可工作的命令即开始工作；工作中没有监护或监护失误；过分接近故障点或在雷雨天气靠近避雷针接地极；未验电就进行接地；不按规定顺序进行倒闸操作等。

4. 使用维护不当

由于使用维护不当，可能造成电气设备和电动工具漏电，从而发生触电事故。造成这种事故的主要原因是：电气设备、电动工具无接地、接零保护措施或保护接线断开。使用维护不当的情况主要包括：电动工具电源线松动、裸线外露；打夯机作业中电源线磨损；移动设备时发生碰撞，损坏了电源线的绝缘层；家电产品的绝缘层被破坏、外壳带电等。

5. 缺乏电气安全知识

缺乏电气安全知识的触电事故多发生在日常生活中，例如：在高压线附近放风筝；爬上电力杆塔掏鸟窝；架空线断落后误碰；用手触摸破损的胶盖刀闸、导线；儿童触摸灯头、插座或拉线等。

6. 季节气温影响

根据有关资料的统计分析，每年 6 月 ~ 9 月发生的触电事故约占全年的 66% 以上，因此这个时期称为触电高发期。

7. 管理缺陷

很多触电事故是由于用电单位缺乏科学的安全用电管理机制和切实可行的安全措施造成的，例如，由于管理疏漏让不具备电工作业操作证的人员进行电工作业，不按电工安全操作规程管理电工作业人员等。

二、避免触电事故的有效措施

1. 建立安全用电保证体系

与电气相关的行业、企业、人员应该认真落实“安全第一，预防为主，综合治理”的方针，全面实行安全管理，实行逐级负责的安全生产责任制，严格执行安全管理制度。如果机构健全、人员齐备、制度落实、事事有人管理、时时有人监督、管理渠道畅通而有效，触电事故就会很少发生或杜绝发生。

2. 提高从业人员的技术素质

从业人员应该全面学习和掌握电气安全知识与技能，这是避免触电事故的主要措施。

3. 落实技术防范措施

大力推广强化绝缘、漏触电保护、电气隔离等新兴的电气安全技术，具体预防措施有：

① 绝缘措施。选用的绝缘材料必须与电气设备的工作电压、工作环境和运行条件相适应。不同的设备或电路对绝缘电阻的要求不同。例如，新装或大修后的低压电气设备和线路，绝缘电阻不应低于 0.5 MΩ/V；运行中的电气线路和设备，绝缘电阻要求 1 kΩ/V 以上；高压线路和设备的绝缘电阻不低于 1 000 MΩ/V。

② 屏护隔离措施。采用屏护装置，例如采用电气绝缘外壳、金属网罩、金属外壳、变压器的栅栏等将带电体与外界隔绝开来，以杜绝不安全因素。凡是金属材料制作的屏护装置，应妥善接地或接零。

③ 间距措施。为防止人体触及或过分接近带电体，在带电体与地面之间、带电体与其他设备之间应保持一定的安全距离。安全距离的大小取决于电压高低、设备类型、安装方式等因素。

④ 自动断电保护。在带电线路或设备上采取漏电保护、过流保护、过压或欠压保护、短路保护、接零保护等自动断电措施，当发生触电事故时，在规定时间内能自动切断电源，起到保护作用。

4. 认真遵守电工安全操作规程

严禁电工及其他人员违章作业，并向用电人员及电气工作人员进行宣传，落实安全用电规章制度。在实际电工作业中，加强巡视检查及周期检修，保证安全运行，做到把事故及隐患消灭在萌芽状态。

5. 保证电气元件质量

加强采购管理与产品检验，严把入口关，杜绝假冒伪劣电气产品进入使用环节。

意外原因或偶然因素虽然难以避免，但是如果做好以上五点，偶然因素导致的触电事故也会大大减少。

【巩固练习】

1. 什么是人身安全和安全用电？
2. 什么是触电？触电事故有哪些特点？
3. 触电可分为哪几种？触电的方式有哪些？
4. 什么是直接接触触电和间接接触触电？
5. 什么是电击和电伤？电击有哪些特征？
6. 防触电的方法有哪些？
7. 安全用电的注意事项有哪些？

技能要求

【工作任务】 安全用电常识认知。

【任务描述】 1. 教师用视频和图片显示各种触电种类和触电方式，学生根据教师显示的图片正确判断触电种类和触电方式。

2. 根据老师展示的触电种类、触电方式和触电伤害图片，正确说出其防止触电的方法或安全用电注意事项，并回答教师的提问。

【任务实施】

1. 准备工作

① 人员组织：将班级学生分为 8～10 组，每组 3～5 人，每次轮流测评 1 人。

② 设备准备：多媒体教学设备 1 台。

③ 资料准备：评分表 1 张，记录笔 1 支。

2. 实际操作

① 考核人员：1 人。

② 考核时间：10 min。

③ 考核标准：

评分表

第______小组　　学生姓名______________________　　总评分____________

项目及配分		考核内容及评分标准	自评分 30%	小组评分 30%	教师评分 40%
考核程序	50 分	1. 根据教师显示的各种视频或图片，正确判断各种触电种类和触电方式。每判断错一处扣 3 分。			
		2. 根据教师显示的各种触电种类和触电方式，正确说出防止触电的方法和安全注意事项。每错一处扣 5 分。			
		3. 根据教师提问回答问题。每答错一题扣 3 分。			
考核质量	30 分	1. 各种触电种类和触电方式判断准确、迅速。有较小迟疑、停顿，每一处扣 1 分；有较大迟疑、停顿，每处扣 2 分。			
		2. 能快速、正确地说出防止触电的方法和安全用电注意事项。迟疑或停顿时间较长，每一处扣 2 分。			
		3. 回答老师问题应迅速、果断。停顿时间较长或答题错误，每错一题扣 3 分。			
考核时间	10 分	考核总时间为 10 min，每超时 1 min 扣 2 分，超时 3 min 及以上停止考核。			
安全规章	10 分	遵章守纪，具有团结协作精神，仪容仪表应符合安全文明生产要求。团结协作精神缺乏，酌情扣 1～5 分。			
合计	100 分				

任务二　触电急救

【学习目标】

一、知识目标

1. 掌握触电急救的原则。
2. 掌握触电急救的方法与步骤。
3. 熟悉心肺复苏的方法和程序。
4. 熟悉口对口（鼻）人工呼吸、胸外心脏按压的操作要领。
5. 了解触电急救的注意事项。

二、技能目标

1. 具有正确判断触电者伤情的能力。
2. 能准确、迅速地对触电者进行触电急救。
3. 在触电急救中，能做到程序正确、操作规范。

三、素质目标

1. 培养安全意识，牢固树立“安全第一”的作业思想。
2. 培养“按章操作、操作规范严谨”的工作作风。
3. 培养“认准目标，永不放弃”的精神。

知识要求

【知识要点】

一、触电急救的原则

在人们的日常生活和工作中，触电事故时有发生。当发现有人触电时，应对触电者进行及时的触电急救。救助者应按照触电急救原则对触电者进行救助。

触电急救的一般原则为：迅速、就地、准确、坚持。这是触电急救的“八字口诀”。

抢救触电者必须分秒必争且救护有方。必须用最快的速度在现场采取积极措施，保护触电者生命，减轻伤痛，并根据伤情要求，迅速联系医疗部门救治。在医务人员未接替救治前，不应放弃现场抢救，更不能只根据没有呼吸或脉搏擅自判定触电者死亡，放弃抢救。

发现有人触电后，首先要尽快使其脱离电源，然后根据具体情况，迅速对症救护。人的大脑只能耐受缺氧 5 ~ 8 min，小脑 10 ~ 15 min。如果超过这个时间抢救，就会使触电者昏迷不醒，大脑缺氧，引起脑水肿等一系列病症。据有关统计资料显示，从触电者心跳及呼吸停止起计算，如果 5 min 内能及时抢救，救生率是 90% 左右；如果在 10 min 内及时抢救，救生率是 60% 左右；如果超过 15 min 抢救，救生希望甚微。因此，掌握触电急救方法十分重要。在《电业安全工作规程（发电厂和变电所电气部分）》（DL 408—2005）中，将掌握紧急救护方法列为电气工作人员必须具备的从业条件之一。

二、触电急救的方法与步骤

触电急救的方法与步骤是：首先使触电者迅速脱离电源，然后立即进行现场就地抢救，同时拨打 120 急救电话，通知医务人员到现场急救，当医务人员到达现场后，将触电者交给医务人员处置。

（一）脱离电源

触电急救的第一步是使触电者迅速脱离电源，因为电流对人体的作用时间越长，对生命的威胁越大。

脱离电源就是要把触电者接触带电设备的开关、刀闸或其他设备断开，设法将触电者与带电设备脱离，脱离电源的方法可用拉、切、挑、拽和垫五个字来概括。

① 拉：如果电源开关或电源插头在触电地点附近，救护人员可立即拉开开关或拔出插头，切断电源。但应注意拉线开关和平开关只能控制一根导线，有可能只切断中性线，而相线并

未切断，没有达到真正切断电源的目的。

② 切：如果电源开关或电源插头不在触电地点附近，救护人员可用有绝缘柄的电工钳或有干燥木柄的斧头切断电源线。

③ 挑：当导线搭落在触电者身上时，救护人员可用干燥的木棒、竹竿等绝缘物做工具，挑开触电者身上的导线，使触电者脱离电源。

④ 拽：如果短时间内无法关闭电源，救护人员可戴上绝缘手套或在手上包缠干燥的衣服等绝缘物品拖拽触电者，使之脱离电源。如果触电者的衣裤是干燥的，且没有紧缠在身上，救护人员可以直接用一只手抓住触电者的衣裤，将其拉离电源。

⑤ 垫：如果触电者由于痉挛，手指紧握导线或导线缠绕在身上，救护人员可先用干燥的木板塞进触电者身下，使其与地绝缘，然后再采取其他办法把电源切断。

(二) 现场救护

使触电者脱离电源后应立即就地抢救，抢救的关键是判别情况与对症救护，同时通知医务人员到现场。

根据触电者受伤害的轻重程度，现场救护有以下几种措施：

1. 触电者未失去知觉的救护措施

如果触电者所受的伤害不太严重，神志尚清醒，只是心悸、头晕、出冷汗、恶心、呕吐、四肢发麻、全身乏力，甚至一度昏迷但未失去知觉，则可先让触电者在通风暖和的地方静卧休息，并派人严密观察，同时请医生前来或送往医院救治。

2. 触电者已失去知觉的抢救措施

如果触电者已失去知觉，但呼吸和心跳尚正常，则应使其舒适地平卧，解开衣服以利呼吸，保持空气流通，天气寒冷应注意保暖，同时立即请医生前来或送往医院救治。若发现触电者呼吸困难或心跳失常，应立即施行人工呼吸或胸外心脏按压。

3. 对假死者的急救措施

如果触电者呈现假死现象，应先根据其呼吸和心跳情况判断症状。症状的判断方法是“看、听、试”。

“看”是指观察触电者的胸部、腹部有无起伏动作。

“听”是指用耳朵贴近触电者的口鼻处，听其有无呼吸气流的声音。

“试”是指用手或小纸条测试触电者的口鼻有无呼吸的气流，再用两根手指轻压一侧喉结旁凹陷处的颈动脉，察看有无搏动感觉。若既无呼吸又无颈动脉搏动感觉，则可判定触电者呼吸停止或心跳停止，或呼吸、心跳均停止。

判断假死的“看、听、试”操作方法如图 2-2-1 所示。

(a) 看和听

(b) 试

图 2-2-1　触电者假死判断

假死有以下三种临床症状和对应的抢救方法：

① 有呼吸而心跳停止。对这样的触电者应采用胸外心脏按压法进行急救。

② 呼吸停止而有心跳。对这样的触电者应采用口对口人工呼吸法进行急救。

③ 呼吸和心跳均已停止。对这样的触电者，应交替采用胸外心脏按压法和口对口人工呼吸法进行急救。

4. 抢救触电者的心肺复苏法

心肺复苏法是指支持生命的三项基本措施，即：通畅气道，口对口（鼻）人工呼吸，胸外按压人工循环。

（1）畅通气道

若触电者呼吸停止，首先要确保气道通畅，其操作要领是：使触电者仰面躺在平硬的地方，迅速解开其领口、围巾、紧身衣和裤带。如果发现触电者口内有食物、假牙、血块等异物，可将其身体及头部同时侧转，迅速用一个手指或两个手指交叉从口角处插入，从中取出异物。要注意防止将异物推到咽喉深处。最后，采用仰头抬颌法通畅气道，具体方法是：一只手放在触电者前额，另一只手的手指将其颌骨向上抬起，气道即可通畅，通畅气道方法如图 2-2-2 所示。气道状况示意图如图 2-2-3 所示。

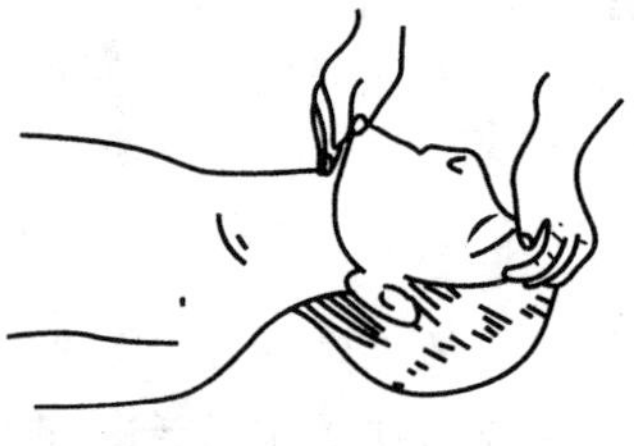

图 2-2-2 畅通气道方法

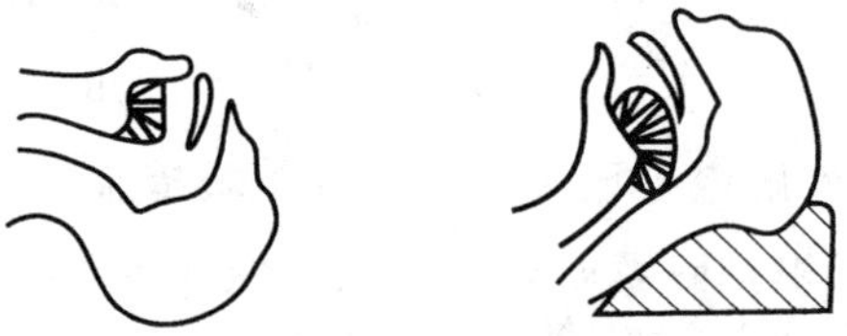

（a）气道通畅 （b）气道阻塞

图 2-2-3 气道状况示意图

为了使触电者头部后仰，可在其颈部下方垫适量厚度的物品，但严禁垫在头下，因为头部抬高前倾会阻塞气道，还会使施行胸外心脏按压时流向脑部的血量减小，甚至完全消失。

（2）口对口（鼻）人工呼吸

救护人员在完成气道通畅的操作后，应立即对触电者施行口对口或口对鼻人工呼吸。口对鼻人工呼吸用于触电者嘴巴紧闭的情况。人工呼吸的操作要领如下：

① 大口吹气刺激心脏起搏。在保持触电者气道通畅的同时，救护人员蹲跪在触电者一侧，一只手放在触电者额上，用手指捏住触电者鼻翼，另一只手的食指和中指轻轻托住其下巴。救护人员深吸气后，与触电者口对口紧密贴合，在不漏气的情况下，先连续大口吹气两次，每次 5 s。然后用手指测试其颈动脉是否有搏动，如仍无搏动，可判断心跳确已停止。在施行人工呼吸的同时，要立即进行胸外按压。

② 正常口对口（鼻）人工呼吸。大口吹气两次测试搏动后，立即转入正常的口对口人工呼吸阶段，正常的吹气频率约为 12 次/min，吹气量不需过大，以免引起胃膨胀。对于儿童则吹气频率约为 20 次/min，吹气量宜小些，以免造成肺泡破裂。救护人员换气时，应将触电者的口或鼻放松，让其借助自己胸部的弹性自动吐气。吹气和放松时要注意观察触电者胸部有

无起伏的呼吸动作。吹气时如有较大的阻力，可能是头部后仰不够，应及时纠正，使气道保持畅通，口对口（鼻）人工呼吸如图 2-2-4 所示。

（a）贴紧吹气

（b）放松换气

图 2-2-4　口对口（鼻）人工呼吸

③ 采用口对鼻人工呼吸，吹气时要将其嘴唇紧闭，防止漏气。

（3）胸外心脏按压

胸外心脏按压是借助人力使触电者恢复心脏跳动的急救方法，要点是选择正确的按压位置和采取正确的按压姿势。操作要领如下：

① 正确的按压位置：这是保证胸外按压效果的重要前提。救护者站（或跪）在触电者一侧，左手放在触电者胸骨中下段，这个部位相当于两乳头连线正中间。有口诀曰“中指对凹膛，当胸一手掌”，即将手的中指对着触电者颈部下方的凹陷处，手放在触电者胸廓的正中处，手掌的根部正好是按压的部位，如图 2-2-5 所示。

② 正确的按压姿势：使触电者仰面躺在平硬的地方并解开其衣服，仰卧姿势与口对口人工呼吸法相同。救护人员立或跪在触电者一侧肩旁，救护人员的两肩位于触电者胸骨正上方，两臂伸直，肘关节固定不屈，两手掌根相叠，手指翘起，不接触其胸壁；以髋关节为支点，利用上身的重力，垂直将正常成人胸骨压陷 3.8 ~ 5 cm（5 ~ 13 岁儿童为 3 cm、婴幼儿为 2 cm、老人和瘦弱者 1 ~ 3 cm）；压至要求程度后，立即全部放松，但放松时救护人员的掌根不得离开触电者胸壁。按压必须有效，有效的标志是按压过程中可以触及颈动脉搏动。按压姿势与用力方法如图 2-2-6 所示。

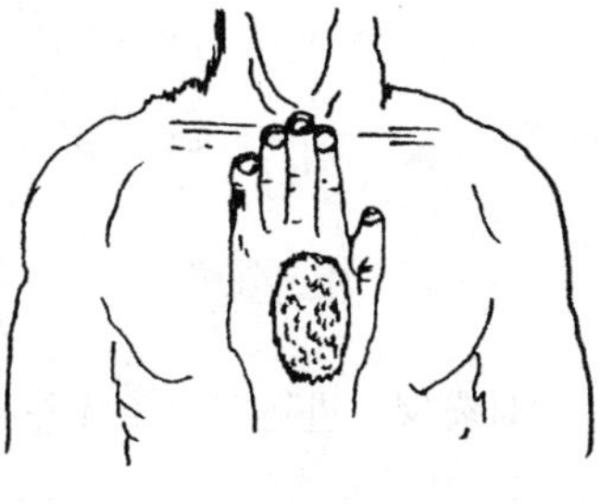

图 2-2-5　正确按压位置示意图

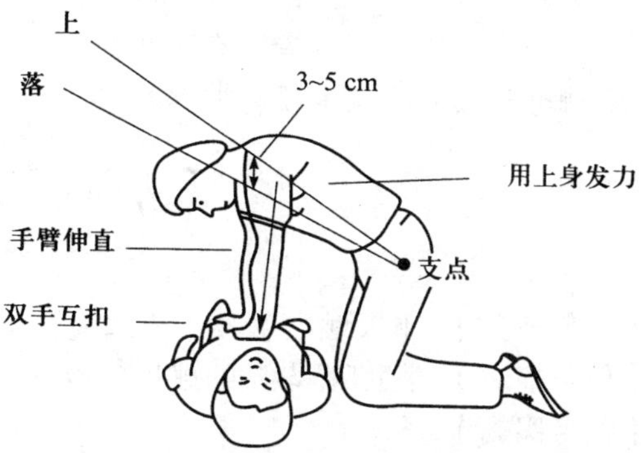

图 2-2-6　按压姿势与用力方法示意图

③ 恰当的按压频率：胸外心脏按压要以均匀速度进行，按压频率以 60 ~ 80 次/min 左右为宜，每次包括按压和放松一个循环，按压和放松的时间相等。当胸外心脏按压与口对口（鼻）人工呼吸同时进行时，操作的节奏为：单人救护时，每按压 15 次吹气 2 次（15∶2），反复进行；双人救护时，一人按压 5 次、由另一人吹气 1 次（5∶1），反复进行。

5. 抢救过程中的再判定

按压吹气 1 min 后（相当于单人抢救时做了 4 次循环），应用“看、听、试”方法在 5 ~ 7 s 时间内完成对伤员呼吸和心跳是否恢复的再判定。若判定颈动脉已有搏动但无呼吸，则暂停胸外心脏按压，而再进行 2 次口对口人工呼吸，接着每 5 s 吹气 1 次（即 12 次/min）。如果脉搏和呼吸均未恢复，则继续坚持心肺复苏方法抢救。

在抢救过程中，要每隔数分钟再判定一次，每次判定时间均不得超过 5 ~ 7 s。在医务人员未接替抢救前，现场抢救人员不应放弃抢救。

三、触电急救注意事项

① 触电者脱离电源后，视触电者状态确定正确的急救方法。

② 不要让被救人员躺在潮湿、冰凉的地面，要保持被救人员的体温。

③ 在抢救时不要为了方便而随意移动伤员，如果确有必要移动，抢救中断时间不应超过 30 s。移动或送医院的途中必须保证触电者平躺在车上，必须保证呼吸道的通畅，不准将触电者半靠或坐在轿车里送往医院。如果呼吸停止或心脏停止跳动，应在运往医院途中继续使用心肺复苏法抢救。

【巩固练习】

1. 触电急救的原则是什么？
2. 触电急救的方法和步骤是怎样的？
3. 怎样使触电者脱离电源？
4. 触电者脱离电源后就地抢救的关键是什么？
5. 判断假死的临床症状和对应的抢救方法有哪些？
6. 口对口（鼻）人工呼吸的要领是什么？
7. 胸外心脏按压的操作要领有哪些？
8. 心肺复苏法的基本措施有哪些？
9. 触电急救的注意事项有哪些？

技能要求

【工作任务】 单人触电急救（心肺复苏）。

【任务描述】 学生观看教师的触电急救示范操作，并练习熟练后，对模拟人进行触电急救并考核。

【任务实施】

1. 准备工作

① 人员组织：将班级学生分为 8 ~ 10 组，每组 3 ~ 5 人，每次轮流考核 1 人。

② 设备准备：在相关实训室，按小组数量，准备心肺复苏模拟人若干，保证每组 1 个。

③ 资料准备：评分表 1 张，记录笔 1 支。

2. 实际操作

① 考核人员：1 人。

② 考核时间：10 min。

③ 操作步骤：

步骤 1：划分学习小组，每小组每次 1 人操作，轮流进行。

步骤 2：将心肺复苏模拟人控制器接通电源。

步骤 3：铺好操作垫。

步骤 4：将心肺复苏模拟人放在操作垫上。

步骤 5：对假死的触电者进行口对口人工呼吸。

步骤 6：对假死的触电者进行胸外心脏按压抢救。

步骤 7：对假死的触电者同时进行口对口人工呼吸和胸外心脏按压抢救。

④ 考核标准：

评分表

第______小组　　　学生姓名______________________　　　总评分______________

项目及配分		考核内容及评分标准	自评分 30%	小组评分 30%	教师评分 40%
考核程序	40 分	1. 口对口人工呼吸。操作顺序正确、流畅，动作规范。每错一处扣 5 分。			
		2. 胸外心脏按压。操作顺序正确、流畅，动作规范。每错一处扣 5 分。			
考核质量	40 分	1. 口对口人工呼吸。姿势正确，呼吸速度符合标准。姿势不正确，每次扣 3 分；呼吸速度不符合标准，每次扣 3 分。			
		2. 胸外心脏按压位置准确，按压姿势正确，按压频率符合标准。按压位置不准确，按压姿势不正确，按压频率不符合标准，每次扣 3 分。			
考核时间	10 分	考核总时间为 10 min，每超时 1 min 扣 2 分，超时 3 min 及以上停止考核。			
安全规章	10 分	遵章守纪，具有团结协作精神，仪容仪表应符合安全文明生产要求。团结协作精神缺乏，酌情扣 1～5 分。违反安全规范操作，情节较轻，酌情扣 1～5 分；情节较重或造成了人身伤害，视为不合格。			
合计	100 分				

任务三 接地装置安装

【学习目标】

一、知识目标

1. 掌握接地的定义和种类。
2. 掌握接地装置的组成和技术要求。
3. 熟悉保护接地、工作接地、工作接零的定义及其应用。
4. 熟悉接地装置的安装方法、步骤和操作要领。
5. 了解接地装置安装的注意事项。

二、技能目标

1. 具有正确判断电气设备接地种类的能力。
2. 具有加工制作接地体、接地干线和接地网的能力。
3. 具有与他人合作安装接地装置的能力。

三、素质目标

1. 培养安全意识，牢固树立“安全第一”的作业思想。
2. 培养“按章操作、操作规范严谨”的工作作风。
3. 培养团结协作的精神。

知识要求

【知识要点】

在实际的生产、生活中，为了保证电力系统和电气设备的安全，也为了保证工作人员和其他人员的安全，电气设备需要安装接地装置，这样可以利用大地作为发生故障和遭受雷击等情况下的电流回路，避免电气设备、电气装置和人员遭受雷电闪击。

一、接地

(一) 接地的定义

为了能顺利地将电气设备的故障电流和雷电流导入大地，在电力系统中，一般将电气设备或装置的某一点与大地之间用导体进行可靠连接。

接地是指将电气设备或电气装置的某一点与大地或接地体之间用导体进行可靠连接，如图 2-3-1 所示。

导体与电气设备的连接点称为接地点。将电气设备与大地可靠连接的接地导体要符合电气技术的要求。

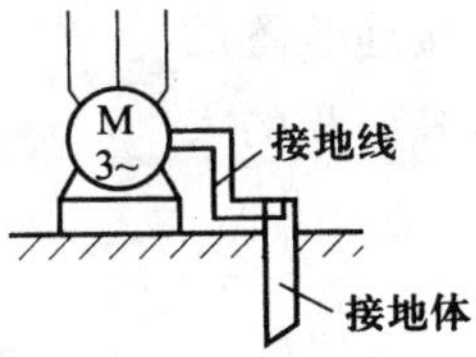

（a）电动机保护接地

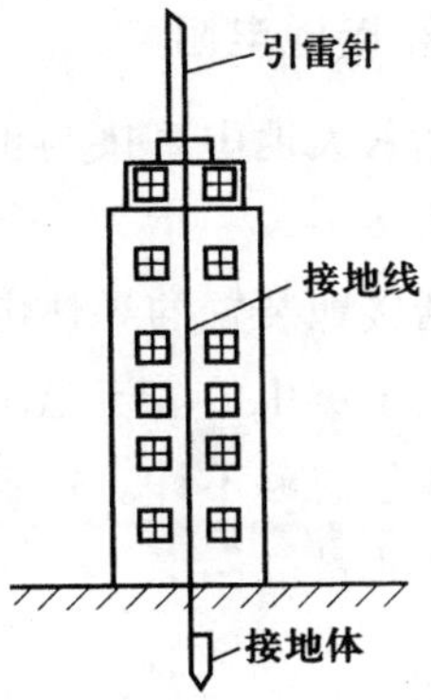

（b）建筑物避雷接地

图 2-3-1　接地示意图

(二) 接地的分类

接地主要包括工作接地、保护接地、保护接零、防雷及防过电压接地和防静电接地等。在电力系统中， 应用得最多的是工作接地、保护接地和保护接零。

1. 工作接地

工作接地是指在电力系统中，凡是因设备运行需要而进行的工作性质上的接地，如图 2-3-2 所示。

2. 保护接地

在电力系统中，凡是在使用带有各种金属外壳的电气设备、装置以及用电器具时，因保护性质需要（主要用来保护人体免遭电击伤），都要进行外壳接地。

保护接地是指将电气设备、装置以及用电器具的金属外壳与大地或地线连接，如图 2-3-3 所示。

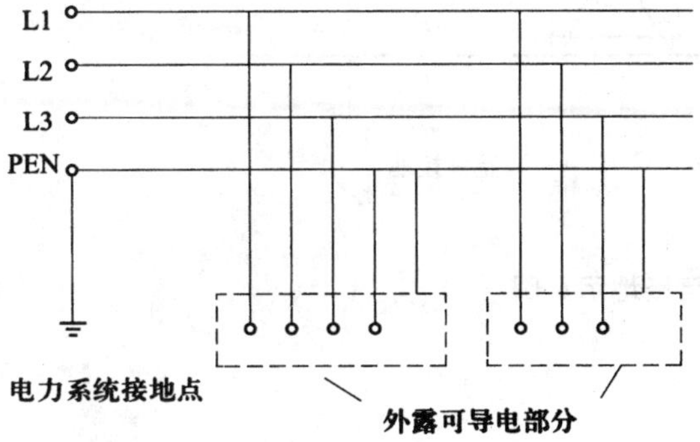

图 2-3-2　工作接地示意图

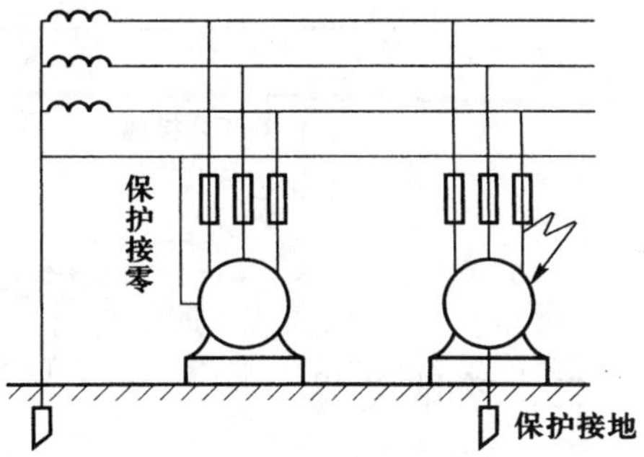

图 2-3-3　保护接地和保护接零示意图

3. 保护接零

一般在低压电网中，中性线直接与大地有良好的电气连接，因此，可以将电气设备外壳与中性线连接，也就相当于电气设备外壳接地。

保护接零是指在中性线直接接地系统中，将电气设备外壳与中性线连接，如图 2-3-3 所示。

(三) 接地体和接地电阻

接地体是指埋入大地中直接与土壤接触的金属导体，是接地装置的主要元件，图 2-3-4 所示为棒状接地体。

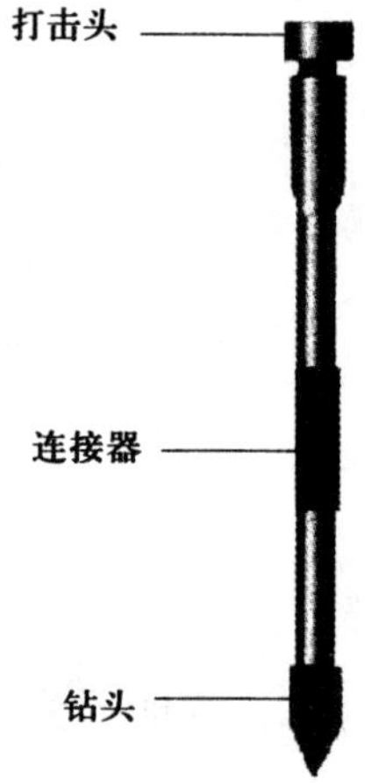

图 2-3-4 棒状接地体

接地电阻包括接地装置的导体电阻、接地体与土壤之间的接触电阻和接地电流在土壤中的散流电阻。在实际中，由于接地装置的导体电阻很小，往往忽略不计。接触电阻取决于接地体表面积的大小和接地体的安装质量。

(四) 重复接地

重复接地是指在中性线的每一重要分支线路上都进行一次可靠接地的保护接地方式，如 图 2-3-5 所示。在采用保护接零的系统中，如果中性线在一处中断，若该处有一台设备外壳带电，短路电流与电源中性线构不成回路，就会造成该处以外的全部设备外壳带电，将威胁人身安全。为了避免这种危险，可以采用重复接地的保护措施结构。

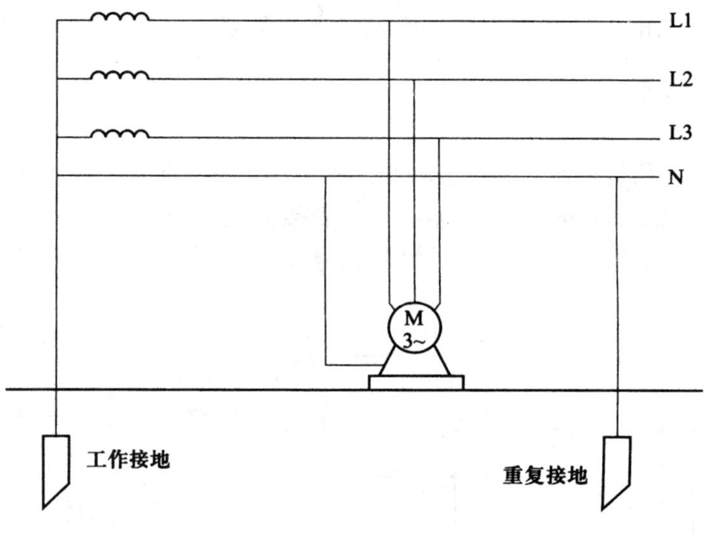

图 2-3-5 重复接地示意图

二、接地装置

(一) 接地装置的组成和分类

接地装置由接地体和接地连线两部分组成。

接地装置按接地体的多少，分为单极接地装置、多极接地装置、接地网络三种形式，如图 2-3-6 所示。

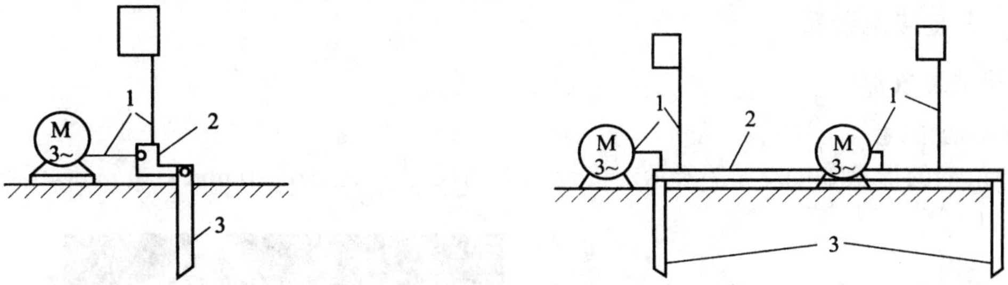

1—接地支线；2—接地干线；3—接地体。

（a）单极接地装置　　（b）多级接地装置

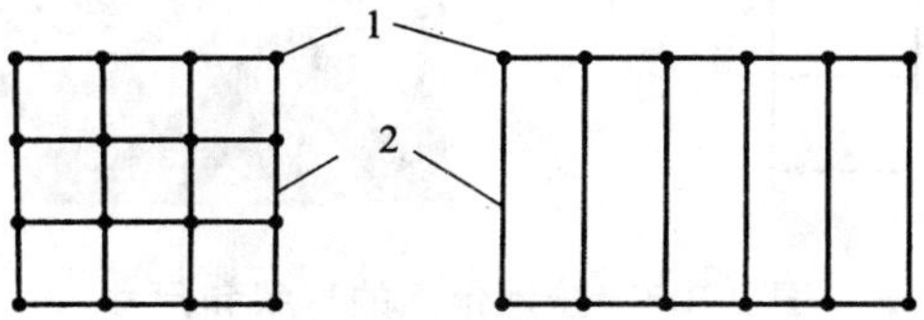

1—接地体；2—接地线。

（c）接地网络立面图

图 2-3-6　单极接地装置、多极接地装置、接地网络示意图

(二) 接地装置的技术要求

接地装置的技术要求主要是指接地电阻的技术要求，原则上接地电阻越小越好，考虑到经济合理，接地电阻以不超过规定的数值为准。具体要求如下：

① 避雷针和避雷线单独使用时的接地电阻小于 10 Ω。

② 配电变压器低压侧中性线接地电阻应在 0.5 ~ 10 Ω 之间。

③ 保护接地的接地电阻应不大于 4 Ω。

④ 多个设备共用一副接地装置，其接地电阻应以要求最高的为准。

三、接地装置的安装

(一) 安装接地装置所需的设备和材料

安装接地装置所需的器材见表 2-1-1。

表 2-1-1　安装接地装置所需的设备、材料

序号	名称	单位	规格型号	数量
1	手锯	把	300 mm	1
2	台钳	台	100 mm	1
3	盒尺（卷尺）	把	5 000 mm	1
4	大锤	把	8 磅	1
5	角钢	根	50 mm × 50 mm × 2 100 mm	4
6	扁钢	根	20 mm × 300 mm	4

(二) 安装接地装置

1. 接地装置部件

(1) 接地角钢

接地角钢的形状如图 2-3-7 所示。接地角钢的尺寸一般采用 50 mm × 50 mm × 2 100 mm。

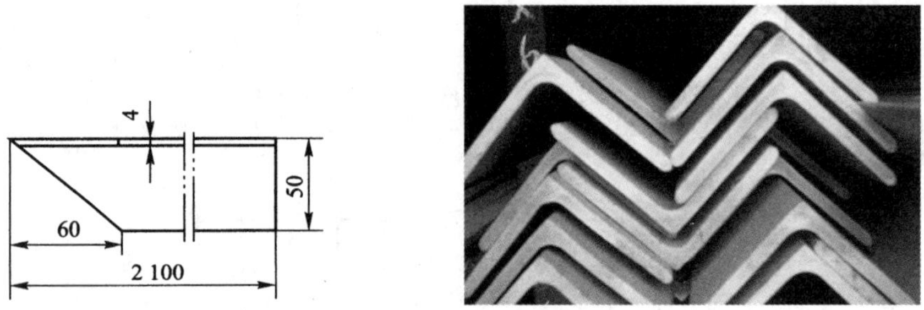

图 2-3-7 接地角钢的形状和尺寸

(2) 接地体连接干线

接地体连接干线的形状和尺寸如图 2-3-8 所示。

(3) 接地网平面图

接地网平面图如图 2-3-9 所示。

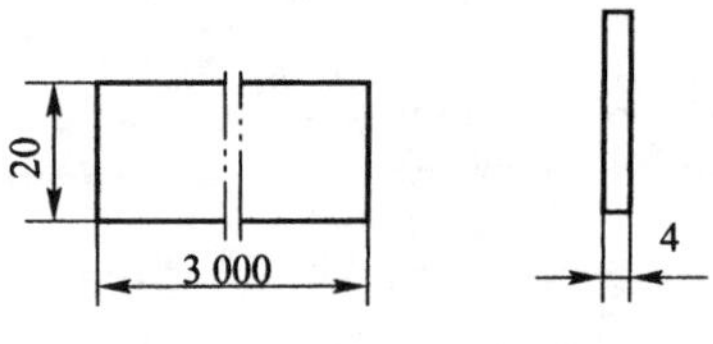

图 2-3-8 接地体连接干线的形状和尺寸

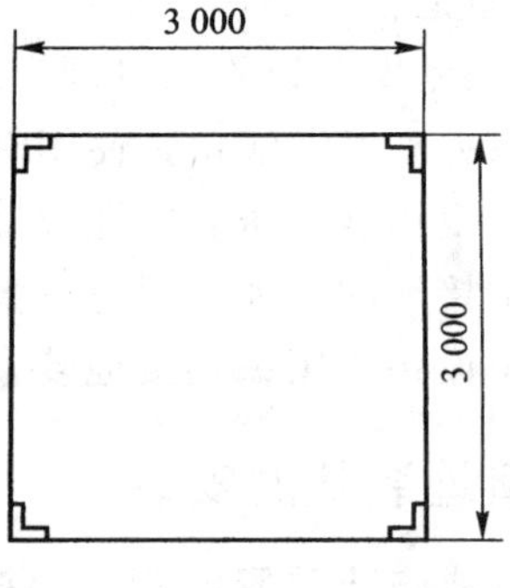

图 2-3-9 接地网平面示意图

2. 接地装置的安装步骤和方法

安装接地装置的步骤和操作方法如下：

① 制作接地体。正确选取制作接地体连接干线的材料，按规定应选用 50 mm × 50 mm × 2 100 mm 的角钢，并根据接地体的规定尺寸（如图 2-3-7 所示）加工成形。角钢如有弯曲，应矫正平直后才能使用。

② 制作接地体连接干线。正确选取制作接地体连接干线的材料，按规定应选用 20 mm × 300 mm 的扁钢，并根据接地体连接干线的规定尺寸（如图 2-3-8 所示）加工成形。扁钢如有弯曲，应矫正平直后才能使用。

③ 确定接地体安装位置。根据接地装置的设计安装点进行测量，按照接地网平面图规定的尺寸进行四方定位（如图 2-3-9 所示），并画线标示。

④ 埋入接地体。用打桩法逐一将四个接地体垂直打入地面，顶端露出地面 150 mm，将四周土夯实。

⑤ 测量接地电阻。用兆欧表和万用表逐一测量四只接地体的接地电阻，相互比较结果，以计算接地电阻的误差，并判断接地电阻是否满足技术要求。

⑥ 安装接地网。用电焊机焊接接地体与连接干线的所有面，组成接地网。

⑦ 测量接地网接地电阻。用兆欧表测量接地网的接地电阻，并判断接地电阻是否满足技术要求。

3. 接地装置的安装注意事项

① 制作垂直接地体的角钢，如果有弯曲，一定要矫直，否则不易打入地面，且接地体与土壤之间有缝隙，会增大接地电阻。

② 用打桩法安装接地体时，扶持接地体者双手不要紧握接地体，只要把握稳、扶持平直、不要摇摆即可，否则打入地面的接地体会与土壤产生缝隙，增大接地电阻。

③ 电焊焊接接地体与接地干线的连接面时，所有焊接面要平整，焊缝均应焊透。焊接后，要敲去焊渣，检查质量，不合格处要重新焊接。

④ 注意穿戴好劳保用品，注意操作过程中的人身、设备安全。

四、接地装置的检查

接地装置检查的步骤和操作要点如下：

① 检查接地装置测试点。人工接地装置或利用建筑物基础钢筋的接地装置，必须在地面上按设计要求位置设置测试点，除自然引下线外，每根引下线与接地装置的连接处应设断接卡，断接卡的连接采用螺栓连接。

② 检查接地装置的安装尺寸。检查接地装置的安装尺寸是否符合技术要求。单极接地装置安装尺寸如图 2-3-10 所示。

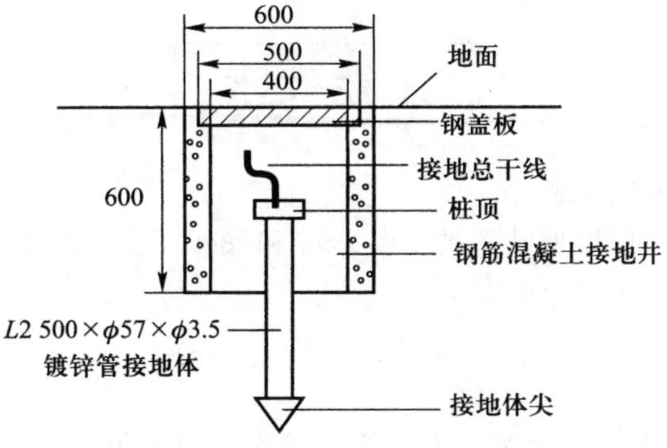

图 2-3-10　单极接地装置安装图

③ 检查接地装置引出线。接地装置应集中引线，用干线把接地装置并联焊接成一个环路，干线的材料与接地装置焊接点的材质应相同，引出线不得少于两处。

④ 测量接地电阻。使用接地兆欧表测量接地电阻，并将数值记录在检查报告中。

【知识拓展】

接地装置的安全技术要求

1. 可靠的电气连接

钢质接地线之间以及接地线与接地体之间的连接处应进行搭焊处理。有色金属接地线可用夹头或螺栓与接地干线或电气设备的外壳进行连接，在有振动的地方应垫以弹簧垫圈。

2. 足够的机械强度、导电能力和热稳定性

接地铜芯导线的截面积应不小于 1.5 mm^2，铝芯导线的截面积应不小于 2.5 mm^2。

3. 接地线应涂以明显的标志

接地线的颜色一般规定为：绿黄双色线为保护线，浅蓝色为接地中性线。接地线应装设在明显处，以便于检查。

4. 良好的防腐蚀性

为了防止腐蚀，钢制接地装置应采用镀锌材料制成，焊接处要涂以沥青，明设的接地线要涂以防腐漆。

【巩固练习】

1. 什么是接地？接地可分为哪几种？
2. 什么是保护接地、工作接地和工作接零？
3. 接地装置由哪几部分组成？接地装置的技术要求有哪些？
4. 简述接地装置的安装步骤。
5. 接地体的安装要求有哪些？
6. 接地干线的安装要求有哪些？
7. 接地装置安装的注意事项有哪些？

技能要求

【工作任务】 接地装置安装。

【任务描述】 学生根据接地装置的安装步骤和操作要点，2 人 1 组，现场安装 1 组接地装置，做到操作安全、规范。

【任务实施】

1. 准备工作

① 人员组织：将班级学生分为 2 人 1 组，每次考核 1 组。

② 设备准备：50 mm × 50 mm × 2 100 mm 的角钢 4 根、20 mm × 300 mm 的扁钢 4 根、手锯 1 把、台钳 1 台、卷尺 1 把、大锤 1 把。

③ 资料准备：评分表 1 张，接地电阻记录表 1 张，记录笔 1 支。

2. 实际操作

① 考核人员：2 人/组。

② 考核时间：60 min。

③ 考核标准：

评分表

第______小组　　　　学生姓名__________________　　　　总评分__________

项目及配分		考核内容及评分标准	自评分 30%	小组评分 30%	教师评分 40%
考核程序	50 分	1. 制作接地体。方法错误扣 5 分，顺序错误扣 5 分。			
		2. 制作接地体连接干线。方法错误扣 5 分，顺序错误扣 5 分。			
		3. 安装接地体。方法错误扣 5 分，顺序错误扣 5 分。			
		4. 接地电阻测量、记录。测量方法错误，扣 10 分；测量仪表使用错误，每处扣 3 分；记录不正确，每处扣 3 分。			
		5. 安装接地网。方法错误扣 5 分，顺序错误扣 5 分。			
		6. 接地装置的维护保养。方法错误扣 5 分。			
考核质量	30 分	1. 制作接地体。材料的下料尺寸错误，每处扣 2 分；工艺要求不合格，每处扣 2 分。			
		2. 制作接地体连接干线。材料的下料尺寸错误，每处扣 2 分；工艺要求不合格，每处扣 2 分。			
		3. 安装接地体。安装地点错误，扣 5 分；角钢露出地面尺寸错误，每处扣 2 分。			
		4. 接地电阻测量、记录。测量程序不符合规范，扣 5 分；测量数据反复矫正，每次扣 2 分。			
		5. 安装接地网。焊接面不符合要求，每处扣 2 分；虚焊、漏焊，每处扣 3 分。			
		6. 接地装置的维护保养。不符合要求扣 5 分。			
考核时间	10 分	考核总时间为 60 min，每超时 1 min 扣 2 分，超时 5 min 及以上停止考核。			
安全规章	10 分	遵章守纪，具有团结协作精神，仪容仪表应符合安全文明生产要求。团结协作精神缺乏，酌情扣 1～5 分；出现人员身体伤害，停止考核；着装不合要求，取消考核资格。			
合计	100 分				

任务群三
照明灯具安装

任务一　电光源的辨识

【学习目标】

一、知识目标

1. 掌握电光源的分类方法及其种类。
2. 熟悉常用电光源的特性及其应用范围。
3. 掌握电光源的命名方法。
4. 熟悉电光源主要参数的意义和作用。

二、技能目标

1. 具有辨识各种常用电光源的能力。
2. 能正确识读电光源的型号。

三、素质目标

1. 培养安全意识，牢固树立“安全第一”的作业思想。
2. 培养“安全作业、操作规范严谨”的工作作风。
3. 培养敏锐的判断力、观察能力和辨识能力。

知识要求

【知识要点】

一、电光源的定义

凡是可以将其他形式的能量转换成光能，从而提供光通量的设备、器具统称为光源。电光源是指可以将电能转换为光能，从而提供光通量的设备、器具。

二、电光源的分类

根据电光源的发光物质不同，一般分为热辐射电光源、气体放电电光源和固态电光源三大类。在实际应用中，可根据具体情况，选择各种电光源。

（一）热辐射电光源

热辐射电光源是电流流经导电物体，使之在高温下辐射光能的光源。它们都是以钨丝为辐射体，通电后使之达到白炽温度，产生热辐射。

热辐射电光源主要有白炽灯和卤钨灯。

(二) 气体放电电光源

气体放电电光源是利用气体或蒸气的放电而发光的一种光源。

根据气体放电电光源的放电介质和形式不同，可将气体放电电光源分为辉光放电光源和弧光放电光源两类。

1. 辉光放电光源

辉光放电光源是利用气体辉光放电而发光的一种光源。这类光源通常需要很高的工作电压，常见的有氖灯和霓虹灯。

2. 弧光放电光源

弧光放电光源是利用气体弧光放电而发光的一种光源。

根据弧光放电光源中气体的压力大小，又可分为以下两种：

① 低压气体放电光源，如荧光灯和低压钠灯。

② 高压气体放电光源，如高压汞灯、高压钠灯、金属卤化物灯和氙灯等。

(三) 固态电光源

固态电光源是指使用固态电子元件发光的电光源。固态电子元件一般采用半导体元件，如半导体发光二极管、有机半导体发光二极管、光导纤维等。

常见的固态电光源有场致发光屏（EL 灯屏）、半导体发光二极管灯（LED 灯）、有机半导体发光二极管灯（OLED 灯）、光导纤维灯等。

三、常用电光源

(一) 白炽灯

白炽灯属于热辐射电光源，其结构如图 3-1-1 所示。白炽灯具有结构简单、价格低廉、开灯即亮并可方便地实现连续调光等优点；但缺点也比较突出，尤其是寿命短、耗能大、光效低，与目前国家提倡的节能、绿色、环保照明理念相冲突，正逐渐被节能灯、LED 灯等新型电光源取代。

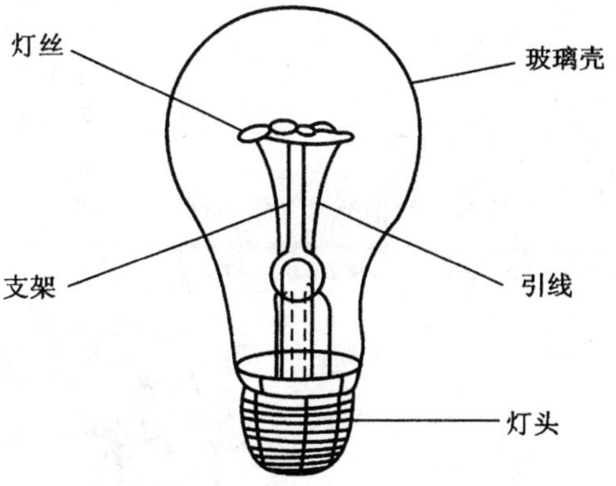

图 3-1-1　白炽灯结构示意图

(二) 卤钨灯

卤灯是指灯内的填充气体中含有部分卤族元素或卤化物的充气白炽灯，如图 3-1-2 所示。卤钨灯具有普通照明白炽灯的全部特点，光效和寿命比普通照明白炽灯提高一倍以上，且体积较小，广泛应用于会议室、展览厅、客厅、商业照明影视舞台、仪器仪表汽车飞机以及其他特殊照明等领域。

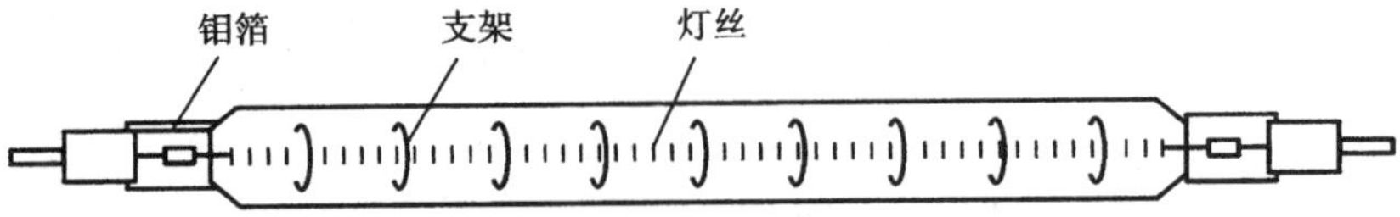

（a）单端引出卤钨灯

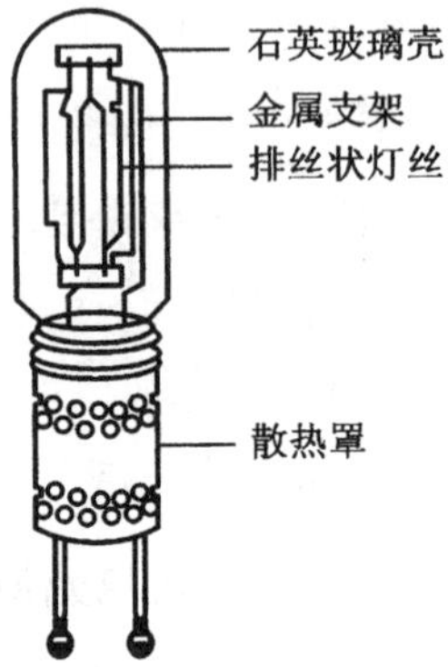

（b）两端引出卤钨灯

图 3-1-2　卤钨灯结构示意图

(三) 荧光灯

荧光灯俗称日光灯，如图 3-1-3 所示，具有光效高、寿命长、光色好等特点。荧光灯有直管形、环形、紧凑型等，是应用范围十分广泛的节能照明光源。用直管型荧光灯取代白炽灯，可以节能 70% ~ 90%，寿命延长 5 ~ 10 倍。

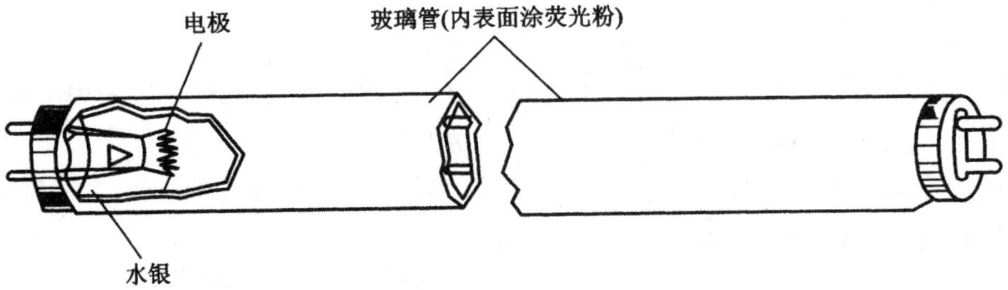

图 3-1-3　荧光灯管结构示意图

(四) 低压钠灯

低压钠灯如图 3-1-4 所示，其特点是发光效率高、寿命长、光通维持率高、透雾性强，但显色性差，主要应用于隧道、港口、码头、矿场等场合。

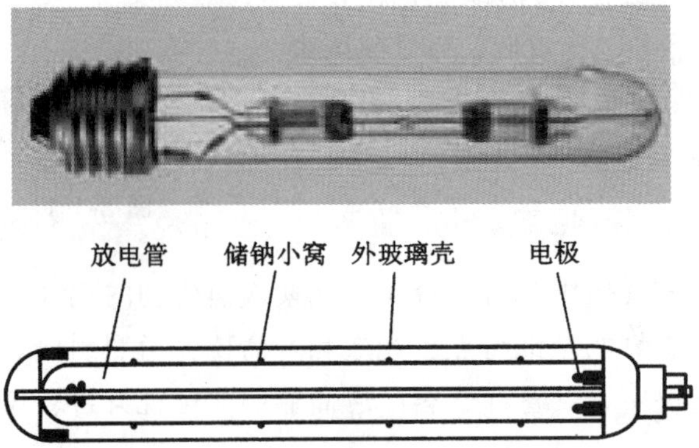

图 3-1-4　低压钠灯实物图和结构图

(五) 高压汞灯

高压汞灯又称为高压水银灯，如图 3-1-5 所示，其使用寿命是白炽灯的 2.5 ~ 5 倍，发光效率是白炽灯的 3 倍，耐振、耐热性能好，线路简单，安装维修方便；其缺点是造价高、启燃时间长、对电压波动适应能力差。

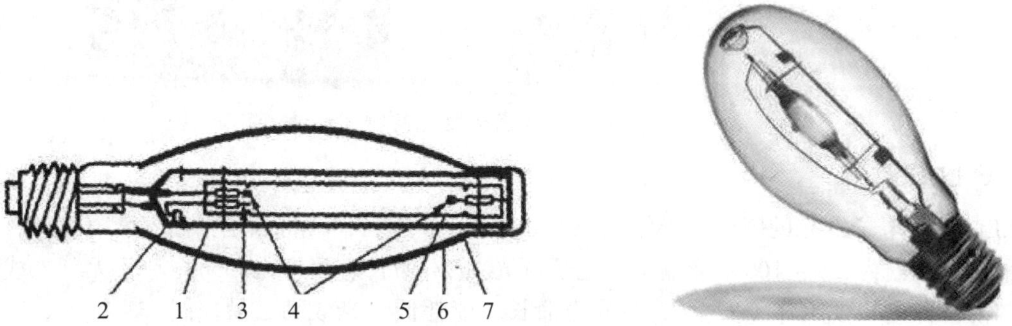

1—支架与引线；2—启动电阻；3—启动电源；4—工作电源；5—放电管；6—内部荧光粉涂层；7—外玻璃壳。

图 3-1-5　高压汞灯结构、实物图

(六) 高压钠灯

高压钠灯是一种高压钠蒸气放电光源，光色呈金白色，如图 3-1-6 所示。高压钠灯的优点是光色好、功率大、透雾性强、发光效率高，多用于室外照明，如广场、路灯等。不足的是，中断电源后，即使重新接通电源，也不能立即发光，必须使管内温度下降后才能重新点燃。

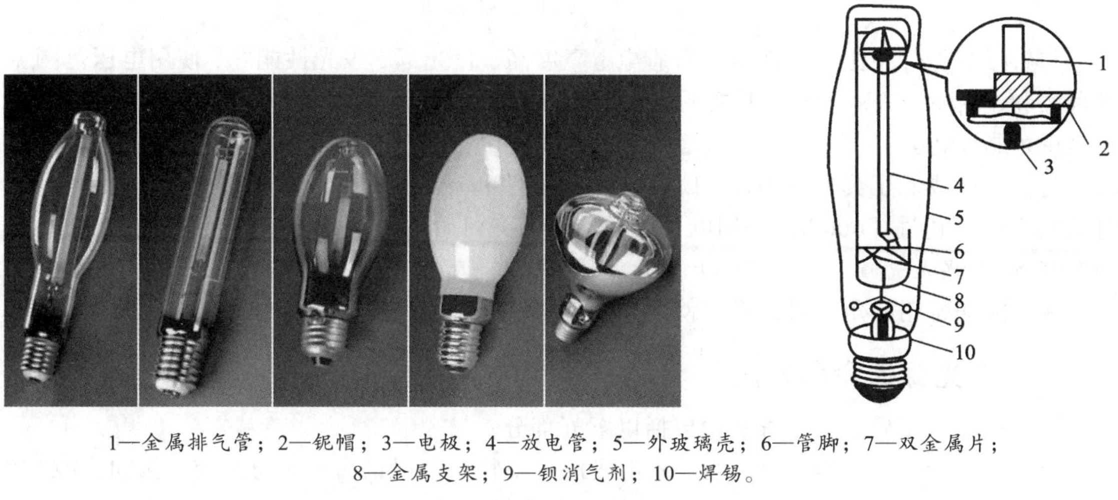

1—金属排气管；2—铌帽；3—电极；4—放电管；5—外玻璃壳；6—管脚；7—双金属片；
8—金属支架；9—钡消气剂；10—焊锡。

图 3-1-6　高压钠灯实物、结构图

(七) 金属卤化物灯

金属卤化物灯如图 3-1-7 所示，其特点是寿命长、光效高、显色性好，主要用于工业照明、城市亮化工程照明、商业照明、体育场馆照明以及道路照明等。

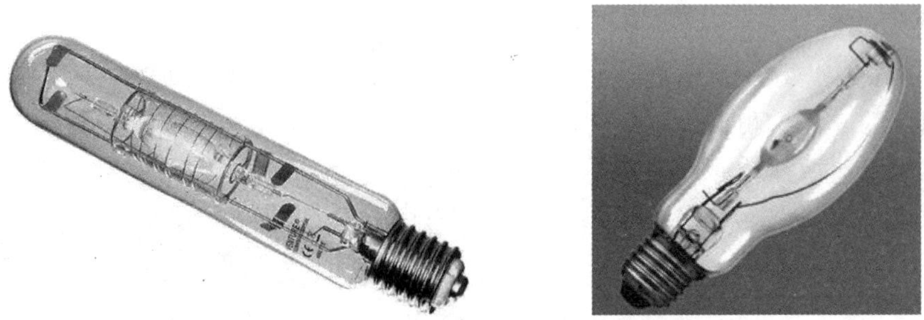

图 3-1-7　金属卤化物灯实物图

(八) LED 灯

LED 灯是电子发光的固体半导体光源，如图 3-1-8 所示，其特点是：高亮度电光源，可辐射各种色光和白光，0 ~ 100% 光输出（电子调光），寿命长、耐冲击和防振动，无紫外线和红外线辐射，低电压下工作（安全），具有寿命长、能耗低、光效高、易控制、免维护、安全环保、可靠性高等优点。适用家庭、商场、银行、医院、宾馆、饭店及其他各种公共场所的照明。

图 3-1-8　LED 灯实物图

与管形节能灯相比，LED 灯具有省电、亮度高、投光远、投光性能好、使用电压范围宽、光色柔和、艳丽、丰富多彩、低损耗、低能耗、绿色环保等优点，并且光源通过内置控制器，可实现色彩变化。

与白炽灯或低压荧光灯相比，LED 灯的稳定性和寿命长是明显优势。白炽灯的连续工作时间很少可以超过 1 000 h，采用电子驱动器的荧光灯管的连续工作时间可以超过 8 000 h，而 LED 灯能够无故障工作 50 000 h 以上。

从节能和耐用的角度看，推广使用高亮度 LED 灯，是电光源发展的必然趋势。

四、电光源的命名方法

各种电光源型号的命名方法中包括以下五部分：

第一部分为三个以内字母，由表示电光源主要特征的汉语拼音字母组成。例如，PZ240，PZ 是汉语拼音“普通、照明”两个词的第一个字母的组合。

第二部分和第三部分一般为数字，主要表示光源的电参数。例如，PZ220-100 表示灯的工作电压为 220 V，额定功率为 100 W。

第四部分和第五部分为字母或数字，由表示灯结构（玻璃壳形状或灯头型号）特征的 1 ~ 2 个汉语拼音字母和有关数字组成。规定：E 表示螺口，B 表示插口。数字表示灯头的直径（mm），例如，PZ220-100 - E27，E27 表示螺口式灯头，灯头的直径是 27 mm。

第四部分和第五部分作为补充部分，可以在生产或流通领域中使用时灵活取舍。

电光源型号的各部分按顺序直接编排。当相邻部分同为字母或数字时，中间用短横线“-”分开（外资产品的命名方式有所不同）。常用电光源型号命名方法见表 3-1-1。

表 3-1-1　常用电光源型号命名方法

电光源种类	电光源名称	型号的组成		
		第一部分	第二部分	第三部分
热辐射电光源	普通照明白炽灯	PZ	额定电压（V）	额定功率（W）
	局部照明白炽灯	JZ		
	装饰照明白炽灯	ZS		
	家用及类似电器白炽灯	DZ		
	卤钨投影灯	LTY	额定功率或标称功率（W）	额定电压（V）
	管型卤钨泛光灯	LZG		
气体放电光源	普通直管型荧光灯	YZ		色调
	快速启动型荧光灯	YK		
	瞬时启动型荧光灯	YS		
	U 形双端荧光灯	YU		
	彩色双端荧光灯	YZ		
	单端内启荧光灯	YDN		
	单端外启荧光灯	YDW		
	环形荧光灯	YH		
	冷阴极荧光灯	YL	管径（10^{-1} mm）、管长（mm）	色温
	单端无极荧光灯	WJY	标称功率（W）	玻璃壳形状
	自整流高压汞灯	GGZ		玻璃壳型号
	荧光高压汞灯	GGY		
	反射型荧光高压汞灯	GYF		
	直管型紫外线高压汞灯	GGZ		—
	U 形紫外线高压汞灯	GGU		
	专用高压汞灯	GGX		玻璃壳型号
	普通型高压钠灯	NG	额定功率（W）	灯的启动方式（N 为内启动，外启动可省略）
	中显色高压钠灯	NGZ		
	高显色高压钠灯	NGG		
	漫反射高压钠灯	NGM		
	反射型高压钠灯	NGF		
固态光源	普通照明用模块 LED 灯	SSL	额定电压（额定电流）/频率	额定功率（W）
	普通照明用单端 LED 灯	BD	光通量规格（lm）	
	普通照明用双端 LED 灯	BS		
	普通照明用非定向自整流 LED 灯	BPZ	额定电压（V）/ 额定功率（W）	配光类型
	装饰照明用 LED 灯	BZ	额定电压（V）	额定功率（W）
	普通照明用自整流双端 LED 灯	BZS	光通量规格（lm）	额定功率（W）
	普通照明用低压自整流 LED 灯	BZA	—	—
	普通照明用低压非自整流 LED 灯	BA	—	—
	道路照明用 LED 灯	BDZ	额定电压（V）/额定功率（W）	色调

例如：荧光灯的型号为 YZ2ORR，则第一部分字母“YZ”表示直管荧光灯，第二部分数字“20”表示灯的额定功率为 20 W，第三部分“RR”表示灯的发光色为日光色。

五、电光源的主要参数

电光源的运行特性通常用电光源的一些参数来说明。各种电光源生产厂家都给定了相应的参数，这些参数是选择和使用的依据。

1. 额定电压

额定电压指光源在正常工作时所需要的电压。

2. 额定电流

额定电流指光源在正常工作时所需要的电流。

电光源在额定电压和额定电流下工作时，具有最好的工作效果。

3. 额定功率

额定功率是指电光源在额定电压和额定电流下工作时的功率。

4. 光通量输出

光通量输出是指电光源在正常使用寿命期限内工作时，所发出的光通量。

光通量输出与许多因素有关，特别是与点燃时间有关，点燃时间越长光通量输出越低。

5. 发光效率 η

发光效率是指电光源所发出的光通量 $\varPhi$ 与所消耗的功率 P 之比，即：

$$\eta = \frac{\varPhi}{P}$$

发光效率的单位用流明/瓦（1 m/W）表示，它是表征电光源经济效果的参数之一。

6. 使用寿命

使用寿命是指电光源由初次通电工作时起，到完全丧失或部分丧失使用价值时的全部点燃时间。依据电光源在使用中光通量的衰减程度，电光源的使用寿命可分为两种情况：

① 全寿命：是指电光源从开始通电使用时起，到不能再工作为止的全部点燃时间。

② 有效寿命：是指电光源从开始通电使用时起，到电光源光通量衰减到某个百分比所经过的点燃时间（一般取光源光通量起始值的 70% ~ 80%）。

7. 启燃时间

电光源的启燃时间是指电光源接通电源到达到额定光通量输出所需的时间。

热辐射电光源和固态电光源的启燃时间一般不足 1 s，可认为是瞬时启燃；气体放电光源的启燃时间以几秒到几分钟不等，取决于光源的种类。

8. 再启燃时间

电光源的再启燃时间是指正常工作着的电光源熄灭后，再将其点燃所需的时间。

大部分高压气体电光源的再启燃时间比启燃时间更长，这是因为再启燃时，要求电光源必须冷却到一定的温度后才能正常启燃，即增加了冷却所需要的时间。

电光源的启燃和再启燃时间影响着电光源的应用范围。一般需要频繁开关电光源的场所不适宜选用启燃和再启燃时间较长的电光源，如应急照明光源应选用启燃和再启燃时间较短的电光源。

六、电光源的其他参数

1. 温度特性

有些电光源对环境温度比较敏感，温度过高或过低都会影响电光源的光效，也会影响电光源的正常工作，如荧光灯温度变化较大时对光通量的影响较大，大部分气体放电光源在环境温度较低时会造成启燃困难。

另外，有些电光源在工作时，其表面温度较高（如卤化物灯），使用时必须采取防燃措施，以免引起火灾。

2. 耐振性能

有些电光源耐振性能较差，在有剧烈振动的场所容易导致损坏，如白炽灯就不适宜安装在有剧烈振动的场所。

3. 功率因数

热辐射电光源功率因数高，气体放电光源功率因数较低，因此，在大量使用气体放电光源的场所，为了改善功率因数，应采取无功功率的补偿措施。

【巩固练习】

1. 什么是电光源？电光源可分为哪些种类？
2. 常用的电光源有哪些？主要应用在什么地方？
3. 电光源是怎样命名的？
4. 电光源的主要参数有哪些？
5. 什么是电光源的使用寿命？

技能要求

【工作任务】 电光源辨识。

【任务描述】 1. 学生根据教师显示的图片正确判断电光源名称。

2. 根据教师展示的电光源规格型号图片，正确说出其每个部分的含义，并回答教师的提问。

【任务实施】

1. 准备工作

① 人员组织：将班级学生分为 3～5 人 1 组，每次每组考核 1 人。

② 设备准备：多媒体教学设备 1 台，不同种类、不同型号的电光源若干。

③ 资料准备：评分表 1 张，记录笔 1 支。

2. 实际操作

① 考核人员：1 人。

② 考核时间：10 min。

③ 考核标准：

评分表

第______小组　　　　学生姓名______________________　　　　总评分____________

项目及配分		考核内容及评分标准	自评分 30%	小组评分 30%	教师评分 40%
考核程序	50 分	1. 根据教师显示的图片正确判断电光源名称。判断错误，每次扣 3 分。			
		2. 正确说出展示的电光源规格型号意义。判断错误，每次扣 3 分。			
		3. 根据教师提问回答问题。每错一题扣 3 分。			
考核质量	30 分	1. 根据教师显示的图片正确判断电光源名称。迟疑、停顿，视具体情况酌情扣 1～2 分。			
		2. 正确说出展示的电光源规格型号意义。迟疑、停顿，视具体情况酌情扣 1～2 分。			
		3. 根据教师提问回答问题。迟疑、停顿，视具体情况酌情扣 1～2 分。			
考核时间	10 分	考核总时间为 10 min，每超时 1 min 扣 2 分，超时 5 min 及以上停止考核。			
安全规章	10 分	遵章守纪，具有团结协作精神，仪容仪表应符合安全文明生产要求。团结协作精神缺乏，酌情扣 1～5 分；出现人员身体伤害，停止考核；着装不合要求，取消考核资格。			
合计	100 分				

任务二　电光源的选用

【学习目标】

一、知识目标

1. 掌握常用电光源的选用方法。
2. 掌握常用电光源的性能指标。

二、技能目标

1. 具有正确选用常用电光源的能力。
2. 具有辨别、判断常用电光源性能的能力。

三、素质目标

1. 培养敏锐的判断力、观察能力和辨识能力。
2. 培养遵章守纪的意识。
3. 培养团队协作精神。

知识要求

【知识要点】

一、电光源性能比较

电光源的性能指标主要是发光效率、使用寿命和显色性、启动时间、频闪效应等。

1. 发光效率比较

发光效率较高的有LED灯、高压钠灯、金属卤化物灯和荧光灯，白炽灯、卤钨灯、高压汞灯等发光效率较低。

2. 显色性比较

显色性较好的有白炽灯、卤钨灯、LED灯、荧光灯、金属卤化物灯等，高压钠灯、高压汞灯等的显色性较差。

3. 使用寿命比较

使用寿命较长的有LED灯、荧光灯、高压钠灯、金属卤化物灯、高压汞灯等，白炽灯、卤钨灯的使用寿命较短。

4. 启动性能比较

瞬时启动和再启动时间短的有白炽灯和卤钨灯、LED灯、紧凑型（自镇流一体式）荧光灯等。而金属卤化物灯、高压钠灯、高压汞灯等的启动性能和再启动性能较差。

高压气体灯由于气压缓慢上升等因素影响，启动时间和再启动时间较长，如高压钠灯再启动时间为10～15 min。

5. 其他性能比较

电压变化对电光源光通量输出影响最大的是高压钠灯，其次是白炽灯，影响最小的是荧光灯、LED灯。维持气体放电灯正常工作不至于熄灭的电压波动最低值，荧光灯为160 V，高强度气体放电灯为190 V。

气体放电灯受电源频率影响较大，频闪效应较为明显。而热辐射光源（白炽灯、卤钨灯）的发光体（灯丝）热惰性大，闪烁感觉不明显，所以在机械加工车间常常用白炽灯作局部重点照明，以减少频闪效应的影响。

二、电光源的选用

电光源的选用，首先要满足照明设施的使用要求，如照度、显色性、色温、启动和再启动时间等，尽量优先选择新型、节能型电光源。

其次按环境条件要求选用电光源类型和型号，如光源安装位置、考虑装饰和美化环境的灯光艺术效果等。

最后综合考虑初投资与年运行费用。

(一) 按照明设施的目的和用途选择电光源

不同场所照明设施的目的和用途不同。

① 对显色性要求较高的场所，应选用平均显色指数 > 80 的光源。例如：美术馆、商店、化学分析实验室、印染车间等常选用荧光灯、金属卤化物灯等。

② 对照度要求较低时（一般 < 100 lx）宜选用低色温光源，照度要求较高时（> 200 lx）宜采用高色温光源。例如：室外广告照明、城市夜景照明、体育馆等高照度照明常选用高压气体放电灯。

③ 频繁开关光源的场所宜采用 LED 灯、紧凑型（自镇流一体式）荧光灯、卤物灯等，不宜采用气体放电灯。

④ 需要调光的场所宜选用可调式 LED 灯、紧凑型荧光灯或卤钨灯。

⑤ 室内应急照明和不能中断照明的重要场所（如宴会厅会议厅等）不能采用启燃和再启燃时间较长的高压气体放电灯。

⑥ 美术馆、博物馆的展品照明不宜采用紫外线辐射量较大的光源，如金属卤化物灯和氙灯。

⑦ 要求防射频干扰的场所应慎用气体放电灯，一般不宜采用具有电子镇流器的气体放电灯。

⑧ 高大空间的场所，如大型会场、展厅、车间、体育馆等，应选用高强度、发光效率较高的气体放电灯。

⑨ 对视觉要求和照度要求较高、视觉对象比较稳定的场所，宜采用荧光灯和 LED 灯，如办公室、教室、阅览室、化验室等。

固体发光光源使用寿命长，节电效果明显，是国家推广应用的新型光源，在使用功率大、照明要求比较稳定的场所，应优先推广采用，如城市街道照明、道路照明、建筑装饰照明等。

(二) 按环境要求选择电光源

环境条件常常限制了某些电光源的使用。在选择电光源时必须考虑环境条件是否允许采用该类型电光源。例如，低压钠灯的发光效率很高，但显色性极差，所以低压钠灯不适合要求显色性很高的场所。

① 低温场所不宜选用电感镇流器的荧光灯和卤钨灯，以免启动困难。在空调的房间内不宜选用发热量大的白炽灯、卤钨灯等，以减少空调用电量。

② 在转动的工件旁不宜采用气体放电灯作为局部照明，以免产生频闪效应，造成事故。

③ 有振动的照明场所不宜采用卤钨灯（灯丝细长而且脆）等。

④ 在有爆炸危险的场所，应根据爆炸危险的介质分类等级选择相应的防爆灯。

⑤ 在多灰尘的房间，应根据灰尘的数量和性质选用灯具，如限制尘埃进入的防尘灯具。

⑥ 在使用有压力的水冲洗灯具的场所，必须采用防溅型灯具。

⑦ 在有腐蚀性气体的场所，宜采用耐腐蚀材料制成的密封灯具。

(三) 按投资与年运行费用选择电光源

选择电光源时，在保证满足使用功能和照明质量的要求下，应重点考虑照明器的效率和经济性，并进行初始投资费用、年运行费用和维修费用的综合计算。其中初始投资费用包括电光源的购置费、配套设备和材料费、安装费等；年运行费用包括每年的电费和管理费；维修费用包括电光源的检修和更换费用等。

在经济条件比较好的地区，可设计选用发光效率高、寿命长的新型电光源，并综合各种因素来评价整个照明系统，进行一次性较大投资，以降低年运行费用和维修费用。

常用电光源的特点和应用场所见表 3-2-1。

表 3-2-1　常用电光源的特点和应用场所

光源名称	发光原理	特点	应用场所
白炽灯	钨丝通过电流时被加热而发光，是一种热辐射光源	结构简单、成本低、显色性好、使用方便、有良好的调光性能	日常生活照明、工矿、酒吧、应急照明
卤钨灯	白炽灯中冲入微量的卤素，利用卤素的循环提高发光效率	体积小、显色性好、使用方便	建筑工地、电视摄影棚等照明
荧光灯	氩气、汞蒸气放电发出可见光和紫外线，使荧光粉发光	光效高、显色性好、寿命长	家庭、学校、办公室、医院、图书馆、商业照明
紧凑型荧光灯	发光原理同荧光灯，但发光效率比荧光灯高	集中了白炽灯和荧光灯的优点，发光效率高、寿命长、体积小、显色性好、使用方便	家庭、宾馆等照明
高压汞灯	发光原理同荧光灯	发光效率较白炽灯高，寿命长、耐振性较好，但显色性较差	街道、车站等室外照明。但不推荐应用
金属卤化物灯	在灯中充入钠元素，高压钠蒸气参与气体发光	发光效率很高、寿命长、透雾性能好、使用方便	道路、车站、广场、工矿企业等照明
LED 灯	利用固体半导体芯片中载流子发生复合放出过剩光子发射而发光	发光效率高、使用寿命长、瞬时启燃、耐振性好、使用方便	室内照明、城市道路照明、装饰照明等

【巩固练习】

1. 电光源的性能指标有哪些？
2. 怎样选用电光源？

技能要求

【工作任务】 电光源的选用

【任务描述】 学生根据教师指定的照明地点、照明环境和照明要求，正确、合理地选用电光源，并回答教师提问。

【任务实施】

1. 准备工作

① 人员组织：将班级学生分为 3～5 人 1 组，每次每组考核 1 人。

② 设备准备：不同种类、不同型号的电光源若干，应保证每组 1 套。

③ 资料准备：评分表 1 张，记录笔 1 支。

2. 实际操作

① 考核人员：1 人。

② 考核时间：10 min。

③ 考核标准：

评分表

第______小组　　学生姓名______________________　　总评分______________

项目及配分		考核内容及评分标准	自评分 30%	小组评分 30%	教师评分 40%
考核程序	50 分	1. 根据教师指定的照明地点、照明环境和照明要求，正确、合理选用电光源。选择错误，每处扣 5 分。			
		2. 根据教师的提问回答问题。每错一题扣 3 分。			
考核质量	30 分	1. 根据教师指定的照明地点、照明环境和照明要求，正确、合理选用电光源。选择不合理，酌情每处扣 1～3 分。			
		2. 根据教师的提问回答问题。迟疑、停顿，每题扣 1～2 分。			
考核时间	10 分	考核总时间为 10 min，每超时 1 min 扣 2 分，超时 5 min 及以上停止考核。			
安全规章	10 分	遵章守纪，具有团结协作精神，仪容仪表应符合安全文明生产要求。团结协作精神缺乏，酌情扣 1～5 分；出现人员身体伤害，停止考核；着装不合要求，取消考核资格。			
合计	100 分				

任务三　照明灯具的选用

【学习目标】

一、知识目标

1. 掌握灯具的定义和作用。
2. 掌握灯具保护角和灯具效率的作用。
3. 熟悉常见的灯具种类及其应用。
4. 熟悉灯具的选择方法。

二、技能目标

1. 具有正确选择照明灯具的能力。
2. 能初步判断不同灯具的应用范围。

三、素质目标

1. 培养敏锐的判断力、观察能力和辨识能力。
2. 培养遵章守纪的意识。
3. 培养团队协作精神。

知识要求

【知识要点】

由于电光源的形状不同，所以它所发出的光线强度在空间的分布也不同。为了提高电光源光通量的利用率，并使被照射面获得良好的均匀照度，通常采用一些器具把光源发出的光线按需要重新加以分配，这种控制和调整光源光通量的器具称为灯具。

一、照明灯具

(一) 灯具的定义

根据国际照明委员会（CIE）的定义：灯具是透光、分配和改变光源光分布的器具，包括除光源外所有用于固定和保护光源所需的全部零部件。

(二) 灯具的作用

灯具能将光源发出的光根据照明需要进行灵活地控制和调整。因此灯具对于保证照明质量、保护环境和节约能源具有重要作用。

灯具的主要作用有：控光作用、保护光源作用、安全作用和美化环境作用。

1. 控光作用

由于灯具具有改变光源光通量使其重新分布的作用，且不同形式的灯具具有不同的控光特性（配光曲线），因此在考虑不同场所照明时，可以选用符合该场所光分布要求的灯具，以保证光源所发出的光通量照射到被照工作面上，达到照明质量的要求。

2. 保护光源作用

灯具可以对光源起到保护作用，使光源免受环境污染和机械损伤。通过灯具也可以使光源产生的热量尽快散发出去，避免灯具内部的温度过高，防止光源和导线过早老化或损坏。

3. 安全作用

灯具具有电气和机械的安全性，灯具所采用的电气零件和材料应符合使用环境条件的要求，防止带电部分外露，保持适当的安全距离，确保适当的耐压性，在导线允许的电流下工作。此外还要求在灯具的构造上具有足够的机械强度，有抗风、雨、雪的性能。

4. 美化环境作用

灯具具有美化和装饰室内外景观环境的作用，随着灯具材料和灯具制造技术的发展，灯具已不仅仅是作为照明的器具，而且已成为不可或缺的装饰品。尤其是对于民用建筑，装饰照明灯具已越来越受到大家的重视。

(三) 灯具的性能参数

1. 灯具的保护角

灯具的保护角 α 是指从光源发光体（灯丝）至灯具出口边缘一点的连线与通过光源中心的水平线之间的夹角，是任意位置的观察者眼睛平视入射角的最小值，如图 3-3-1 所示。

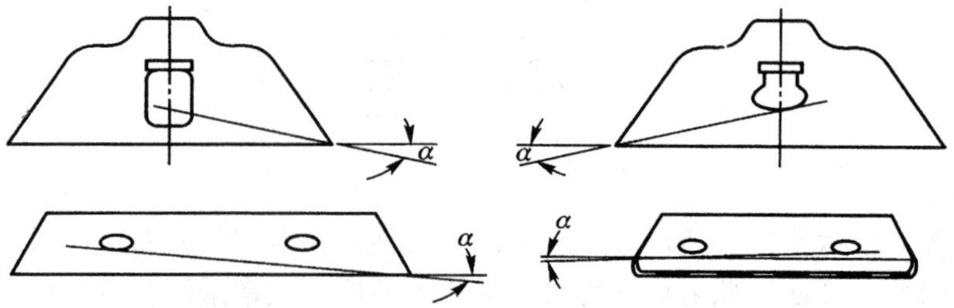

图 3-3-1 灯具的保护角示意图

灯具的保护角表明了灯具防止眩光的范围。

照明灯具的保护角大，防止眩光的效果就好，但光的出射率变小，造成灯具的效率降低。通常灯具保护角的大小是根据眩光作用的强弱来确定的。一般灯具格栅的保护角取决于格子的宽度和高度的比例，在 25°～45° 之间；灯具的保护角一般为 10°～30°。另外，眩光的大小还与灯具的悬挂高度有关，在照明设计规范中规定了不同类型灯具的最低悬挂高度，其主要目的也是为了限制眩光。

2. 照明灯具的效率

灯具效率是指：在规定条件下，照明灯具发出的光通量与灯具内全部光源所发出的总光通量之比。照明灯具的效率用 η 表示，其计算公式如下：

$$\eta = \frac{\varPhi_2}{\varPhi_1} \times 100\%$$

式中：$\varPhi_1$ 为灯具内全部光源所发出的总光通量；$\varPhi_2$ 为灯具发出的光通量。

灯具效率表明了灯具对光源发光效率的利用程度。灯具效率越高，灯具对光源光通量的利用率就越大。灯具效率与选用灯具材料的反射率或透射率以及灯具的形状有关。在选择灯具时，应根据照明场所的情况和要求，尽可能选用效率较高的灯具。

敞开式灯具的效率取决于灯具开口面积与反射罩面积的比值，为了尽量减少灯光在灯具内部的损失，灯具开口面积与反射罩面积的比值越大越好。反射罩的形状不要造成灯光在灯罩内的多次反射。

如果灯具效率在 0.5 以下，说明光源发出的光通量有一部分被灯具吸收。灯具效率一般应在 0.8 以上。

二、照明灯具的分类

(一) 按配光性能分类

按照国际照明委员会（CIE）的分类方法，灯具按配光性能分类，是指按灯具在上下半球空间的光通量的比例来分，共分为五种：直接型、半直接型、全漫射型、半间接型和间接型。

1. 直接型灯具

直接型灯具是指光源的全部光通量或 90% 以上光通量直接投射到被照物体上的灯具。

其特点是：亮度大，光线集中，方向性强，给人以明亮、紧凑的感觉。

直接型灯具效率高，但容易产生强烈的眩光与阴影，常用于公共厅堂（超市、仓库、厂房）或需局部照明的场所。直接型灯具如图 3-3-2 所示。

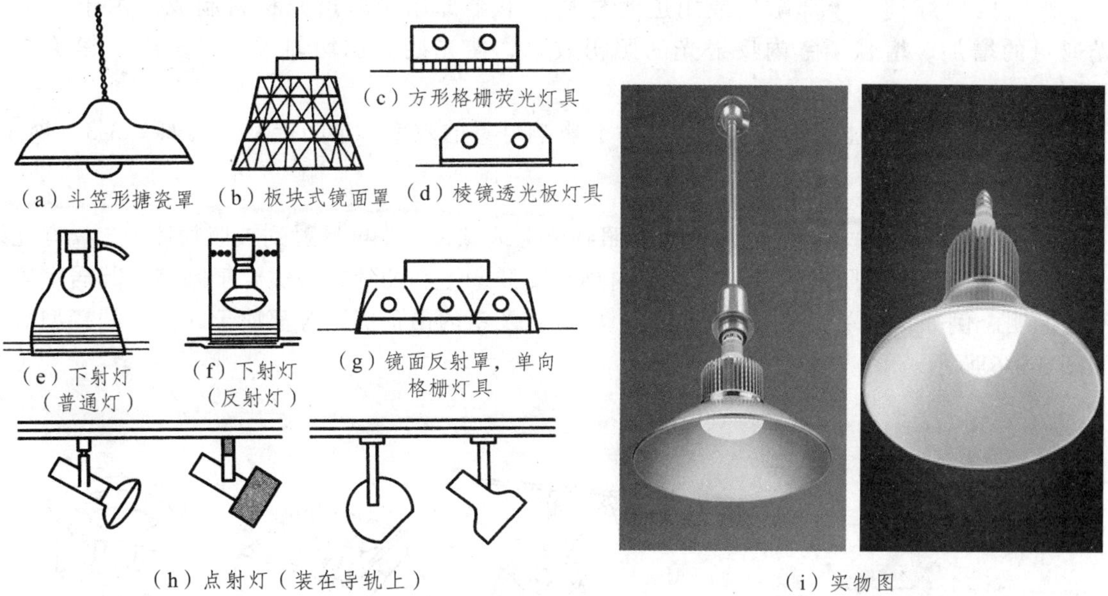

图 3-3-2　直接型灯具示意图、实物图

2. 半直接型灯具

半直接型灯具是指光源的 60%～90% 的光通量直接投射到被照物体上的灯具。

半直接型灯具有 10%～40% 的光通量照射顶棚，同时经过反射后再投射到被照物体上。它的亮度仍然较大，但由于改善了顶棚的亮度比，使环境亮度分布舒适。用半透明的塑料、玻璃做灯罩的灯具，下面敞口，上面留有通风、透光空隙的灯具都属于此类，常用于办公室、卧室、书房等场所。半直接型灯具如图 3-3-3 所示。

3. 全漫射型灯具

全漫射型灯具是指利用半透明磨砂玻璃罩、乳白色的灯罩或特制的格栅制成封闭式的灯罩，造型美观，使光线形成多方向的漫射，其光线柔和，有很好的艺术效果，但是光的损失较多，光效较低，适用于起居室、会议室和一些大的厅、堂照明。例如，典型的乳白玻璃球形灯就属于漫射型灯具的一种。全漫射型灯具如图 3-3-4 所示。

图 3-3-3　半直接型灯具

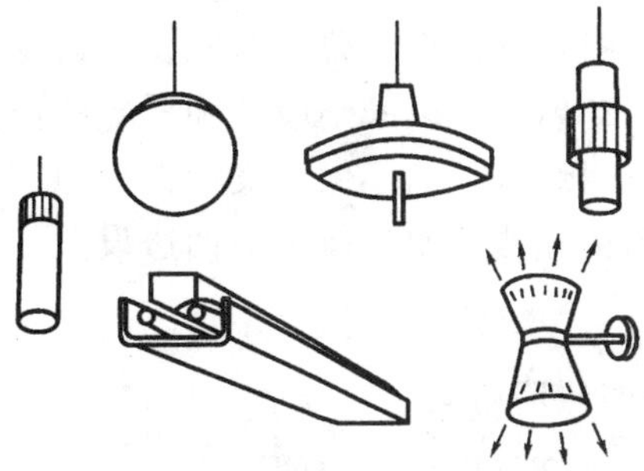

图 3-3-4　全漫射型灯具

4. 半间接型灯具

半间接型灯具上半部敞口或用透明材料，下半部用漫射透光材料制成。由于上半部光通量的增加，增强了室内反射光的照明效果，使光线更加均匀柔和，多用于建筑装饰照明。

在使用过程中，上部很容易积灰尘，会影响灯具的效率。半间接型灯具如图 3-3-5 所示。

5. 间接型灯具

间接型灯具将 90% 以上光源的光先照到墙上或顶棚上，再反射到被照物体上，具有光线柔和、无眩光和明显阴影的特点，使室内具有安详、平和的气氛，适合于卧室、起居室等场所的照明。例如，灯罩朝上开口的吊灯、壁灯以及室内吊顶照明等都属于此类。间接型灯具如图 3-3-6 所示。

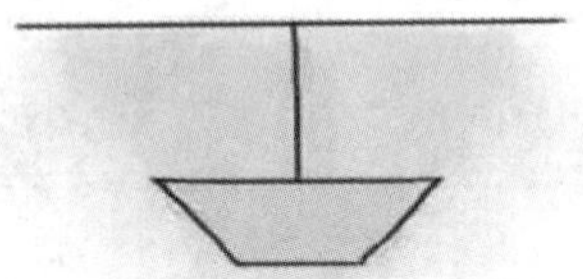

图 3-3-5 半间接型灯具

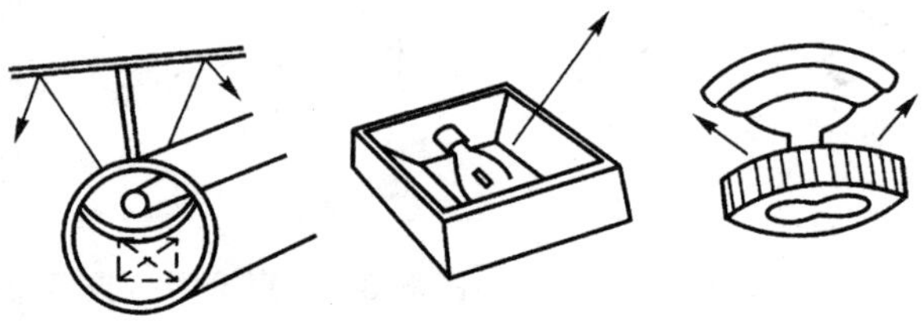

图 3-3-6 间接型灯具

(二) 按安装方式分类

灯具按安装方式可分为：顶棚嵌入式、顶棚吸顶式、悬挂式、壁灯、发光顶棚、高杆灯、落地式、台式、庭院灯、建筑临时照明等。

(三) 按用途分类

1. 实用照明灯具

实用照明灯具是指符合高效率和低眩光的要求，并以照明功能为主的灯具。大多数常用灯具为实用照明灯具，如：荧光灯、路灯、室外投光灯具和陈列室用的聚光灯具等，主要以实用照明功能为主。

2. 应急、障碍照明灯具

应急照明灯具是指在公共场所设置的专用于火灾、应急和诱导照明的灯具。在发生火灾时，它能自动启动，以起到应急和诱导的作用。例如地下室、影院的应急照明灯具。

障碍照明灯具是为了保证飞机在空中飞行的安全或船只在水运航道中航行的安全，在高大建筑物的顶端或在水运航道的两边设置的灯具。这类灯具常采用红色或频闪照明方式，提醒注意安全。

3. 装饰照明灯具

装饰照明灯具以装饰照明为主，一般由装饰性零部件围绕着电光源组合而成，如豪华的大型吊灯、草坪灯等。

(四) 按外壳防护等级分类

1. 开启型灯具

开启型灯具的光源与外界环境直接相通。

2. 闭合型灯具

闭合型灯具具有闭合的透光罩，但内外仍能自由通气，如天棚灯和庭院灯等。

3. 密闭型灯具

密闭型灯具是指用透光罩将灯具的电光源与外界隔绝的灯具，如防水、防尘灯具。

4. 防爆型灯具

防爆型灯具是指用透光罩将灯具内外隔绝，并且有一定的隔爆间隙的灯具。在任何条件下，不会因灯具引起爆炸的危险。

三、灯具的选择

(一) 选择灯具的基本原则

灯具的选择应首先满足使用功能和照明质量的要求，同时便于安装与维护，并且长期运行费用低，因此应优先采用高效节能电光源和高效灯具。

灯具选择的基本原则如下：

① 合适的配光特性，如光强分布、灯具表面亮度、保护角等。

② 符合使用场所的环境条件。

③ 符合防触电保护要求。

④ 经济性好，如灯具光输出比大、电气安装容量大、初投资及维护运行费用低。

⑤ 外形与建筑风格相协调。

(二) 选择灯具的方法

1. 根据灯具的特性选择

（1）根据灯具的配光曲线合理选择灯具

选择灯具应使其射出光通量最大限度地落到工作面上，实现最大限度地节能，即有较高的利用系数。利用系数值取决于灯具效率、灯具配光、室内装修等因素。当室内空间系数 RCR 值较小时（房间矮而且宽），如选用窄配光灯具，虽然利用系数较高，但均匀度不能满足需要，所以仍需要选用宽配光灯具。在 RCR 值较大时（房间较高较窄），若选用宽配光灯具，则利用系数很低，光线大部分损失在墙上等非工作面上，必须改用窄配光灯具才能提高利用率。

（2）尽量选择不带附件的一体化灯具

灯具所带的格栅、棱镜、有机玻璃板、各种装饰罩等附件的作用是改变光线的方向，减少眩光，增加美感和装饰效果。但同时这些附件会使灯具的效率下降，灯的温度上升，灯具、灯的寿命降低。因此，尽量选择不带附件的一体化灯具。例如，大型公共建筑物内多采用直接型、半直接型的天棚筒灯照明。

（3）尽量选择具有高保持率的灯具

高保持率是指在运行期间光通量降低较少。光通量降低包括光源光通量下降和灯具老化污染引起灯具输出光通量的下降。

① 常用的照明光源中，在其寿命期间内，LED 灯、高压钠灯的光通量降低最少，LED 灯寿终时降低约 15%，高压钠灯寿终时降低约 17%；金属卤化物灯光通量降低较大，寿终时光通量降低约 30%；白炽灯寿终时，光通量降低最多。

② 灯具的表面易老化、受污染，其反射罩的表面通常要进行特殊处理，目的是提高耐热冲击性能、增强罩的抗弯强度、提高表面光洁度、不易积灰、易于清洗和耐腐蚀等。

2. 根据灯具的效率和经济性选择

选择灯具时，在保证满足使用功能和照明质量的要求下，应重点考虑灯具的效率和经济性并进行初始投资费用、年运行费用和维修费用的综合计算。

初始投资费用包括灯具费、安装费等；运行费用包括每年的电费和管理费；维修费用包括灯具检修和更换费用等。

在经济条件比较好的地区，可选用灯具效率较高和造型美观并且实用的新型灯具，进行一次性较大投资，降低年运行费用和维修费用。

3. 根据环境条件选择灯具

① 在正常环境中，宜选用开启型灯具。

② 在潮湿、多灰尘的场所，根据灯具的保护等级，选用密闭型防水、防尘灯。

③ 在有爆炸危险的场所，可根据爆炸危险的等级分类，适当选择相应的灯具。

④ 在有化学腐蚀的场所，可选用耐腐蚀性材料制成的灯具。

总之，应根据不同工作环境条件，灵活、实用、安全地选用开启式、防尘式、封闭式、防爆式、防水式以及直接和半直接照明型等多种形式的灯具。

4. 根据灯具与建筑物风格相协调选择灯具

① 灯具外形应与建筑物相协调，不要破坏建筑物的艺术风格。建筑物按其艺术风格可分为古典式和现代式、中式风格和欧式风格等。例如，建筑物为现代式建筑风格，其灯具应采用流线型、具有现代艺术造型的灯具。

② 选择灯具时还应根据建筑物的结构特征合理选择和布置灯具。建筑物的结构形式有直线形、曲线形、圆形等。例如：在直线形结构的建筑物内，宜采用直管荧光灯或直线型 LED 灯组成的直线光带或方框形布置，突出建筑物的直线形结构特征。

③ 根据建筑物的功能来合理选择灯具。建筑物按其功能分为民用建筑物、工业建筑物和其他用途建筑物等。在民用建筑物照明中，可采用照明与装饰相结合的照明方式；而在工业建筑物照明中，则以照明为主。

【知识拓展】

照明灯具安装的基本原则

照明灯具的安装有吸顶式、壁式、嵌入式和悬吊式等几种方式，适用于不同的配线方式、房间结构、环境条件以及对照明的要求。不论采用何种方式，都必须遵守以下各项基本原则：

① 灯具安装的高度，室外一般不低于 3 m，室内一般不低于 2.5 m。

② 灯具安装应牢固，灯具质量超过 1 kg 时，必须固定在预埋的吊钩上。

③ 灯具固定时，不应该因灯具自重而使导线受力。

④ 灯架及管内不允许有接头。

⑤ 导线的分支及连接处应便于检查。

⑥ 导线在引入灯具处应有绝缘物保护，以免磨损导线的绝缘，也不应使其受力。

⑦ 必须接地或接零的灯具外壳应有专门的接地螺栓和标志，并和地线（中性线）连接良好。

⑧ 室内照明开关一般安装在门边便于操作的位置，拉线开关一般应离地 2 ~ 3 m，暗装翘板。

⑨ 开关一般离地 1.3 m，与门框的距离一般为 150 ~ 200 mm。

⑩ 明装插座的高度一般应离地 1.4 m。暗装插座的高度一般应离地 300 mm，同一场所暗装的插座高度应一致，其高度相差一般应不大于 5 mm；多个插座成排安装时，其高度差应不大于 2 mm。

【巩固练习】

1. 什么是灯具？灯具有什么作用？
2. 灯具的分类方法有哪几种？
3. 什么是灯具的保护角？灯具保护角的控制范围一般是多少？
4. 什么是灯具的效率？
5. 灯具的选择应考虑哪几个方面？
6. 已知某灯具电光源所发出的总光通量为 20 000 lm，测量该灯具发出的光通量为 19 000 lm，试求该灯具的发光效率。

技能要求

【工作任务】 照明灯具的选择。

【任务描述】 1. 学生根据教师指定的照明地点、照明环境和照明要求，正确、合理地选用照明灯具。

2. 学生根据教师指定的照明灯具，正确说出其应用范围，并回答教师提问。

【任务实施】

1. 准备工作

① 人员组织：将班级学生分为 3 ~ 5 人 1 组，每次每组考核 1 人。

② 设备准备：常用的各种灯具各 8 ~ 10 套，应保证每组 1 套。

③ 资料准备：评分表 1 张，记录笔 1 支。

2. 实际操作

① 考核人员：1 人。

② 考核时间：10 min。

③ 考核标准：

评分表

第______小组　　　　学生姓名______________________　　　　总评分____________

项目及配分		考核内容及评分标准	自评分 30%	小组评分 30%	教师评分 40%
考核程序	50 分	1. 根据教师指定的照明地点、照明环境和照明要求，正确、合理选用照明灯具。选择错误或完全不合理，每处扣 5 分。			
		2. 根据教师指定的照明灯具，正确说出其应用范围。回答错误，每处扣 5 分。			
		3. 回答教师问题。回答错误，每题扣 5 分。			
考核质量	30 分	1. 根据教师指定的照明地点、照明环境和照明要求，正确、合理选用照明灯具。选择较合理，酌情每处扣 1～3 分。			
		2. 根据教师指定的照明灯具，正确说出其应用范围。回答错误，每处扣 3 分。			
		3. 回答教师问题。回答迟疑、停顿时间较长，每处扣 3 分。			
考核时间	10 分	考核总时间为 10 min，每超时 1 min 扣 2 分，超时 5 min 及以上停止考核。			
安全规章	10 分	遵章守纪，具有团结协作精神，仪容仪表应符合安全文明生产要求。团结协作精神缺乏，酌情扣 1～5 分；出现人员身体伤害，停止考核；着装不合要求，取消考核资格。			
合计	100 分				

任务四　荧光灯照明线路安装与检修

【学习目标】

一、知识目标

1. 掌握荧光灯的组成。
2. 掌握荧光灯照明线路的安装方法和步骤。
3. 熟悉荧光灯的种类及特点。
4. 熟悉荧光灯照明线路的故障判断和检修方法。
5. 了解荧光灯的工作原理。

二、技能目标

1. 能熟练安装荧光灯线路。
2. 能正确判断荧光灯线路的常见故障。
3. 培养查找问题、分析问题、解决问题的能力。

三、素质目标

1. 培养安全意识，牢固树立“安全第一”的作业思想。
2. 培养“按章操作、操作规范严谨”的工作作风。
3. 培养团结协作的精神。

知识要求

【知识要点】

荧光灯又称日光灯，是低气压汞蒸气弧光放电灯，也被称为第二代光源。荧光灯具有效率高、寿命长、发光表面的温度低等优点，被广泛应用于照度要求较高、需辨别色彩的室内照明场所。与白炽灯相比，荧光灯具有光效高、寿命长、光色和显色性都比较好的特点，因此在大部分场合取代了白炽灯。

一、荧光灯的结构组成

荧光灯主要由灯管、镇流器、启辉器、灯座和灯架等部分组成。

(一) 灯管

常见的荧光灯是直管状的，根据需要，灯管也可以弯成环形或其他形状。直管荧光灯灯管的主体是一根长 15 ~ 40 mm 的直玻璃管，固定在灯管两端的灯脚上。在灯管内壁上涂有荧光粉，灯管两端各有一根灯丝，灯丝上涂有氧化物。当灯丝通过电流而发热时，便发射出大量电子，管内在真空情况下充有一定量的氩气和少量水银，如图 3-4-1 所示。

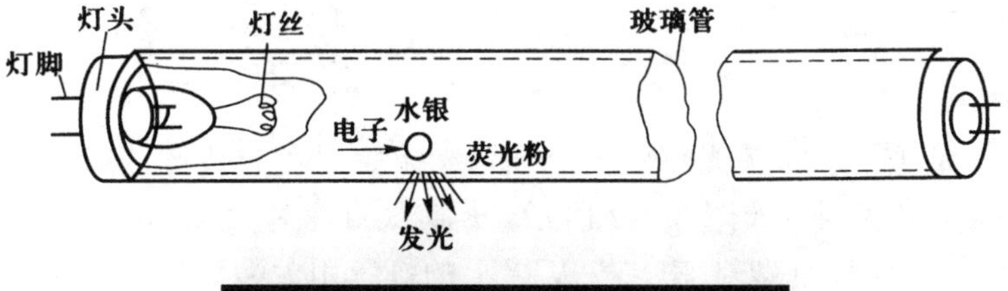

图 3-4-1　荧光灯灯管结构图和实物图

(二) 镇流器

早些年使用的镇流器为电感式镇流器，它是具有铁心的电感线圈，它有两个作用：在启动时，与启辉器配合产生瞬时高压点燃灯管；在工作时，利用串联于电路中的高电抗限制灯管电流，延长灯管使用寿命。电感式镇流器的结构形式有单线圈式和双线圈式两种。从外形上看，又分为封闭式、开启式和半开启式三种。

近年来，电子镇流器得到了广泛应用，电子镇流器本质上是一个电源变换器，它对输入电源电流进行频率、波形和幅值方面的改变，给灯管提供符合要求的能源，同时还能对灯的启动和输入功率进行控制等。电子镇流器是以开关电源为基础来进行制造的，与电感镇流器相比，电子镇流器具有如下优点：

① 在电源电压较低、环境温度较低（–10 °C 左右）的情况下，都能使荧光灯一次快速启动，灯管基本上无闪烁感，镇流器本身无噪声。

② 节约电能。电子镇流器本身功率损耗小，比使用同功率灯管的电感镇流器的功率损耗要减少 30% 左右。

③ 功率因数大于 0.9（用电感镇流器单灯不补偿时为 0.33 ~ 0.52），且阻抗呈容性，故能改善功率因数，提高供电效率。

④ 体积小、重量轻、安装方便，可以直接安装在各种灯具上。

镇流器的选用必须与灯管配套，即灯管功率必须与配套镇流器的额定功率相同。

(三) 启辉器

启辉器又名启动器、跳泡，由氖泡、纸介电容器、引脚和铝质或塑料外壳组成。氖泡内有一个固定的静触片和一个双金属片制成的倒 U 形触片。双金属片由两种膨胀系数差别很大的金属薄片粘合而成，动触片与静触片平时分开，两者相距 0.5 mm 左右，与氖泡并联的纸介电容容量在 5 000 pF 左右。

启辉器的作用是：与镇流器线圈组成 LC 振荡回路，能延长灯丝预热时间和维持脉冲放电电压；能吸收干扰收录机、电视机等电子设备的杂波信号。

如果启辉器电容被击穿，去掉后氖泡仍可以使灯管正常发光，但失去了吸收干扰杂波的功能。

(四) 灯座

荧光灯的一对绝缘灯座将荧光灯管支承在灯架上，再用导线连接成荧光灯的完整电路。灯座有开启式和插入式两种，如图 3-4-2 所示。开启式灯座有大型和小型两种，如 6 W、8 W、12 W、13 W 等的细灯管用小型灯座，15 W 以上的灯管用大型灯座。

（a）开启式　　（b）插入式

图 3-4-2 荧光灯灯座结构图

在灯座上安装灯管时：对于插入式灯座，应先将灯管一端灯脚插入带弹簧的一个灯座，稍用力使弹簧灯座活动部分向外退出一小段距离，另一端趁势插入不带弹簧的灯座；对于开启式灯座，应先将灯管两端灯脚同时插入灯座的开缝中，再用手握住灯管两端灯头旋转约 1/4 圈，灯管的两个引出脚即被弹簧片卡紧使电路接通，如图 3-4-3 所示。

(五) 灯架

灯架用来装置灯座、灯管、启辉器、镇流器等荧光灯零部件，分为木制灯架、铁皮制灯架、铝皮制灯架等几种，其规格应配合灯管长度、数量和光照方向选用。灯架长度应比灯管稍长，如图 3-4-4 所示，迎光面应涂白色或银色油漆，以增强反射光线。

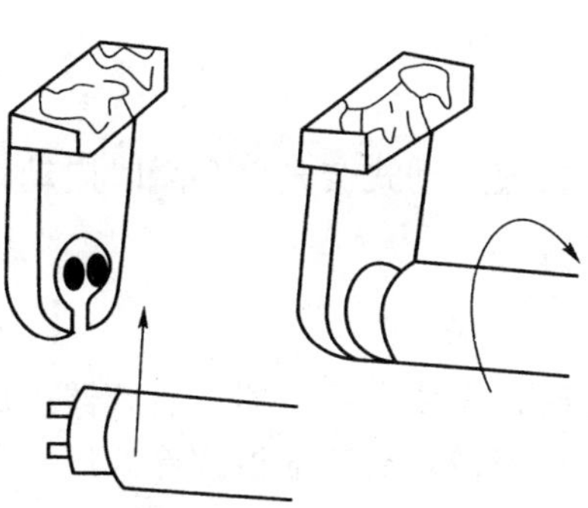

图 3-4-3　开启式灯座荧光灯灯管的安装示意图

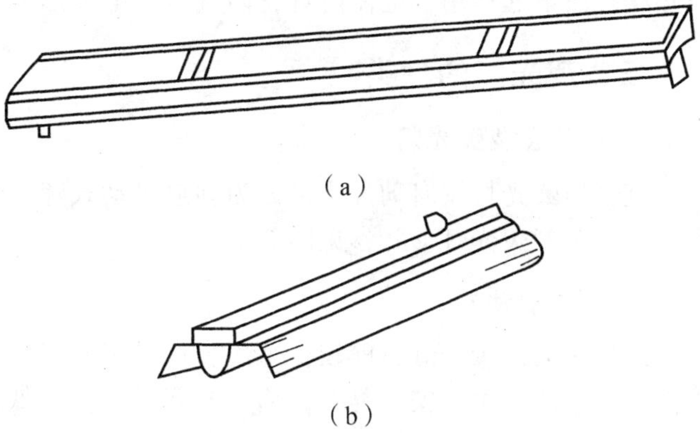

图 3-4-4　灯架示意图

二、荧光灯的工作原理

荧光灯的工作原理如图 3-4-5 所示。荧光灯的工作过程分为启辉和工作两个阶段。

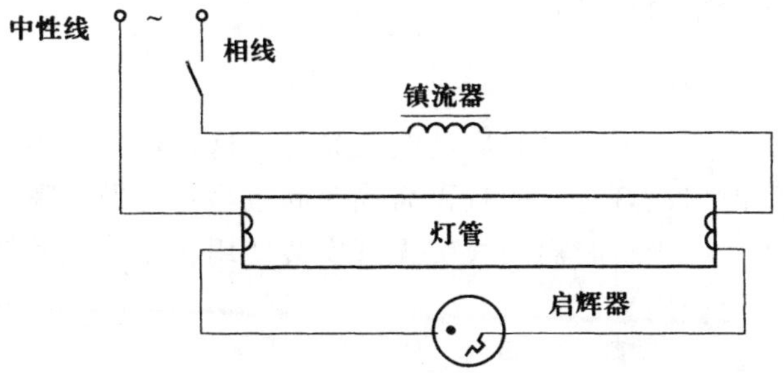

图 3-4-5　荧光灯的工作原理示意图

(一) 启辉阶段

由图 3-4-5 可见，开关、镇流器、灯管两端的灯丝和启辉器，可认为处于串联状态。

合上开关瞬时，启辉器动、静触片处于断开位置，而灯管处于长管放电发光状态，启辉前管内电阻较高，灯丝发射的电子不能使灯管内部形成电流通路；镇流器处于空载状态，线圈两端电压降极小；电源电压几乎全部加在启辉器氖泡的动、静触片之间，使其发生辉光放电而逐渐发热，U 形双金属片受热后，由于两种金属膨胀系数不同，发生膨胀伸展而与静触片接触，将电路接通，构成荧光灯启辉状态的电流回路，使电流流过镇流器和两端灯丝，灯丝被加热发射电子，启辉器动、静触片接触后，失去辉光；触片温度下降而恢复断开位置，将启辉器电路分断，此时镇流器线圈中由于电流突然中断而产生很高的电动势，它和电源两端电压叠加后加在灯丝上，导致管内惰性气体电离发生弧光放电，使管内温度升高，液态汞气化游离，游离的汞原子剧烈运动撞击惰性气体分子的机会急剧增加，引起汞蒸气弧光放电，汞原子弧光放电辐射出一定波长的紫外线，紫外线激发管壁上的荧光粉而发出日光色的可见光。

(二) 工作阶段

灯管启辉后管内电阻下降，灯管回路电流增加，镇流器两端电压随之增大，有时会大于电源电压的 1.5 倍以上，加在氖泡两端的电压大为降低，不足以引起辉光放电，启辉器保持断开状态而不起作用，电流由灯管内气体导电而形成回路，灯管进入工作状态。

三、荧光灯的种类

(一) 直管型荧光灯

直管型荧光灯按启动方式可分为预热启动式荧光灯、快速启动式荧光灯和瞬时启动式荧光灯。直管型荧光灯形状参见图 3-4-1。

1. 预热启动式

预热启动式荧光灯目前较少采用。这种荧光灯在工作时，需要有镇流器、启辉器组成的附件工作电路，由于安装复杂，启动时间长、光效低、使用寿命短而逐渐被放弃采用。

2. 快速启动式

快速启动式荧光灯是在灯管的内壁涂敷透明的导电薄膜（或在管内壁或外壁敷设导电条），提高极间电场；在镇流器内附加灯丝预热回路，且镇流器的工作电压设计得比启动电压高，所以在电源电压施加后的 1 s 就可以启动。由于快速启动式荧光灯造价高、光效低、使用寿命较短，目前也较少采用。

3. 瞬时启动式

在现代照明技术中，广泛采用瞬时启动式荧光灯，这种荧光灯不需要预热，可以采用漏磁变压器产生的高压瞬时启动灯管，而且再启动时间也短，可做到瞬时启动和再启动，频繁开关对其寿命影响较小。由于瞬时启动式荧光灯安装使用方便、光效较高、使用寿命较长、能耗低，目前得到了广泛使用。

(二) 紧凑型荧光灯

紧凑型荧光灯属于瞬时启动式荧光灯，也是一种节能荧光灯（即通常所说的节能灯）。它一般使用直径为 10 ~ 16 mm 的细管弯曲或拼结成一定的形状（U 形、H 形、螺旋形等），以缩短放电管的长度。它被广泛用于替代白炽灯，在达到同样光输出的情况下，可以节约大量电能。

紧凑型荧光灯不仅光色好、光效高、能耗低，而且寿命长。据统计，目前紧凑型荧光灯的平均寿命已达到 10 000 h，最高可达 20 000 h。

紧凑型荧光灯的类型很多，主要有以下几种：

① 插拔式紧凑型荧光灯。这种荧光灯必须加上镇流器才能使用。插拔式荧光灯的灯管与镇流器分别安装在灯具上，使用中如果灯管坏了，把灯管拔下来插上一只新灯管即可继续使用。图 3-4-6 所示为几种常见的插拔式紧凑型荧光灯。

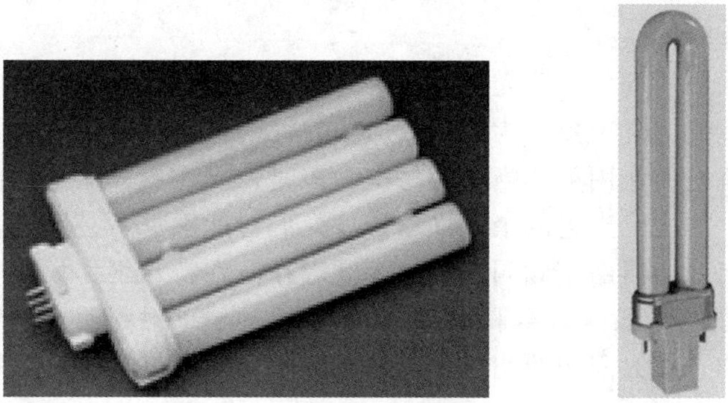

图 3-4-6　插拔式紧凑型荧光灯

② 一体式紧凑型荧光灯。这种荧光灯是把荧光灯管和镇流器制成一个整体，配上 E27 螺口灯头，可以像白炽灯一样插在灯头上直接使用，使用起来十分方便。图 3-4-7 所示为常见的一体式紧凑型荧光灯。

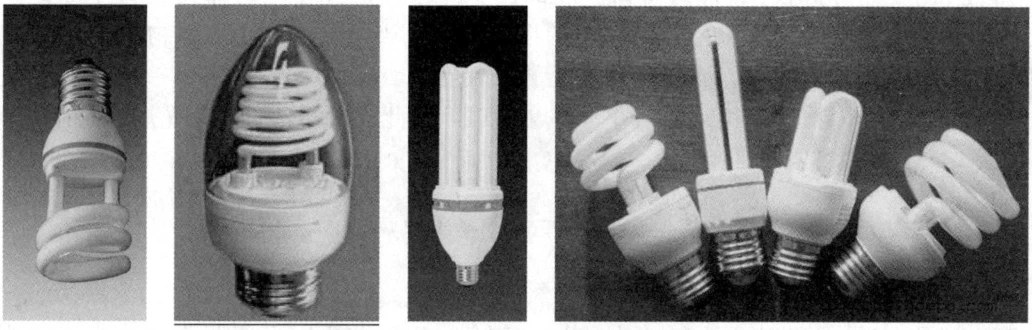

图 3-4-7　常见的一体式紧凑型荧光灯

紧凑型荧光灯目前已广泛应用于工业生产照明、居室照明、道路照明和环境照明等各个领域，现在已经开发成功 50 W、60 W、70 W、4U8 管插拔式紧凑型节能荧光灯，正在向大功率方向发展，以满足不同场所的照明要求。

四、荧光灯的特点

（一）容易受电源电压变化影响

电压的变化对荧光灯的光电参数是有影响的。电压过高时，灯管的功率增加，光通量上升，同时灯管电流变大，电极过热，会促使灯管两端过早发黑，使用寿命缩短。电压过低时，灯管启动困难，启辉器往往需要多次工作才能启动，不仅影响照明效果，而且也会缩短灯管寿命。

（二）容易受环境温度的影响

环境温度的变化对荧光灯的工作也有较大影响，温度过低时会使荧光灯难以启燃。这主要是因为荧光灯发出的光通量与汞蒸气放电激发紫外线的强度有关，紫外线强度又与汞蒸气压力有关，汞蒸气压力与灯管直径、冷端温度等因素有关。

一般对于直管型荧光灯，环境温度为 20 ~ 30 °C、冷端温度 38 ~ 40 °C 时发光效率最高。通常情况下，环境温度低于 – 10 °C 会使灯管启动困难。

(三) 具有频闪效应

随着供电电源频率的变化，荧光灯发出的光线会有闪烁感。这种由电源频率变化所造成荧光灯的这种周期性的闪烁现象称为频闪效应。

因为在正弦交流电的作用下，当电流每次为零时，光通量即为零，由此会产生闪烁感。由于电流变化较快，加之荧光粉的余辉作用，使人们对此感觉不甚明显，只有在灯管老化时才能较明显地感觉出来。但由于频闪效应的客观存在，在特殊工作场所（如高速旋转的设备环境），频闪效应可能导致发生人身和设备安全事故，因此，对照明要求较高的场所应采取必要的补偿措施。比如，在大面积照明场所以及在双管、三管灯具中，采用分相供电可明显地消除频闪效应。

采用电子镇流器的荧光灯工作在高频状态，可明显地消除频闪效应。采用直流供电的荧光灯可以做到几乎无频闪效应。

(四) 使用寿命较长

荧光灯的使用寿命较长，灯管寿命一般都在 3 000 h 以上，平均寿命比白炽灯高 2 ~ 5 倍。荧光灯的使用寿命取决于电极上发射物质的损失速率，当电极上电子发射物质严重损失或残留部分已失去电子发射能力，荧光灯就不能再使用了。

荧光灯每启动一次将损失一部分电子发射物质，因此启动越频繁，荧光灯的寿命就越短。

(五) 发光效率高

荧光灯的发光效率在 25 ~ 67 lm/W 左右，是普通白炽灯的 3 倍以上。

(六) 光谱成分好

荧光灯可由不同荧光粉调和成各种不同的颜色，以适应不同场所照明的要求。在照明工程中常用的主要是月光色、冷白色和暖白色。

五、荧光灯的应用

荧光灯具有良好的显色性和发光效率，因此荧光灯被广泛用于图书馆照明、教室照明、隧道照明、地铁照明、商店照明及其他对显色性要求较高的照明场所。

异型荧光灯（环形、U 形、紧凑型等）、反射式荧光灯、彩色荧光灯常用于室内装饰照明及部分场所的室外照明。

紧凑型荧光灯由于节能效果显著（相同光输出情况下，与白炽灯相比节能 80%），所以尽管高质量紧凑型荧光灯价格较贵，但从节能角度看应优先选用。

六、荧光灯线路安装

(一) 安装任务

分组安装两盏荧光灯及其配套设备。

安装形式：安装在水泥（砖）墙立面和顶面，采用 PVC 线槽明敷。

(二) 器材准备

安装荧光灯照明线路所需器材见表 3-4-1。

表 3-4-1 荧光灯照明线路安装所需器材

序号	名称	型号、规格	单位	数量	备注
1	单相电能表	DDS237，15(60)A	块	1	
2	86 型五孔插座	250 V，10 A/16 A	个	6	
3	86 型单极开关	250 V，10 A/16 A	个	6	
4	荧光灯	220 V，20 W/40 W	套	6	含吊线盒和圆木
5	明装照明配电箱	PZ30，10 回路	个	1	
6	低压断路器	DZ47LE-32　C-32	只	1	
7	低压断路器	DZ47LE-32　C-10	只	3	
8	低压断路器	DZ47LE-32　C-20	只	3	
9	相线	BV1.5 mm^2、BV2.5 mm^2（红色）	m	若干	
10	中性线	BV1.5 mm^2、BV2.5 mm^2（蓝色）	m	若干	
11	地线	BV2.5 mm^2（黄绿色）	m	若干	
12	尼龙扎带	3 mm×100 mm	条	若干	
13	低压绝缘胶布		盘	1	
14	防水低压绝缘胶布		盘	1	
15	胀塞	ϕ8 或 ϕ6	个	若干	
16	86 型明盒		个	12	
17	膨胀螺栓	ϕ8×80 mm	条	4	
18	PVC 线槽	20×10 B	m	按需要配备	
19	电工工具		套	按需要配备	
20	指针式万用表	MF-47 型	块	3	
21	手电钻		把	1	
22	冲击电钻		把	1	
23	卷尺	5 m	个	1	
24	手锯	300 mm	把	1	
25	铅笔	HB	支	1	

(三) 安装程序

安装荧光灯的流程如下：按照电气原理图连接线路→组装灯具→在建筑物上固定灯具→接通线路。

提示：安装前应检查灯管、镇流器、启辉器等有无损坏，是否互相配套。

1. 准备灯架

根据荧光灯管长度的要求，购置或制作与之配套的灯架。

2. 组装灯架

对分散控制的荧光灯，将镇流器安装在灯架的中间位置；对集中控制的荧光灯，所有镇流器应集中安装在控制点的一块配电板上，然后将启辉器座安装在灯架的一端，两个灯座分别固定在灯架两端，中间距离要按所用灯管长度量好，使灯管两端灯脚既能插进灯座插孔，又能有较紧的配合。各配件位置固定后，按电气原理图进行接线，灯座要边接线边固定在灯架上。接线完毕要对照电气原理图详细检查，以免接错、接漏。

3. 固定灯架

固定灯架的方式有吸顶式和悬吊式两种。悬吊式又分金属链条悬吊和钢管悬吊两种。安装前先在设计的固定点打孔、预埋合适的紧固件，然后将灯架固定在紧固件上。

荧光灯的安装方式如图 3-4-8 所示。

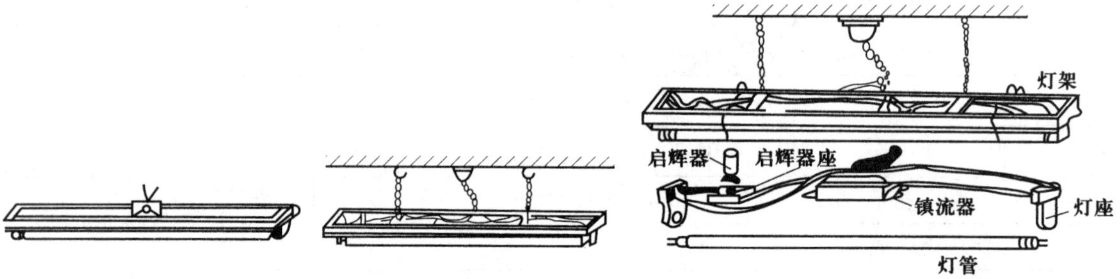

（a）吸顶式　　（b）悬吊式　　（c）组装过程

图 3-4-8 荧光灯安装图

(四) 安装步骤

步骤 1：仔细观察现场，确定荧光灯的安装位置，绘制安装草图。

步骤 2：划线确定线槽的走向，敷设线槽。

步骤 3：组装灯具，敷设导线并扣上线槽盖，安装圆木，安装吊线盒。

步骤 4：吊装荧光灯。

步骤 5：将所有导线连接到配电箱，按照总闸下设置分闸、一个分闸（32 A）控制两个插座（共 6 个）、一个分闸（10 A）控制两盏荧光灯（共 6 盏）的原则。

步骤 6：用万用表检测线路，特别是相线—中性线、相线—地线之间是否短路。

步骤 7：检查无误，汇报教师，教师安排小组进行交叉检查，确认没问题后请教师进行复查，确保无误后通电测试，合格后进行现场清理，准备交工接受验收。

七、荧光灯电路的常见故障与检修

(一) 灯管完全不发光

检查步骤如下：

步骤 1：启动室内其他灯具，观察线路供电是否正常。

步骤 2：如果电路供电正常，再用验电器检查开关接线柱，看接触是否良好。

步骤 3：用双手把灯管两端的灯座按几下或转动灯管，检查灯座与灯脚接触是否良好。

步骤 4：转动启辉器，检查启辉器与启辉器座的接触是否良好。

步骤 5：观察启辉器引脚的表面有没有过厚的氧化层，若有就刮去氧化层。

步骤 6：观察元器件间的接线是否完好。

步骤 7：更换启辉器或灯管，观察故障是否排除。

步骤 8：更换镇流器。

(二) 灯管两端闪跳，不能正常发光

检查步骤如下：

步骤 1：打开室内其他灯具，如果发现灯光比平时暗，便可认定是供电电压不足，待供电正常后，就会恢复正常。

步骤 2：如果供电电压正常，可能是启辉器发生故障，这时需要换新的启辉器。

步骤 3：如果不是前两种原因，可能是因为室内温度太低，启辉器启动困难，待室温回升便可正常发光。

步骤 4：查看灯管是否日久老化，如果老化则必须调换新灯管。

(三) 灯管两端发红，没过多久就自动熄灭

观察灯管，如果是从灯管两端逐渐发黑，到最后透红，就是灯管老化、灯丝即将烧断的前兆，更换灯管就能排除故障。

如果灯管使用一直正常，突然发生此现象，很可能是镇流器发生了故障，更换镇流器即可。

【巩固练习】

1. 荧光灯由哪几部分组成？荧光灯的种类有哪些？
2. 简述荧光灯的工作原理。
3. 荧光灯的特点有哪些？

技能要求

【工作任务】 荧光灯照明线路安装。

【任务描述】 学生根据教师给定的荧光灯线路安装任务书，按照荧光灯照明线路的安装步骤和操作要点，2 人 1 组，分组安装 2 盏荧光灯及其配套设备，做到操作安全、规范。

【任务实施】

1. 准备工作

① 人员组织：将班级学生分为 2 人 1 组，每次同时考核 10 组。

② 设备准备：直管荧光灯、红色电线（BV1.5 mm^2、BV2.5 mm^2）、蓝色电线（BV1.5 mm^2、BV2.5 mm^2）、黄绿色电线（BV2.5 mm^2）、尼龙扎带、绝缘胶布、PVC 线槽、电工常用工具、万用表、手电钻、冲击电钻、卷尺、手锯、铅笔若干，以能保证 10 组学生同时操作为准。

③ 资料准备：评分表 1 张，记录笔 1 支。

2. 实际操作

① 考核人员：2 人/组。

② 考核时间：90 min。

③ 考核标准：

评分表

第______小组　　　　学生姓名______________　　　　总评分__________

项目及配分		考核内容及评分标准	自评分 30%	小组评分 30%	教师评分 40%
考核程序	50 分	1. 根据任务书内容绘制安装草图。没有绘制安装草图，扣 10 分；安装草图错误扣 5 分。			
		2. 划线确定线槽的走向，敷设线槽。方法错误扣 5 分；顺序错误扣 3 分。			
		3. 组装灯具，敷设导线并扣上线槽盖，安装圆木，安装吊线盒。方法错误，每处扣 5 分；顺序错误，每处扣 3 分。			
		4. 吊装荧光灯。方法错误扣 5 分；顺序错误，每处扣 3 分。			
		5. 将所有导线连接到开关。方法错误扣 5 分；顺序错误，每处扣 3 分。			
		6. 用万用表检测线路。方法错误扣 5 分。			
		7. 进行线路检查、复核，通电测试。没有检查和复核，每项扣 10 分；线路不能通电测试，考核不合格。			
考核质量	30 分	1. 绘制安装草图。草图中线路布置不合理，每处扣 2 分。			
		2. 划线确定线槽的走向，敷设线槽。线槽敷设走向不合理，每处扣 2 分。			
		3. 组装灯具，敷设导线并扣上线槽盖，安装圆木，安装吊线盒。安装不合理，每处扣 2 分；不符合工艺要求，每处扣 2 分。			
		4. 吊装荧光灯。荧光灯安装不水平，每处扣 5 分；吊线不垂直，每处扣 2 分。			
		5. 将所有导线连接到开关。导线走向和布置不符合要求，每处扣 2 分。			
		6. 用万用表检测线路。检测数据不合要求，每个数据扣 3 分。			
		7. 进行线路检查、复核，通电测试。检查马虎，扣 10 分。			
考核时间	10 分	考核总时间为 90 min，每超时 1 min 扣 2 分，超时 5 min 及以上停止考核。			
安全规章	10 分	遵章守纪，具有团结协作精神，仪容仪表应符合安全文明生产要求。团结协作精神缺乏，酌情扣 1～5 分；出现人员身体伤害，停止考核；着装不合要求，取消考核资格。			
合计	100 分				

任务五　节能灯照明线路安装与检修

【学习目标】

一、知识目标

1. 掌握节能灯的结构组成。
2. 掌握节能灯的种类及其应用。
3. 熟悉节能灯的优点和缺点。
4. 熟悉节能灯线路的安装程序和要求。
5. 了解节能灯的工作原理。

二、技能目标

1. 能熟练安装节能灯照明线路。
2. 能正确判断节能灯照明线路的常见故障。
3. 培养查找问题、分析问题、解决问题的能力。

三、素质目标

1. 培养安全意识，牢固树立“安全第一”的作业思想。
2. 培养“按章操作、操作规范严谨”的工作作风。
3. 培养团结协作的精神。

知识要求

【知识要点】

一、概述

节能灯是指将荧光灯和镇流器组合而成一个整体的照明设备，是一种紧凑型、自镇流、一体式荧光灯。它的正式名称为：稀土三基色紧凑型荧光灯。

由于这种光源在达到同样光通量的前提下，只需消耗普通白炽灯用电量的 1/4 至 1/5，从而可以节约大量的照明电能和费用，因此称为节能灯。节能灯由于是一体式的，因此，在不损坏其结构时，是不可拆卸的。

二、节能灯的结构

节能灯由灯头、灯壳、灯丝、填充气体组成。

节能灯的镇流器安装在灯头内，灯壳的内壁上涂有荧光粉，是节能灯发光的必需物质。灯丝上涂有一层电子粉，电子粉是用来发射电子的，灯壳内部的填充气体一般选用氩气。

三、节能灯的发光原理

节能灯的发光原理与荧光灯的发光原理相似，当电源接通后，经过电子镇流器给灯管灯丝加热，由于灯丝上涂有一些电子粉，因此灯丝开始发射电子，电子碰撞充装在灯管内的氩原子，氩原子碰撞后取得电能，又撞击内部的汞原子，汞原子在吸收能量后产生电离，发出紫外线，紫外线激发荧光粉从而发光。

四、节能灯的种类

节能灯按其形状可以分为 U 形节能灯、螺旋形节能灯、支架形节能灯和莲花形节能灯等。

(一) U 形节能灯

U 形节能灯属于单端荧光灯，它的灯头和白炽灯基本相同，它的灯管呈 U 形，有 2 根灯管、3 根灯管、4 根灯管、5 根灯管、6 根灯管以及 8 根灯管等多种，功率从 3 ~ 240 W 不等。

1. 2U、3U 形节能灯

2U、3U 形节能灯的灯管分别为 2 根 U 形管和 3 根 U 形管，其结构如图 3-5-1 所示。

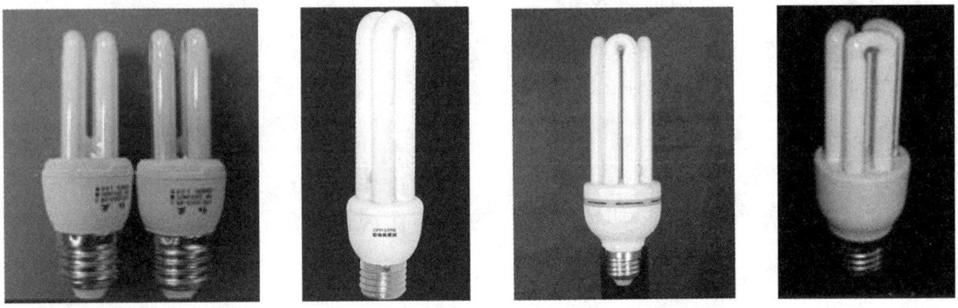

图 3-5-1 2U、3U 形节能灯

2U、3U 形节能灯的灯管直径为 9 ~ 14 mm 之间，功率一般为 3 ~ 36 W 之间，主要用于民用、商业环境照明，可替代白炽灯。

2. 4U、5U、6U、8U、10U 形节能灯

4U、5U、6U、8U、10U 形节能灯的灯管分别为 4 根 U 形管、5 根 U 形管、6 根 U 形管和 8 根 U 形管及 10 根 U 形管，其结构如图 3-5-2 所示。

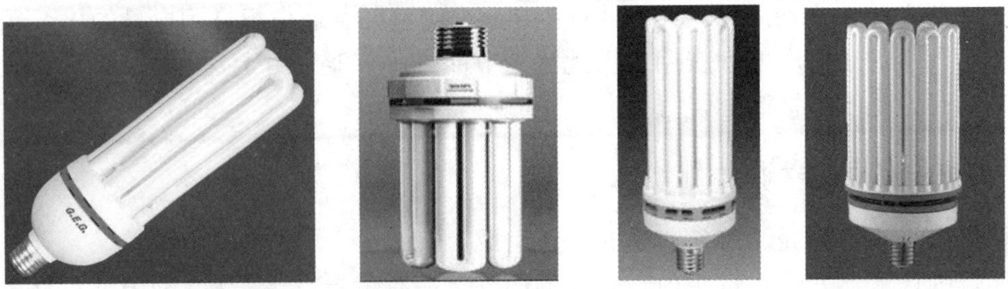

4U 形 6U 形 8U 形 10U 形

图 3-5-2 4U、6U、8U、10U 形节能灯

4U、5U、6U、8U 形节能灯的灯管直径为 12 ~ 21 mm 之间，功率一般为 45 ~ 240 W 之间，主要用于工业、商业环境照明，可替代高压汞灯、高压钠灯以及 T8 型直管荧光灯。

(二) 螺旋形节能灯

螺旋形节能灯属于单端荧光灯，它的灯头和白炽灯也基本相同，它的灯管结构为管状螺旋形，螺旋的圈数分别有 2 圈（2T 型）、2.5 圈（2.5T 型）、3 圈（3T 型）、4 圈（4T 型）、5 圈（5T 型）等多种，功率从 3 ~ 240 W 不等，主要用于民用、工业及商业环境照明，可替代白炽灯、高压汞灯、高压钠灯以及 T8 型直管荧光灯等。其结构如图 3-5-3 所示。

图 3-5-3 **2T 型、2.5T 型、3T 型、4T 型、5T 型节能灯**

(三) 支架形节能灯

支架形节能灯属于双端直管形荧光灯，它的结构是直管形，两端分别有个灯头，和 T8 型直管荧光灯基本相同，安装时必须要有支架才能固定。其结构如图 3-5-4 所示。

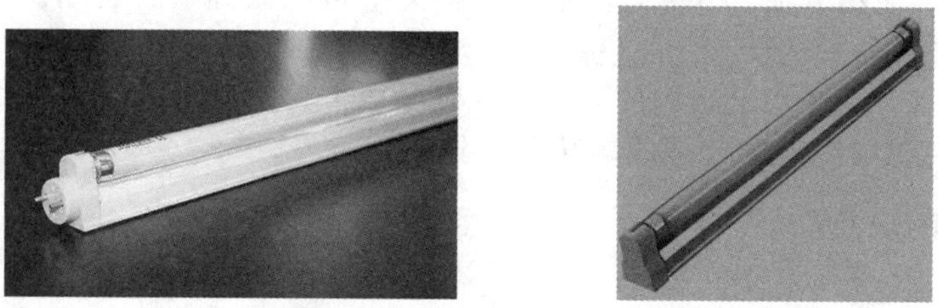

图 3-5-4 支架形节能灯

支架形节能灯的型号有 T4、T5 两种（型号中的 T 表示灯管直径，1T 等于 1/8 英寸，也就是 3.175 mm），直径分别为 13 mm 和 16 mm，功率一般为 8 W、14 W、21 W 和 28 W，广泛应用于民用、工业、商业环境照明，可替代 T8 型直管荧光灯。

(四) 莲花形节能灯

莲花形节能灯的结构像一朵莲花，如图 3-5-5 所示。

图 3-5-5 莲花形节能灯

目前，灯具市场上生产的莲花形节能灯可以分为 U 型、全螺旋形和半螺旋形。其中，U 形灯有 2U、3U、4U、5U、6U、7U、8U、9U、10U 形几种；全螺旋形有 2.5T、3T、4T 几种；半螺旋形有 2.5T、3T、4T 几种。莲花形节能灯的功率一般有 3 W、5 W、7 W、9 W、11 W、26 W、30 W、36 W、45 W、55 W、65 W、75 W 等多种。

五、节能灯的优点和缺点

(一) 节能灯的优点

节能灯是目前广泛应用于各个领域的照明光源，它的优点比较突出，得到了照明市场的普遍欢迎。节能灯的优点如下：

① 结构紧凑、体积小。节能灯的尺寸较小，和普通白炽灯差不多大小，安装、使用和更换比较方便。

② 发光效率高、节约电能。节能灯的发光效率可以达到 60 lm/W 及以上，几乎是白炽灯发光效率的 10 倍，是普通荧光灯发光效率的 2 ~ 3 倍。节能灯的工作温度较低，一般工作温度只有 1 160 K（开尔文）左右，大约是白炽灯工作温度的一半，属于冷光源，因此可以减少热力释放，大大节约电能的消耗，比较省电。

③ 使用寿命长。节能灯的灯管内壁涂有保护膜，并采用三重螺旋灯丝，从而使节能灯的使用寿命可以达到 8 000 ~ 15 000 h，可以大大延长光源的使用寿命。节能灯的使用寿命是白炽灯的 6 ~ 10 倍，甚至 15 倍以上，是普通荧光灯的 3 ~ 5 倍。

④ 瞬时启动，使用方便。节能灯的启动时间短，可以做到瞬时启动，几乎和白炽灯的启动时间不相上下，方便使用。

⑤ 造型美观。节能灯由于结构的原因，可以做成多种美观的形状，比如，U 形、螺旋形、莲花形等。对于照明环境具有较强的美化和装饰作用。

(二) 节能灯的缺点

节能灯有以下缺点：

① 光色偏紫，变色较重。节能灯发出的是明线光谱，光谱不连续，光的颜色偏向紫色。在节能灯下，蓝色光会变成紫色光，红色光和黄色光看上去会更鲜艳，有严重的变色。因此，在配色的工作场合不宜采用节能灯。

② 具有一定的电磁辐射。节能灯的电磁辐射来自电子与汞蒸气发生的电离反应，因为节能灯管内添加了稀土荧光粉，稀土荧光粉本身具有放射性；节能灯还会产生电离辐射，即放射线核辐射，因此，过量的放射线核辐射对人体的危害需提醒人们的关注。

③ 具有自闪现象。节能灯在关灯以后会发生闪烁的现象，这就是节能灯的自闪现象。自闪现象一般是每隔一段时间闪烁一下，这个现象在白天和晚上都有，只是晚上更加明显。节能灯的自闪现象对灯的寿命、亮度等影响不大。

节能灯自闪现象的原因是有微弱电流流过了节能灯，这种微弱电流也会流过白炽灯，由于白炽灯是电阻性负载，微弱电流对白炽灯的启动点亮不起作用。而节能灯是电容性负载，当有微弱电流储存到电容里，达到了双向触发管的触发电压时，电容里的电流就会通过灯管放射出去，此时，我们就会看到节能灯闪烁了一下的现象。

六、节能灯线路安装

(一) 安装任务

分组安装一盏节能灯及其配套设备。

安装形式：安装在水泥（砖）墙立面和顶面，采用 PVC 线槽明敷。

(二) 器材准备

安装节能灯照明线路所需器材见表 3-5-1

表 3-5-1 节能灯照明线路安装所需器材

序号	名称	型号、规格	单位	数量	备注
1	单相电能表	DDS237，15（60）A	块	1	
2	86 型五孔插座	250 V，10 A/16 A	个	6	
3	86 型单极开关	250 V，10 A/16 A	个	6	
4	节能灯	220 V，3 W	套	6	
5	明装照明配电箱	PZ30，10 回路	个	1	
6	低压断路器	DZ47LE-32 C-32	只	1	
7	低压断路器	DZ47LE-32 C-10	只	3	
8	低压断路器	DZ47LE-32 C-20	只	3	
9	相线	BV1.5 mm^2、BV2.5 mm^2（红色）	m	若干	
10	中性线	BV1.5 mm^2、BV2.5 mm^2（蓝色）	m	若干	
11	地线	BV2.5 mm^2（黄绿色）	m	若干	
12	尼龙扎带	3 mm×100 mm	条	若干	
13	低压绝缘胶布		盘	1	
14	防水低压绝缘胶布		盘	1	
15	胀塞	ϕ8 或 ϕ6	个	若干	
16	86 型明盒		个	12	
17	膨胀螺栓	ϕ8×80 mm	条	4	
18	PVC 线槽	20×10 B	m	按需要配备	
19	电工工具		套	按需要配备	
20	指针式万用表	MF-47 型	块	3	
21	手电钻		把	1	
22	冲击电钻		把	1	
23	卷尺	5 m	个	1	
24	手锯	300 mm	把	1	
25	铅笔	HB	支	1	

(三) 安装程序

安装节能灯的流程如下：按照电气原理图连接线路→组装灯具→在建筑物上固定灯具→接通线路。

提示：安装前应检查灯管有无损坏，是否可以点亮，应使用完好的节能灯。

1. 准备灯座

根据节能灯头大小的要求，购置与之配套的灯座。

2. 固定灯座

固定灯架的方式有吸顶式和悬吊式两种。悬吊式又分金属链条悬吊和钢管悬吊两种。安装前先在设计的固定点打孔、预埋合适的紧固件，然后将灯座固定在紧固件上。

(四) 安装步骤

步骤 1：仔细观察现场，确定节能灯安装位置，绘制安装草图。

步骤 2：划线确定线槽的走向，敷设线槽。

步骤 3：组装灯具，敷设导线并扣上线槽盖。

步骤 4：安装节能灯。

步骤 5：将所有导线连接到配电箱，按照总闸下设置分闸，一个分闸（10 A）控制一盏节能灯的原则。

步骤 6：用万用表检测线路，特别是相线—中性线、相线—地线之间是否短路。

步骤 7：检查无误，汇报教师，教师安排小组进行交叉检查，确认没问题后请教师进行复查，确保无误后通电测试，合格后进行现场清理，准备交工接受验收。

七、节能灯电路的常见故障与检修

(一) 灯管完全不发光

检查步骤如下：

步骤 1：启动室内其他灯具，观察线路供电是否正常。

步骤 2：如果电路供电正常，再用验电器检查开关接线柱，看接触是否良好。

步骤 3：用手将灯管转动拧紧，检查灯座与灯头接触是否良好。

步骤 4：观察元器件间的接线是否完好。

(二) 灯管闪跳，不能正常发光

检查步骤如下：

步骤 1：打开室内其他灯具，如果发现灯光比平时暗，便可认定是供电电压不足，待供电正常后，就会恢复正常。

步骤 2：查看是否因为室内温度太低，节能灯启动困难，待室温回升便可正常发光。

步骤 3：检查灯管是否日久老化，如果老化则必须调换新灯管。

【巩固练习】

1. 节能灯由哪几部分组成？
2. 节能灯的种类有哪些？
3. 节能灯的优点和缺点有哪些？

技能要求

【工作任务】 节能灯照明线路安装。

【任务描述】 学生根据教师给定的节能灯照明线路安装任务书，按照节能灯照明线路的安装步骤和操作要点，2 人 1 组，分组安装 1 组节能灯（5 盏）及其配套设备，做到操作安全、规范。

【任务实施】

1. 准备工作

① 人员组织：将班级学生分为 2 人 1 组，每次同时考核 10 组。

② 设备准备：U 形节能灯、红色电线（BV1.5 mm²、BV2.5 mm²）、蓝色电线（BV1.5 mm²、BV2.5 mm²）、黄绿色电线（BV2.5 mm²）、尼龙扎带、绝缘胶布、PVC 线槽、电工常用工具、万用表、手电钻、冲击电钻、卷尺、手锯、铅笔若干，以能保证 10 组学生同时操作为准。

③ 资料准备：评分表 1 张，记录笔 1 支。

2. 实际操作

① 考核人员：2 人/组。

② 考核时间：90 min。

③ 考核标准：

评分表

第______小组　　　　学生姓名______________________　　　　总评分____________

项目及配分		考核内容及评分标准	自评分 30%	小组评分 30%	教师评分 40%
考核程序	50 分	1. 根据任务书内容绘制安装草图。没有绘制安装草图，扣 10 分；安装草图错误扣 5 分。			
		2. 划线确定线槽的走向，敷设线槽。方法错误扣 5 分；顺序错误扣 3 分。			
		3. 组装灯具，敷设导线并扣上线槽盖，安装灯具底座。方法错误，每处扣 5 分；顺序错误，每处扣 3 分。			
		4. 安装节能灯（5 盏）。方法错误扣 5 分；顺序错误，每处扣 3 分。			
		5. 将所有导线连接到开关。方法错误扣 5 分；顺序错误，每处扣 3 分。			
		6. 用万用表检测线路。方法错误扣 5 分。			
		7. 进行线路检查、复核，通电测试。没有检查和复核，每项扣 10 分；线路不能通电测试，考核不合格。			
考核质量	30 分	1. 绘制安装草图。草图中线路布置不合理，每处扣 2 分。			
		2. 划线确定线槽的走向，敷设线槽。线槽敷设走向不合理，每处扣 2 分。			
		3. 组装灯具，敷设导线并扣上线槽盖，安装灯具底座。安装不合理，每处扣 2 分；不符合工艺要求，每处扣 2 分。			
		4. 安装节能灯（5 盏）。安装不合要求，每处扣 2 分。			
		5. 将所有导线连接到开关。导线走向和布置不符合要求，每处扣 2 分。			
		6. 用万用表检测线路。检测数据不合要求，每个数据扣 3 分。			
		7. 进行线路检查、复核，通电测试。检查马虎，扣 10 分。			
考核时间	10 分	考核总时间为 90 min，每超时 1 min 扣 2 分，超时 5 min 及以上停止考核。			
安全规章	10 分	遵章守纪，具有团结协作精神，仪容仪表应符合安全文明生产要求。团结协作精神缺乏，酌情扣 1～5 分；出现人员身体伤害，停止考核；着装不合要求，取消考核资格。			
合计	100 分				

任务群四
照明设备安装与检修

任务一 配电箱安装与检修

【学习目标】

一、知识目标

1. 掌握配电箱的作用。
2. 掌握照明配电箱的组成和安装要求。
3. 熟悉低压断路器和漏电保护器的结构和作用。
4. 熟悉低压断路器和漏电保护器的选择方法和安装要求。

二、技能目标

1. 能正确选择和安装低压断路器和漏电保护器。
2. 能正确安装照明配电箱。

三、素质目标

1. 培养安全意识，牢固树立“安全第一”的作业思想。
2. 培养“按章操作、操作规范严谨”的工作作风。
3. 培养团结协作的精神。

知识要求

【知识要点】

一、配电箱基础知识

(一) 概述

配电箱、配电柜和动力柜从原理和作用上来说是相同的，都是指为某一单位（如家庭、车间等）所有用户进行电路分配的设备。配电箱一般是指为某一电力用户进行电路分配的小型配电设备，一般安装在墙上；配电柜、动力柜一般单独配置柜体，体积比较大。

(二) 配电箱的作用

现在城镇住户一般每户的室内都有小型配电箱，它不仅能控制室内各种用电器的电路，而且还能对各个用电器和供电线路起保护作用。配电箱正常运行时可借助手动或自动开关接通或分断电路；故障或不正常运行时借助保护器切断电路或报警。

因此，配电箱的作用是控制室内用电器的电路，并保护用电器和供电线路的安全。

(三) 配电箱的分类

配电箱按照制造材料不同分为木制和铁制，目前常用的是铁制的。配电箱按照结构特征和用途分为：面板式开关柜、防护式（即封闭式）开关柜、抽屉式开关柜、动力配电箱、照明配电箱。本书主要介绍照明配电箱。

(四) 照明配电箱的组成

照明配电箱是终端配电设备，主要由断路器和漏电保护器组成，其主要负荷是照明器具、普通插座、小型电动机负荷等，负荷较小，多为单相供电，极少为三相供电，总电流一般小于 63A，单出线回路小于 15A，一般不需要专业人员操作，如图 4-1-1 所示。

（a）三箱配电箱

（b）单相配电箱

图 4-1-1　照明配电箱实物图

1. 低压断路器

（1）低压断路器的作用

低压断路器，又称自动空气开关或自动空气断路器，简称断路器，是具有控制和多种保护功能的低压电器，主要用于交流低压电网，既有手动开关接通和断开电路，又有对电路或用电设备的短路、过载、欠压或失压等保护功能，也可用于不频繁启动电动机。

（2）低压断路器的优点

低压断路器的优点较多，主要有操作安全、安装简便、工作可靠、分断能力较强、具有多种保护功能、动作值可调、动作后不需要更换元件等。因此低压断路器得到了广泛的使用。

（3）低压断路器的分类

低压断路器的分类较多，下面主要介绍常见的几种分类方法。

① 低压断路器按结构形式分为：万能式（又称框架式）、塑壳式（又称装置式）、小型模数式。

② 按主电路极数分为：单极、二极、三极、四极，如图 4-1-2 所示。

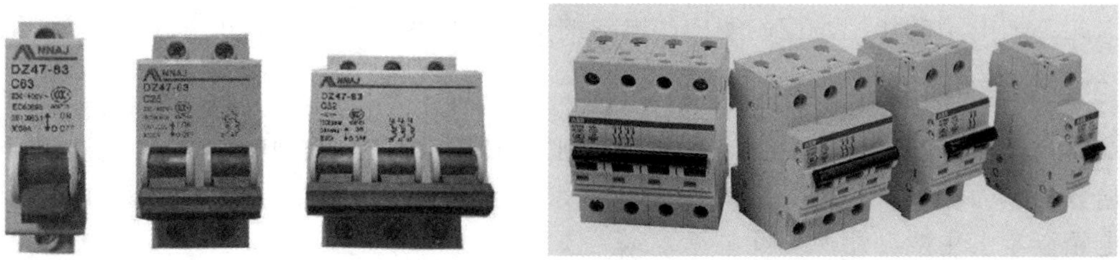

图 4-1-2 单极、二极、三极、四极低压断路器实物图

③ 按操作方式分为：手动操作、电动操作、储能操作。

④ 按安装方式分为：固定式、插入式和抽屉式。

⑤ 按是否有限流功能分为：一般不限流型和快速限流型。

⑥ 按灭弧介质分为：空气断路器和真空断路器。

⑦ 按用途分为：配电用断路器、电动机保护用断路器、照明用断路器和漏电保护断路器，

（4）低压断路器的工作原理

低压断路器主要由触点和灭弧装置、各种可供选择的脱扣器与操作机构、自由脱扣机构三部分组成，各种脱扣器包括过流、欠压（失压）脱扣器和热脱扣器等，如图 4-1-3（a）所示，图中有过流和欠压两种脱扣器。

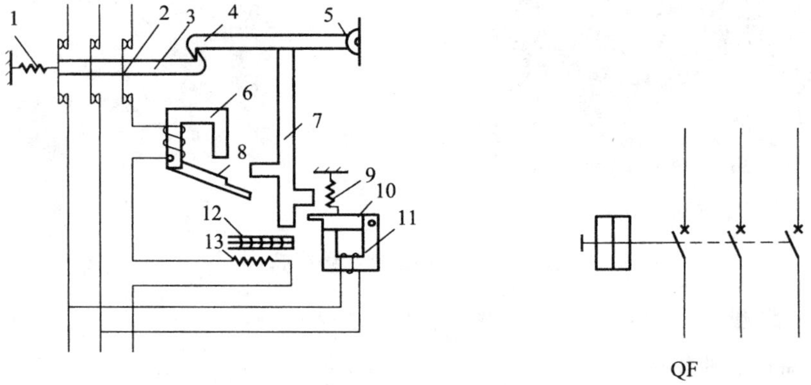

（a）结构　　（b）符号

1—主弹簧；2—主触点；3—锁链；4—搭钩；5—轴；6—过流脱扣器；7—杠杆；8—过流脱扣器衔铁；9—弹簧；10—欠压脱扣器衔铁；11—欠压脱扣器；12—双金属片；13—热元件。

图 4-1-3 低压断路器结构和符号

开关的主触点靠操作机构手动或电动合闸，在正常工作状态下能接通和分断工作电流，当电路发生短路或过流故障时，过流脱扣器衔铁被吸合，使自由脱扣机构脱扣，自动开关触点分离，及时有效地切除高达数十倍额定电流的故障电流。

若电网电压过低或为零时，欠压脱扣器的衔铁被释放，自由脱扣机构脱扣，使断路器触点分离，从而在过流与零压、欠压时保证了电路及设备的安全。

低压断路器的符号如图 4-1-3（b）所示。

（5）低压断路器的选用

① 低压断路器的额定电压和额定电流应不小于线路、设备的正常工作电压和工作电流。

② 热脱扣器的整定电流应等于所控制负载的额定电流。

③ 电磁脱扣器的瞬时脱扣整定电流应大于负载电路正常工作时的峰值电流。用于控制电动机的断路器，其瞬时脱扣整定电流 I_Z 可按下式选取：

$$I_Z \geqslant KI_{st}$$

式中，K 为安全系数，可取 1.5 ~ 1.7，I_{st} 为电动机的启动电流。

④ 欠压脱扣器的额定电压应等于线路的额定电压。

⑤ 低压断路器的极限通断能力应小于电路的最大短路电流。

（6）低压断路器的安装与使用

① 低压断路器应垂直安装，电源线接在上端，负载线接在下端。

② 低压断路器用作电源总开关或电动机的控制开关时，在电源线侧必须加装刀开关或熔断器等，以形成明显的断开点。

③ 低压断路器使用前应将脱扣器工作面上的防锈油脂擦净，以免影响其正常工作，同时应定期检修，清除积尘，给操作机构添加润滑剂。

④ 各脱扣器的动作值调整好后，不允许随意变动，并应定期检查各脱扣器的动作值是否满足要求。

⑤ 低压断路器的触点使用一定次数或分断短路电流后，应及时检查触点系统，如果触点表面有毛刺、颗粒等，应及时维修或更换。

2. 漏电保护断路器

（1）漏电保护断路器的作用

漏电保护器经常与低压断路器整合成漏电保护断路器，具有低压断路器和漏电保护器的双重功能，在设备漏电或人身触电时，可以迅速断开线路，保护人身和设备的安全，因此使用广泛。

（2）漏电保护断路器的分类

漏电保护断路器的分类方法如下：

① 按动作方式可分为：电压动作型和电流动作型。

② 按动作机构分为：开关式和继电器式。

③ 按极数分为：单极、二极、三极、四极等，如图 4-1-4 所示。

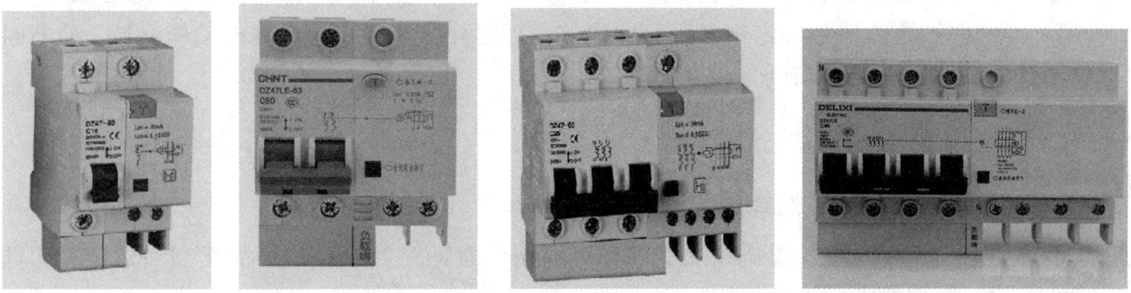

图 4-1-4　单极、二极、三极、四极漏电保护断路器实物图

（3）漏电保护断路器的型号

漏电保护断路器的主要型号有：DZL18-20 系列、DZ15LE 系列、DZ47LE 系列、DZ20L 系列、DZL18-20 系列、DZL31 系列等。

（4）必须安装漏电保护器的设备和场所

① 手持式电动工具（Ⅲ类除外）、移动式日用家电设备（Ⅲ类除外）、其他移动式机电设备以及触电危险性较大的用电设备。

② 建筑施工场所、临时线路的用电设备应安装漏电保护器，这是《施工现场临时用电安全技术规范》（JGJ46—2005）的明确要求。

③ 机关、学校、企业、住宅建筑物内的插座回路，宾馆、饭店及招待所的客房内插座回路，也必须安装漏电保护器。

④ 安装在水中的供电线路和设备以及潮湿、高温、金属占有系数较大及其他导电良好的场所，如机械加工、冶金、纺织、电子、食品加工等行业的作业场所，以及锅炉房、水泵房、食堂、浴室、医院等场所，必须使用漏电保护器进行保护。

⑤ 固定线路的用电设备和正常生产作业场所，应选用带漏电保护器的动力配电箱。临时使用的小型电器设备，应选用漏电保护插头（座）或带漏电保护器的插座箱。

（5）漏电保护器的选择原则

① 漏电保护器的技术条件应符合国家的有关规定，并具有国家认证标志，其技术额定值应与被保护线路或设备的技术参数相配合。

② 根据电气设备的供电方式选用漏电保护器。单相 220 V 电源供电的电气设备应选用二极二线式或单极二线式漏电保护器；三相三线式 380 V 电源供电的电气设备，应选用三极式漏电保护器；三相四线式 380 V 电源供电的电气设备，或单相设备与三相设备共用的电路，应选用三极四线式或四极四线式漏电保护器。

③ 应根据保护范围、人身设备安全和环境要求确定漏电保护器的电源电压、工作电流、漏电电流及动作时间等参数。

④ 电源采用漏电保护器做分级保护时，应满足上、下级开关动作的选择性。

一般上一级漏电保护器的额定漏电电流不小于下一级漏电保护器的额定漏电电流，这样既可以灵敏地保护人身和设备安全，又能避免越级跳闸，缩小事故检查范围。

（6）漏电保护器的安装要求

① 漏电保护器的安装应符合产品说明书的要求。

② 漏电保护器的安装应充分考虑供电线路、供电方式、供电电压及系统接地形式。

③ 漏电保护断路器的额定电压、额定电流、短路分断能力、额定漏电动作电流、分断时间应满足被保护供电线路和电气设备的要求。

二、配电箱内设备的选用

(一) 开关类型和数量选择

根据用户的用电设备情况确定负载回路，并由负载回路数目决定开关类型和数量，即低压断路器和漏电保护器的个数。

(二) 容量选择

配电主线路、支路线路、各级开关的容量，根据用户的用电设备情况进行计算和选择。

家用电器和灯具中，电热器具如电饭煲、电炉、白炽灯等功率因数可视为1；电冰箱、洗衣机、空调、电风扇等电动器具属于电感类电器设备，功率因数通常按0.8估算。由此核算出该家庭用电设备耗电的功率，再按照单相供电中每千瓦的功率对应的电流为4.5 A，计算出用电总电流。

通常家庭用电总电流由两部分组成：电热与照明设备用电电流、电感类电器设备用电电流。

电热与照明设备用电电流总和为：

$$I_{\Sigma 1}=W_{\Sigma 1}\times 4.5\ (\mathrm{A})$$

式中：$W_{\Sigma 1}$为电热与照明设备用电功率的总和，即电力用户所有电热电器与照明设备功率相加的总和。

电感类电器设备用电电流总和为：

$$I_{\Sigma 2}=\frac{W_{\Sigma 2}\times 4.5}{0.8}\ (\mathrm{A})$$

式中：$W_{\Sigma 2}$为电感类设备用电功率的总和，即电力用户所有电感类电器设备用电功率相加的总和。

所以：

家庭用电总电流＝电热与照明设备用电电流总和＋电感类设备用电电流总和

即

$$I_{\Sigma}=I_{\Sigma 1}+I_{\Sigma 2}$$

分支电路按照同样的方法计算，但是要留有余量，在此不再赘述。根据计算结果确定低压断路器、漏电保护器和导线型号、规格以及安装工具。

三、配电箱接线

低压断路器和漏电保护器在接线时手柄要处于下方，按照左侧相线、右侧中性线（左火右零）的进线和出线方式接线。总低压断路器的相线出线作为支路低压断路器和漏电保护器的相线进线，总低压断路器的中性线出线要接N端子，再由N端子出线分别接到各个支路低压断路器和漏电保护器的中性线。

总地线要接入PE端子，再由PE端子出线分别与各支路低压断路器和漏电保护器的相线和中性线一起作为负载接线。

四、配电箱安装位置

为了布局美观，配线方便，一般将配电箱安装在网孔板上的中心位置，距上边180 mm，距左边190 mm。

五、配电箱的安装步骤和操作要点

在实训室的网孔板上模拟安装配电箱的步骤和操作要点如下：

① 检测元器件质量。用数字式万用表的蜂鸣挡，或指针式万用表的电阻挡，对低压断路器和漏电保护器进行通、断检测，检测低压断路器和漏电保护器的质量是否完好。

检测方法：将低压断路器和漏电保护器的开关手柄置于 OFF 状态时，万用表的表笔分别置于上、下两个接线柱，此时万用表无蜂鸣声，显示数字 1；开关手柄置于 ON 状态时，此时万用表发出蜂鸣声，显示数字 0，表明低压断路器和漏电保护器质量完好。

② 配电箱定位划线。按照配电箱在网孔板上的安装位置，确定位置尺寸，进行划线定位。

③ 固定配电箱。用螺钉将配电箱固定在网孔板的划线位置，并检查安装导轨、PE 线排、N 线汇流排、箱体接地螺栓等是否齐全、完整，各个汇流排之间是否完全绝缘隔离。

④ 安装并固定元器件。将漏电保护器和低压断路器安装在导轨上。安装方法：将开关带弹簧的一端先嵌入导轨的一侧，再将另一端压入导轨中，即安装完成。

⑤ 配电箱内部接线。按照导线走线和接线要求，将所有导线接到配电箱的相应端口，完成配电箱的接线。

⑥ 根据任务书上的接线图检查接线是否正确，PE 线排和 N 线汇流排是否有错，箱体螺栓是否可靠接地等。

六、配电箱的维护检修

(一) 配电箱的清洁保养

① 配电箱要定期清洁保养。在清洁保养前要切断配电箱的前一级电源，在通电的情况下清洁，很容易造成电路的短路和漏电。清洁时，不要使用具有腐蚀性的化学药品清洗，也要避免配电箱触碰有腐蚀性的液体和气体，否则会导致配电箱外壳被腐蚀生锈，不仅影响外观，同时也不利于保养。

② 在清洁配电箱时，要避免水分残留在箱体内，一旦有残留水分，应马上用干燥的抹布擦拭干净，保证配电箱在干燥的情况下通电。

(二) 漏电保护器的维护

① 应定期试验漏电保护器动作的可靠性。试验方法如下：按下试验按钮，漏电保护器应能迅速跳闸，说明运行正常，可以继续使用；如果漏电保护器不能迅速跳闸，说明漏电保护器本身或线路有故障，不能继续使用，要进行检修。

② 对运行中的漏电保护器，用户每月应对其用试验按钮试验一次；漏电保护器因过电压动作后应试验一次；雷雨季节，应增加试验次数；危险场所和临时使用的漏电保护器，也应增加试验次数。停用后的漏电保护器再次使用前要做一次试验，动作后不强行送电。漏电保护器动作后，若经检查未发现故障点，允许试送电一次，如果再次动作，应查明原因，并采取相应措施后方能恢复通电。严禁强行送电，以确保用电安全。

③ 漏电保护器出现故障要及时修复或更换。由于漏电保护器的作用是防患于未然，电路正常工作时反映不出它的重要性，因此，很难引起用户的重视。如果在漏电保护器动作或出现故障时，不认真地查找原因，而是将漏电保护器拆除，这是绝对不允许的。

④ 漏电保护器严禁带故障隐患使用，更不能私自拆卸和调整漏电保护器的内部器件，因为这样会影响性能。

⑤ 每年应该对漏电保护器进行一次全面检修。对投入运行的漏电保护器，每年都要对保护系统进行一次检修，检修的内容如下：测试漏电保护器动作值是否符合要求；检查电网和电气设备的绝缘电阻；测量中性点漏电电流，消除电网中的各种漏电隐患。

【知识拓展】

消防报警系统简介

消防报警系统又称火灾报警系统、消防自动报警系统。

1. 消防报警系统的功能

消防报警系统包括火灾自动报警系统和联动系统。前者的功能是在发现火灾后，发出声光报警信号，并指示出发生火警的部位，便于扑灭；后者的功能是在火灾自动报警系统发现火情后，自动启动各种设备，避免火灾蔓延，直至扑灭火灾。从二者的不同功能可以看出它们是密不可分的。实际上有很多火灾自动报警系统同时具有联动系统的功能。

2. 火灾自动报警系统的组成

火灾自动报警系统一般由两大部分组成：火灾探测器和火灾报警器。火灾探测器安装在现场，监视现场有无火警发生；火灾报警器安装在消防控制中心，管理所有的火灾探测器。

火灾探测器分为烟感探测器、温感探测器和火焰探测器，而实际使用中以前两种最多。

3. 火灾自动报警系统的设计形式

火灾自动报警系统一般分三种形式设计：区域火灾自动报警系统、集中火灾自动报警系统和控制中心报警系统。根据智能建筑的基本特点，控制中心报警系统是最适用的方式。智能建筑中的火灾自动报警系统设计，首先必须符合《火灾自动报警系列规范》的要求，同时也要适应智能建筑的特点，合理选配产品，做到安全适用、技术先进、经济合理。

根据建筑设计防火规范和智能建筑防火、灭火要求，智能建筑应具备以下全部或部分消防联动设备：

① 火灾报警装置与应急广播，火灾发生时警示或通知人员安全转移。

② 消防专用电话，具有火灾报警，查询情况，应急指挥，能与“119”直通等功能。

③ 非消防电源控制，火灾应急照明和安全疏散指示灯控制。

④ 室内消火栓泵和喷淋水泵，发生火灾时可以实施灭火。

⑤ 消防电梯运行控制。

⑥ 管网气体灭火系统、泡沫灭火系统和干粉灭火系统，确认火灾后可以实施灭火。

⑦ 防火门、防火卷帘、防火阀的控制，火灾时实施防火分隔，防止火灾蔓延。

⑧ 防烟排烟风机，空调通风设备，送风阀，排烟阀，防止烟气蔓延提供救生保障。

【巩固练习】

1. 什么是配电箱？
2. 照明配电箱有什么作用？
3. 低压断路器有什么作用？低压断路器的种类有哪些？
4. 漏电保护断路器有什么作用？漏电保护断路器有哪些种类？
5. 漏电保护器的安装要求有哪些？

技能要求

【工作任务】 配电箱安装。

【任务描述】 学生根据任务书的要求，按照配电箱的安装步骤和操作要点，2 人 1 组，现场安装 1 组配电箱，做到操作安全、规范。

【任务实施】

1. 准备工作

① 人员组织：将班级学生分为 2 人 1 组，每次同时考核 10～20 组。

② 设备准备：漏电保护器、低压断路器、配电箱、各种规格型号导线若干，设备数量以能保证 20 组学生同时操作为准。

③ 资料准备：评分表 1 张，记录笔 1 支。

2. 实际操作

① 考核人员：2 人/组。

② 考核时间：50 min。

③ 考核标准：

评分表

第______小组　　　　学生姓名______________________　　　　总评分____________

项目及配分		考核内容及评分标准	自评分 30%	小组评分 30%	教师评分 40%
考核程序	50 分	1. 元器件质量检测。方法错误，每处扣 5 分；顺序错误，每处 3 分。			
		2. 配电箱定位划线。配电箱定位位置错误扣 5 分。			
		3. 配电箱固定。固定方法错误扣 5 分。			
		4. 安装并固定元器件。安装方法错误，每处扣 5 分；固定方法错误，每处扣 3 分。			
		5. 配电箱内部接线。接线方法错误，每处扣 5 分；顺序错误，每处扣 3 分。			
		6. 通电前的检查。通电前没有检查，直接判定为不合格；检查方法错误，每处扣 5 分。			
考核质量	30 分	1. 元器件质量检测。操作不熟练、迟疑，每处扣 3 分。			
		2. 配电箱定位划线。定位划线不标准、不规范，酌情扣 1～3 分。			
		3. 配电箱固定。操作不规范、不标准，酌情扣 1～3 分。			
		4. 安装并固定元器件。操作不规范、不标准，每处扣 3 分。			
		5. 配电箱内部接线。接线操作不规范、不标准，或不符合工艺要求，酌情每处扣 1～3 分。			
		6. 通电前的检查。检查不熟练、检查程序有问题或检查不规范、不标准，每处扣 2 分。			
考核时间	10 分	考核总时间为 50 min。每超时 1 min 扣 2 分，超时 5 min 及以上停止考核。			
安全规章	10 分	遵章守纪，具有团结协作精神，仪容仪表应符合安全文明生产要求。团结协作精神缺乏，酌情扣 1～5 分；出现人员身体伤害，停止考核；着装不合要求，取消考核资格。			
合计	100 分				

任务二　电能表的安装

【学习目标】

一、知识目标

1. 掌握电能表的安装步骤和操作要点。
2. 掌握电能表的使用注意事项。
3. 熟悉电能表的结构和主要参数。
4. 了解电能表的工作原理。

二、技能目标

1. 能正确安装单相电能表。
2. 能正确选择和安装低压断路器。

三、素质目标

1. 培养安全意识，牢固树立“安全第一”的作业思想。
2. 培养“按章操作、操作规范严谨”的工作作风。
3. 培养团结协作的精神。

知识要求

【知识要点】

目前，在很多居民小区单元楼下面的配电箱内，或者是单位办公楼的配电室内，都装有电能表，分别记录着每家每户电能的使用量，以此作为缴纳电费的依据。因此，电能表在日常生活和工作中应用非常广泛。

一、概述

电能表是用来测量电能的仪表，又称电度表、电表、火表、千瓦时表。

(一) 电能表的分类

电能表的分类有以下几种：

① 按用途分类：有功电能表、无功电能表（用 X 表示）、最大需量表、标准电能表、复费率分时电能表（用 F 表示）、预付费电能表（分投币式、磁卡式、电卡式，用 Y 表示）、损耗电能表、多功能电能表（用 D 表示）和智能电能表。

② 按工作原理分类：感应式（机械式）电能表、静止式（电子式，用 S 表示）电能表、机电一体式（混合式）电能表。

③ 按接入电源性质分类：交流电能表和直流电能表。

④ 按结构分类：分为整体式和分体式电能表。

⑤ 按准确等级分类：普通安装式电能表（0.2S、0.5S、0.2、0.5、1.0、2.0 级）和携带式精密电能表（0.01、0.05、0.2 级）。

⑥ 按安装接线方式分类：直接接入式电能表和间接接入式电能表。

⑦ 按接入相数分类：通常所说的电能表是指交流有功电能表，按接入相数又分为单相电能表、三相三线电能表和三相四线电能表，如图 4-2-1 所示。

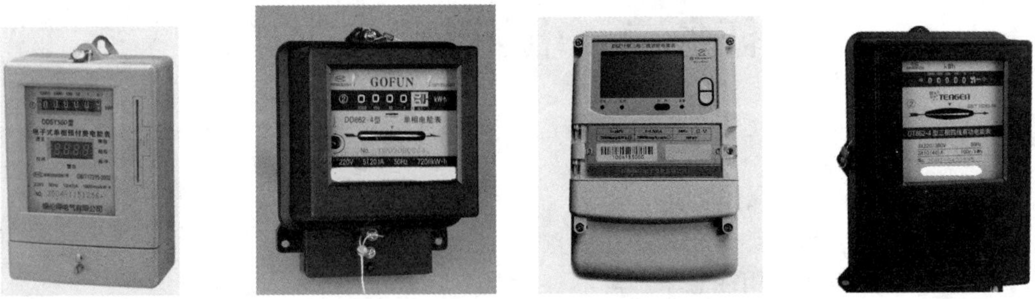

（a）电子式单相电能表 （b）电磁式单相电能表 （c）三相三线电能表 （d）三相四线电能表

图 4-2-1 单相、三相三线和三相四线电能表实物图

单相电能表用 DD 表示，其中，第一个 D 代表电能表，第二个 D 代表单相。

三相电能表用 DS 表示，其中，D 代表电能表，S 代表三相三线制。

三相四线电能表用 DT 表示，D 代表电能表，T 代表三相四线制。

(二) 电能表计量单位

有功电能表计量单位采用 kW·h（千瓦时），俗称“度”，$1\ \text{kW}\cdot\text{h} = 3.6\times10^{6}\ \text{J}$。

无功电能表计量单位采用 kvar·h（千乏时）。

(三) 电能表的结构和工作原理

1. 电能表的结构

电能表主要由测量机构和辅助部件两部分组成。

测量机构是电能表的核心部分，由驱动元件、转动元件、制动元件、轴承、计度器和调整装置组成。驱动元件由电压元件和电流元件组成，用来将交变的电压和电流转变为交变磁通，切割转盘形成驱动力矩，使转盘转动。制动力矩由磁钢形成，磁钢产生磁通，被转动着的转盘切割转盘中的感应电流，相互作用形成制动力矩从而阻止转盘加速转动。

电能表的结构如图 4-2-2 所示。

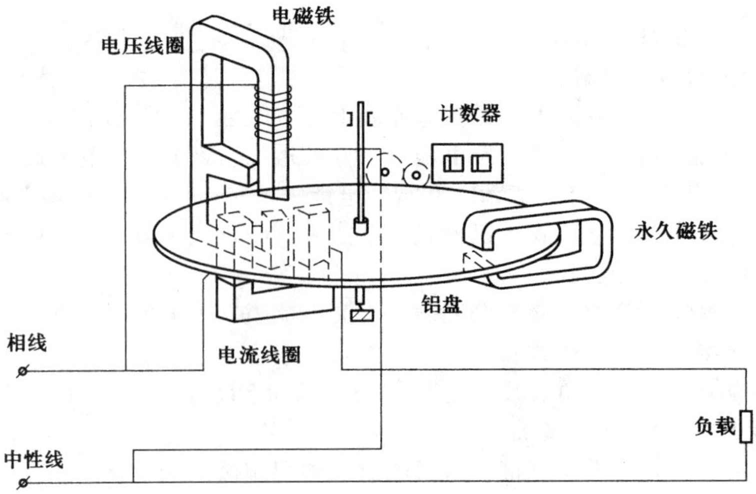

图 4-2-2 电能表的结构示意图

2. 电能表的工作原理

当把电能表接入被测电路时，电流线圈和电压线圈中就有交变电流流过，这两个交变电流分别在它们的铁心中产生交变的磁通；交变磁通穿过铝盘，在铝盘中感应出涡流；涡流又在磁场中受到力的作用，从而使铝盘产生转矩（主动力矩）而转动。

负载消耗的功率越大，通过电流线圈的电流越大，铝盘中感应出的涡流也越大，使铝盘转动的力矩就越大，即转矩的大小跟负载消耗的功率成正比。功率越大，转矩也越大，铝盘转动也就越快。铝盘转动时，又受到永久磁铁产生的制动力矩的作用，制动力矩与主动力矩方向相反；制动力矩的大小与铝盘的转速成正比，铝盘转动得越快，制动力矩也越大。当主动力矩与制动力矩达到平衡时，铝盘将匀速转动。

负载所消耗的电能与铝盘的转数成正比。铝盘转动时，带动计数器，把所消耗的电能指 示出来，这就是电能表工作的简单过程。

(四) 电能表的主要参数

了解电能表的主要技术参数，有利于正确选择和使用电能表。

1. 电压参数

电压参数表示使用电源的电压。标定 220 V 的电能表，适用于单相普通照明和家用电器的电路；标定 380 V 的电能表，适用于三相电源的工农业生产电路。

2. 电流参数

电流参数一般有两个，标注方式：例如 10（20）A，括号前的电流 10A 称为标定电流，反映测量精度和启动电流指标，作为计算负载基数电流值，用 I_b 表示；括号内的电流 20 A 称为额定最大电流，是指使电能表长期正常工作而误差和温升完全满足规定要求的最大电流值，用 I_{max} 表示。如果电路中的电流值超过额定最大电流，电能表可能计数不准，甚至损坏。

3. 电源频率

电源频率表示适合电能表使用的电源频率，我国的电源频率为工频 50 Hz。

4. 耗电计量参数

不同的电能表耗电计量参数单位不同。转盘式感应系电能表的计量参数单位是转/千瓦时，即 r /(kW·h)，其含义是用电器每消耗 1 kW·h 的电能，电能表的铝盘转过的圈数。电子式电能表的计量参数单位是 imp/(kW·h)，表示用电器每消耗 1 kW·h 的电能，电能表产生的脉冲数。

另外，电能表还有工作环境温度、湿度参数以及精度等级等参数。

二、电能表的选择

1. 电压参数的选择

根据用电器工作电压选择电能表的电压参数。如果用电器使用的是 220 V 的电源，就选用标定电压 220 V 的电能表，否则，就选用标定电压 380 V 的电能表。

2. 电流参数的选择

电流参数取决于电路负荷的大小。电路的负荷可以根据电路中用电器的总功率进行计算。随着大功率家用电器数量的不断增加，在选择电能表电流参数时应留有余量，以便日后增加大功率用电器时仍能正常使用。

3. 直接接入式电能表的选择

在低电压（不超过 500 V）和小电流（几十安）的情况下，可采用直接接入式电能表。直接接入式的电能表，其标定电流应根据额定最大电流和过载倍数来确定，而额定最大电流应按电路的负荷容量来确定。过载倍数，对于正常运行中的电能表，其实际负荷电流达到最大额定电流的 30% 以上的，取 2 倍表；实际负荷电流低于 30% 的，取 4 倍表，居民配表一般都选用 4 倍表，即 5(20)A 表。

三、电能表的使用注意事项

电能表的使用注意事项如下：

① 在高电压或大电流的情况下，电能表不能直接接入线路，需要配合电压互感器和电流互感器使用。

② 负载的用电量要在电能表额定值的 10% 以上，否则计量不准。因此，电能表的额定值不能选得太大，选得太大浪费容量，造成成本上升；电能表的额定值也不能选得太小，选得太小，甚至有时根本带不动铝盘转动，同时也容易烧坏电能表。

③ 电能表的使用寿命一般为 6 年，按照国家规定，每 6 年电能表要进行一次检验、调校、更换等，以保证用电安全。

四、电能表的接线原则

电能表的接线原则是：电流线圈与负载串联、电压线圈与负载并联。

直接式单相电能表共有 4 个接线柱，从左到右 1、2、3、4 编号。一般接线方法如下：1、3 接线柱接电源进线，2、4 接线柱接电源出线，如图 4-2-3 所示。

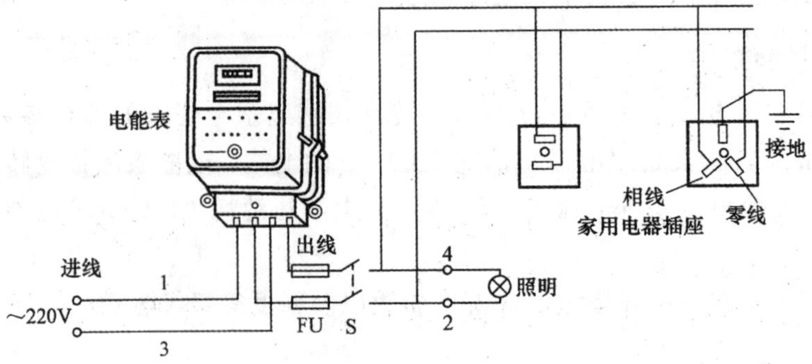

图 4-2-3 直接式单相电能表接线图

有些单相电能表的接线方法为 1、2 接线柱接电源进线，3、4 接线柱接电源出线，具体的接线方法应参照电能表接线柱盖上标明的接线图进行接线。

五、电能表的安装要求

① 电能表应按设计装配图规定的位置进行安装，不能安装在高温、潮湿、多尘及有腐蚀气体的地方。

② 电能表必须垂直于地面安装，表的数字显示部分离地面高度应在 1.4 ~ 1.5 m 之间。

③ 电能表总线必须明线敷设，采用线管安装时，线管也必须明装。导线在进入电能表时，一般以“左进右出”原则接线。

④ 电能表在使用时，电路不允许短路及过载（不超过额定电流的 125%）。

六、电能表的安装步骤和操作要点

在实训室的网孔板上模拟安装电能表的步骤和操作要点如下：

① 检测元器件质量。用数字式万用表的蜂鸣挡或指针式万用表的电阻挡对低压断路器进行通、断检测，检测低压断路器的质量是否完好。

检测方法：将低压断路器的开关手柄置于 OFF 状态时，万用表的表笔分别置于上、下两个接线柱，此时万用表无蜂鸣声，显示数字“1”；开关手柄置于 ON 状态时，万用表发出蜂鸣声，显示数字“0”，表明低压断路器质量完好。

② 电能表、低压断路器定位划线。按照配电箱在网孔板上的安装位置，确定位置尺寸，进行划线定位。为了布局美观、配线方便，对两个低压断路器和电能表的尺寸要求是：低压断路器 1 距上边为 210 mm、距左边为 160 mm；电能表距上边 210 mm、距左边 370 mm；低压断路器 2 距上边 210 mm、距左边 540 mm。

③ 固定电能表。用螺钉将电能表固定在网孔板的划线位置，并检查安装是否牢固，安装位置是否正确。

④ 安装并固定元器件。将低压断路器安装在导轨上。安装方法：将开关带弹簧的一端先嵌入导轨的一侧，再将另一端压入导轨中，并检查安装是否牢固，安装位置是否正确。

⑤ 电能表接线。按照导线走线和接线要求，将电源导线接到电能表的相应端口，完成电能表的接线。

⑥ 根据任务书上的接线图检查接线是否正确，电能表和低压断路器的安装是否牢固、安装位置是否正确。

七、电能表的维护检修

① 电能表铭牌标志应清晰，能防紫外线辐射，不褪色，并符合《静止式单相交流有功电能表使用导则》（DL/T830—2002）的要求。标志、年检标签应符合国家标准或有关技术条件的规定（使用中的电能表检定周期不得超过一年，如有特殊情况可随时送检）。

② 电能表应外壳完好，铅封应完整，表盖密封防尘或未出现可能影响产品性能的损坏。电能表接线正确，端子紧固，用电负荷不应长时间超过电能表额定值，运行中不能有焦煳味。

③ 铝盘机械式电能表，有轻微的“嗡嗡”声，属于正常现象。但是如果表内发生不规则的杂乱响声，则是表内部的某些配件老化、电磁场部分元件松动，或转动齿轮缺油等原因所引起，应及时送检或换新表。

④ 当电能表处于严重超负荷运行时，也会产生不规则的响声，应及时关闭部分用电器，以防损坏电能表。铝盘机械式电能表的电源电压为额定值的 80% ~ 110% 时，电能表铝盘的转动不会超过一圈属于正常范围，但若铝盘微微转动不止，则说明电能表线路存在漏电，应检查处理。如果不存在漏电，说明电能表自身有故障，应及时送检或更换新表。

⑤ 电能表是一种精密计量仪表，它在出厂前都经过严格校验，灵敏度和可靠性、稳定性应达到要求。电子式电能表在功率因数为 1 和电流为 1 A 以上时，应能启动并连续记录。当用某种方法使电能表停止计数后，显示数字应不再变化，否则应送检。电子式电能表施加 115%的额定电压而无电流时，不应输出多于 1 个脉冲，否则应送检。

⑥ 电子式电能表的电池应采用环保产品，电池容量≥1 A·h，断电后可维持电能表内部程序和时钟连续运行 5 年以上，使用寿命>10 年。不允许使用可充电电池。

【知识拓展】

三相电能表

1. 三相电能表的分类

① 按接线数量分类：分为三相三线制和三相四线制。

② 按接线方式分类：分为直接式和间接式。

常用的直接式三相电能表的规格有 10 A、20 A、30 A、50 A、75 A 和 100 A 等多种，一般用于电流较小的电路上。间接式三相电能表常用的规格是 5 A，与电流互感器连接后，用于电流较大的电路。

2. 直接式三相四线制电能表的接线

直接式三相四线制电能表共有 11 个接线柱，从左到右按 1、2、3、4、5、6、7、8、9、10、11 编号，其中 2、5、8 是电源相线的进线柱，用来连接从总熔断器引出来的三根相线。3、6、9 是相线的出线柱，分别连接总开关的三个进线柱，如图 4-2-4 所示。

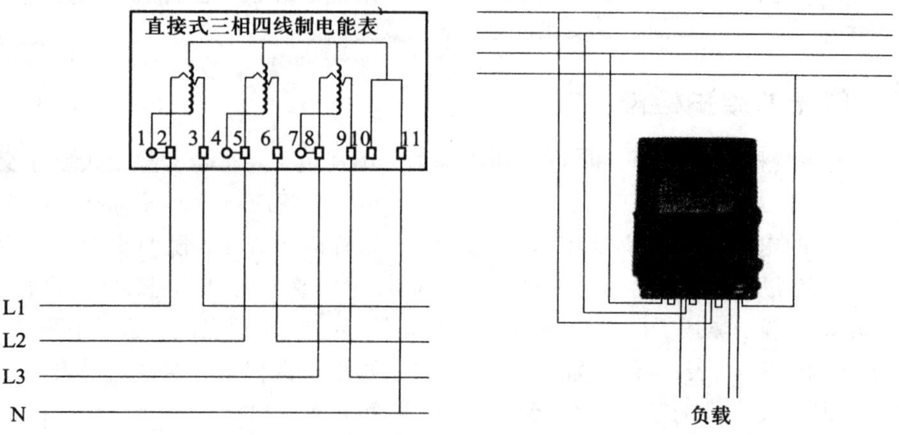

图 4-2-4 直接式三相四线制电能表接线图

3. 直接式三相三线制电能表的接线

直接式三相三线制电能表共有 8 个接线柱，其中 1、4、6 是电源的相线进线柱，3、5、8 是相线的出线柱，如图 4-2-5 所示。

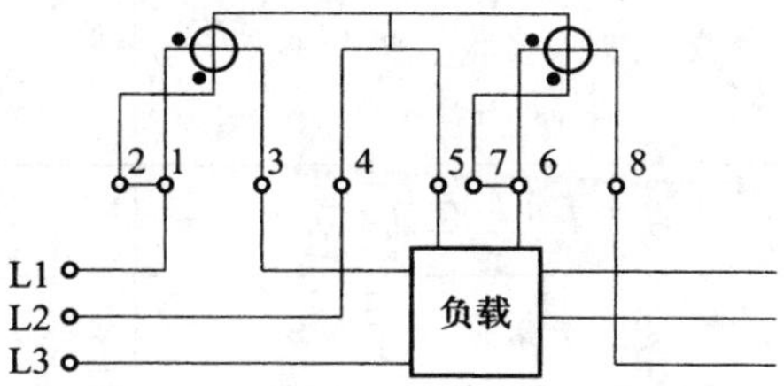

图 4-2-5　直接式三相三线制电能表接线图

【巩固练习】

1. 电能表的主要参数有哪些?
2. 电能表的使用注意事项有哪些?
3. 电能表的接线原则是什么?
4. 电能表有哪些安装要求?

技能要求

【工作任务】 电能表安装。

【任务描述】 学生根据任务书的要求，按照电能表的安装步骤和操作要点，2 人 1 组，现场安装 1 台电能表，做到操作安全、规范。

【任务实施】

1. 准备工作

① 人员组织：将班级学生分为 2 人 1 组，每次同时考核 10 ~ 20 组。

② 设备准备：低压断路器、电能表、各种规格型号导线若干，设备数量应能满足 20 组学生同时操作。

③ 资料准备：评分表 1 张，记录笔 1 支。

2. 实际操作

① 考核人员：2 人/组。

② 考核时间：50 min。

③ 考核标准：

评分表

第______小组　　　　学生姓名______________________　　　　总评分____________

项目及配分		考核内容及评分标准	自评分 30%	小组评分 30%	教师评分 40%
考核程序	50分	1. 元器件质量检测。方法错误，每处扣5分；顺序错误，每处3分。			
		2. 电能表定位划线。电能表定位位置错误扣5分。			
		3. 电能表固定。固定方法错误，扣5分。			
		4. 安装并固定元器件。安装方法错误，每处扣5分；固定方法错误，每处扣3分。			
		5. 电能表外部接线。接线方法错误，每处扣5分；顺序错误，每处扣3分。			
		6. 通电前的检查。通电前没有检查，直接判定为不合格；检查方法错误，每处扣5分。			
考核质量	30分	1. 元器件质量检测。操作不熟练、迟疑，每处扣3分。			
		2. 电能表定位划线。定位划线不标准、不规范，酌情扣1～3分。			
		3. 电能表固定。操作不规范、不标准，酌情扣1～3分。			
		4. 安装并固定元器件。操作不规范、不标准，每处扣3分。			
		5. 电能表外部接线。接线操作不规范、不标准，或不符合工艺要求，酌情每处扣1～3分。			
		6. 通电前的检查。检查不熟练、检查程序有问题或检查不规范、不标准，每处扣2分。			
考核时间	10分	考核总时间为50 min，每超时1 min扣2分，超时5 min及以上停止考核。			
安全规章	10分	遵章守纪，具有团结协作精神，仪容仪表应符合安全文明生产要求。团结协作精神缺乏，酌情扣1～5分；出现人员身体伤害，停止考核；着装不合要求，取消考核资格。			
合计	100分				

任务三　照明线路暗装开关的安装

【学习目标】

一、知识目标

1. 掌握照明开关的安装要求和方法。
2. 掌握照明开关的安装注意事项。
3. 熟悉照明开关的选用方法。
4. 熟悉照明开关的种类。

二、技能目标

1. 能熟练安装单控照明线路暗装开关。
2. 具有正确选用照明开关的能力。

三、素质目标

1. 培养安全意识，牢固树立“安全第一”的作业思想。
2. 培养“按章操作、操作规范严谨”的工作作风。
3. 培养团结协作的精神。

知识要求

【知识要点】

一、照明开关的概念

照明开关是指为家庭、办公室、公共娱乐场所等设计的，用来隔离电源或按规定能在电路中接通或断开电流或改变电路接法的一种电路控制装置。简单地说，照明开关是用来接通和断开照明线路的电源的一种低压电器。

二、照明开关的作用

照明开关的主要作用是接通和断开照明线路的电源，同时也有装饰和美化家居环境的作用。照明开关不仅是一种家居装饰功能用品，更是控制照明用电安全的主要零部件，其产品质量、性能材质对于预防火灾、降低损耗都有至关重要的决定性作用。

三、照明开关的工作原理

照明开关是人们经常使用的电气器具，它是一种可以接通、分断以及转接电路的电子元件，有一个或数个触点；开关闭合表示导通电路，开关断开表示截止电路。

四、照明开关的种类

照明开关的种类很多，根据照明开关的结构一般分为拉线开关和平开关两大类。

(一) 拉线开关

拉线开关的结构是由拉线开关盒和拉线组成，对电源的接通和断开是用线绳拉动拉线盒内的触点来实现的。

拉线开关由于操作时拉线容易被拉断、安装后与居室不相协调等原因,目前已经逐渐被淘汰。

（二）平板开关

平板开关的结构是由开关盒和平板触点组成，对电源的接通和断开是用按压平板触点来实现的。

平板开关由于美观大方、安装便捷、使用方便等特点，得到了广泛应用。现在市场上的平板开关的种类、分类方法及样式比较多，常见的平板开关有以下几种：

1. 按面板型号分类

照明开关按面板型号可以分为：86 型、118 型、120 型、146 型和 75 型。家庭装修应用最多的有 86 型和 118 型。

86 型照明开关的面板外形尺寸为 86 mm × 86 mm，外观为正方形。86 型照明开关为国际标准，是目前我国大多数地区最常用的开关，其结构如图 4-3-1 所示。

118 型照明开关的面板外形尺寸为 70 mm × 118 mm，是一种横装的长条开关，分为大、中、小三种型号，它的功能件（开关件、插座件、电话件、电视件、计算机件）与面板可以随意组合，如长三位、长四位、方四位。118 型照明开关的优势在于风格比较灵活，可以根据自己的需要和喜好调换颜色，拆装方便，风格自由。118 型照明开关主要在日本和韩国采用，其结构如图 4-3-2 所示。

120 型照明开关的面板外形尺寸为 120 mm × 78 mm，是一种竖装的长条开关，在我国部分地区广泛应用，其结构如图 4-3-3 所示。

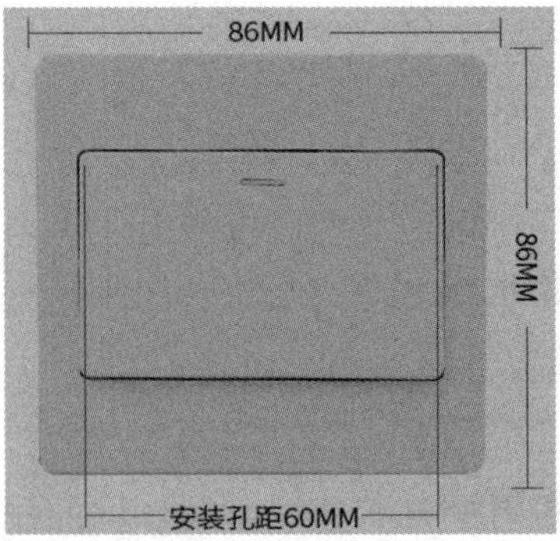

图 4-3-1　86 型照明开关

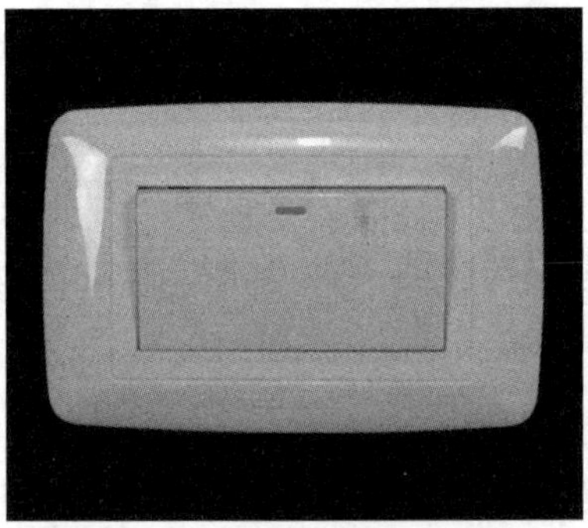
图 4-3-2　118 型照明开关

图 4-3-3　120 型照明开关

2. 按启动方式分类

照明开关按启动方式可分为：跷板开关、旋转开关、按钮开关、声控开关、光控开关、触屏开关、倒板开关等，其中，跷板开关和按钮开关又称为按键开关。常用的照明开关有跷板开关、旋转开关和按钮开关。

跷板开关的操作原理是利用跷板的两个相互排斥的位置，来实现接通和断开电源电路。跷板开关的结构如图 4-3-4 所示。

旋转开关的操作原理是利用旋钮两个端点的旋转位置，来实现接通和断开电源电路。旋转开关的结构如图 4-3-5 所示。

按钮开关的工作原理与跷板开关基本相同，只是将跷板换成了按钮。按钮开关的结构如图 4-3-6 所示。

图 4-3-4　跷板开关

图 4-3-5　旋转开关

图 4-3-6　按钮开关

3. 按安装方式分类

照明开关按安装方式分为：明装式平板开关和暗装式平板开关两种。

开关的明装是指将开关直接安装在墙面、木板面上的安装方式。由于明装开关比较明显，影响居室美观，因此，较少采用。

开关的暗装是指将开关盒埋入墙面、地面等建筑物内，开关面板与墙面、地面水平的安装方式。这种安装方式由于隐蔽，不影响居室美观，深受大众喜爱，得到了广泛应用。

4. 按开关连接方式分类

照明开关按其连接方式可分为：单极开关、两极开关、三极开关、三极加中线开关、有公共进入线的双路开关、有一个断开位置的双路开关、两极双路开关、双路换向开关（或中向开关）等。

5. 按防水等级分类

照明开关按进水的防护等级分为：普通防护等级开关（插座）、防溅型防护等级开关（插座）、防喷型防护等级开关（插座）。

6. 按接线端子分类

照明开关按接线端子分为：螺丝外露和不外露两种。选择螺丝不外露的开关更安全。

7. 按开关触头的断开情况分类

照明开关按开关触头的断开情况分类，可分为：正常间隙结构开关和小间隙结构开关。正常间隙结构开关，其触头分断间隙$\geqslant$3 mm；小间隙结构的开关，其触头分断间隙$<$3 mm，但必须$>$1.2 mm。

五、照明开关的选用

照明开关的选用应遵循一定的原则，首先应考虑安全，即以使用安全为目的进行选择；其次要考虑安装方便，以节约成本；再就是要考虑使用方便，即要照顾到所有使用开关人的操作方便；最后还要考虑节约成本，在同样条件下，越经济实用越好。

① 开关面板的尺寸应与预埋的开关接线盒的尺寸一致。

② 一般进门开关建议使用带提示灯，为夜间使用提供方便。

③ 安装于卫生间的照明开关宜与排气扇共用，采用双联防溅带指示灯型，开关装于卫生间门外则选择带指示灯型；过道及起居室的部分开关应选用带指示灯型的两地双控开关。

④ 楼梯间开关选用节能延时开关，其种类较多，通过近几年的使用经验，已不宜采用声控开关，因为不管在室内还是室外，有声音达到其动作值时，声控开关动作，灯亮，而这时楼梯间可能并无人，无须灯亮。

六、照明开关的安装位置

① 如无特殊要求，在同一套房内，开关离地 1 200 ~ 1 500 mm 之间，距门边 150 ~ 200 mm 处，与插座同排相邻安装应在同一水平线上，并且不被推拉门、家具等物遮挡。

② 进门开关位置的选择要根据用户习惯而定。

③ 厨房、卫生间的开关宜安装在门外开门侧的墙上。镜前灯、浴霸宜选用防水开关，设在卫生间内。

④ 为了使生活舒适方便，客厅、卧室应采用双控开关。卧室的一个双控开关安装在进门的墙上，另一个双控开关安装在床头柜上侧或床边较易操作的部位。比较大的客厅两侧，可各安装一个双控开关。

⑤ 厨房安装带开关的电源插座，以便及时控制电源通断。

⑥ 梳妆台应加装一个开关。

⑦ 阳台开关应设在室内侧，不应安装在阳台内。

⑧ 餐厅的开关一般应选在门内侧。

⑨ 客厅的单头或吸顶灯，可采用单联开关。多头吊灯，可在吊灯上安装灯光分控器，根据需要调节亮度。

⑩ 书房照明灯光若为多头灯，应增加分控器，开关可安装在书房门内侧。

⑪ 开关安装的位置应便于操作，不要安装在门背后等距离狭小的地方。

七、照明开关的安装要求

① 安装前应检查开关规格型号是否符合设计要求，并有产品合格证，同时检查开关操作是否灵活。

② 用万用表 R×100 挡或 R×10 挡检查开关的通断情况。

③ 用绝缘电阻表摇测开关的绝缘电阻，要求不小于 2 MΩ。摇测方法是：一条测试线夹在接线端子上，另一条测试线夹在塑料面板上。由于室内安装的开关数量较多，电工可采用抽查的方式对产品绝缘性能进行检查。

④ 开关用于切断相线，即开关一定要串接在电源相线上。

⑤ 同一室内的开关高度误差不能超过 5 mm，并排安装的开关，高度误差不能超过 2 mm，开关面板的垂直允许偏差不能超过 0.5 mm。

⑥ 开关必须安装牢固。面板应平整，暗装开关的面板应紧贴墙壁，且不得倾斜，相邻开关的间距及高度应保持一致。

⑦ 安装在同一建筑物内的开关，宜采用同一系列的产品，开关的通断位置应一致，且操作灵活、接触可靠。

八、暗装开关的安装步骤和操作要点

(一) 检查开关

在安装前，应清理接线盒内的污物，检查盒体有无变形、破裂、水渍等易引起安装困难及触电事故的遗留物。

(二) 连接接线暗盒内导线

将电源导线、负载（灯具）导线与开关接线暗盒内的接线端子进行正确连接，并连接牢固。将接线盒中留好的导线理好，留出足够的操作长度，应长出盒沿 100 ~ 150 mm。注意不要留得过短，否则很难接线；也不要留得过长，否则很难将开关装进接线盒内。

接线时，应先用剥线钳将导线的绝缘层剥去 10 mm，把线头插入接线孔，用小螺丝刀把压线螺钉旋紧。

(三) 固定接线暗盒

接线后，通过暗盒螺钉将底板固定在接线暗盒上，注意一定要连接牢固；然后盖上盖板，将盖板卡装在底板上。需要拆卸时可通过卸盖槽，使用一字形螺丝刀将盖板撬开。

(四) 安装面板

开关面板分为两种，一种是单层面板，面板两边有螺钉孔；另一种是双层面板，先将下层面板固定好后，再盖上第二层面板。

1. 单层开关面板的安装方法

先将开关面板后面固定好的导线理顺盘好，把开关面板压入接线盒。注意，压入前应先检查开关的操作方向。按压翘板的下部，翘板上部凸出时，为开关接通，灯亮的状态；按压翘板的上部，翘板下部凸出时，为开关断开，灯灭的状态。再把螺钉插入螺钉口，对准接线盒上的螺母旋入。在螺钉旋紧前应注意检查面板是否平齐，旋紧后，面板上边要水平，不能倾斜。

2. 双层开关面板的安装方法

双层开关面板的外边框是可以拆卸的，安装前先用平口改刀把外边框撬下来，把底层面板先安装好，再把外边框卡上去。

(五) 检查通电

暗装照明开关安装好后，应用万用表仔细检查照明线路中各种电气设备元件是否安装完备，确认电路连接正确后，才能通电。

九、照明开关的安装注意事项

① 不要把开关安装在太靠近水的地方，安装在开放式阳台、卫生间的开关应配置专用的防溅盖。

② 开关安装应牢固，同时还要注意美观，开关面板应端正，成排安装的开关，高度应一致。

③ 安装时，应注意零线不能与开关触点相连接，只有相线才可与开关触点相连。也就是说，开关开断的线路是相线（即火线）线路。

【巩固练习】

1. 照明开关有哪些种类？
2. 怎样选用照明开关？
3. 照明开关的安装要求有哪些？
4. 暗装开关的安装步骤和操作要点有哪些？
5. 照明开关安装有哪些注意事项？

技能要求

【工作任务】 照明线路暗装开关的安装。

【任务描述】 学生根据照明线路暗装开关的安装步骤和操作要点，2 人 1 组，现场安装 1 组单控暗装开关，做到操作安全、规范。

【任务实施】

1. 准备工作

① 人员组织：将班级学生分为 2 人 1 组，每次考核 1 组。

② 设备准备：86 型开关、各种规格导线、电工工具，设备数量应能满足 20 组学生同时操作。

③ 资料准备：评分表 1 张，记录笔 1 支。

2. 实际操作

① 考核人员：2 人/组。

② 考核时间：30 min。

③ 考核标准：

评分表

第______小组 学生姓名______________________ 总评分____________

项目及配分		考核内容及评分标准	自评分 30%	小组评分 30%	教师评分 40%
考核程序	50 分	1. 检查开关。未检查，扣 5 分。			
		2. 连接接线暗盒内导线。方法错误，扣 5 分。			
		3. 固定接线暗盒。方法错误，扣 5 分。			
		4. 安装面板。方法错误，扣 5 分。			
		5. 检查通电。未检查，扣 5 分；方法错误扣 5 分；顺序错误扣 5 分。			
考核质量	30 分	1. 检查开关。检查缺项，每缺一项扣 1 分。			
		2. 连接接线暗盒内导线。接线不牢固，每处扣 2 分。			
		3. 固定接线暗盒。固定不牢固，每处扣 2 分。			
		4. 安装面板。固定不牢固，每处扣 2 分。			
		5. 检查通电。检查漏项，每漏一项扣 2 分。			
考核时间	10 分	考核总时间为 30 min，每超时 1 min 扣 2 分，超时 5 min 及以上停止考核。			
安全规章	10 分	遵章守纪，具有团结协作精神，仪容仪表应符合安全文明生产要求。团结协作精神缺乏，酌情扣 1～5 分；出现人员身体伤害，停止考核；着装不合要求，取消考核资格。			
合计	100 分				

任务四　单相电源插座的安装

【学习目标】

一、知识目标

1. 掌握电源插座的安装方法。
2. 掌握电源插座的安装注意事项。
3. 熟悉电源插座的分类方法。
4. 熟悉常用电源插座的规格型号。
5. 了解电源插座的工作原理。

二、技能目标

1. 能独立安装单相电源插座。
2. 能正确使用单相电源插座。
3. 具有与他人合作安装电源插座的能力。

三、素质目标

1. 培养安全意识，牢固树立“安全第一”的作业思想。
2. 培养按章操作、操作规范严谨的工作作风。
3. 培养团结协作的精神。

知识要求

【知识要点】

一、插座的概念

插座是指有一个或一个以上电路接线可插入的座，通过它可插入各种接线，这样便于与其他电路接通。插座又称电源插座、开关插座。插座是各种移动电器的电源接口，广泛应用于民用和工业生产中，特别是家居生活中，插座的应用最为频繁，比如住宅内的照明电器和家用电器（空调、电冰箱、电视机、洗衣机、电饭煲、微波炉、消毒柜、计算机等），都要用到插座。

插座的工作原理是：通过线路与铜件之间的连接与断开，实现该部分电路的接通与断开。

二、电源插座的分类

(一) 按用途分类

电源插座按照用途可以分为民用插座、工业用插座、防水插座、普通插座、计算机插座、电话插座、视频音频插座、USB 插座等。

(二) 按使用方式分类

电源插座按照使用方式可以分为固定式插座和移动式插座两种。

1. 固定式插座

固定式插座是指固定安装在墙上或木板上，用于与固定布线连接的插座，一般适用于家庭、办公室、工厂等需要固定使用电器的地方。固定式插座如图 4-4-1 所示。

2. 移动式插座

移动式插座是指可以连接到软缆（软导线）上或与软缆（软导线）构成整体的而且在使用时易于从一个地方移到另一个地方的插座。移动式插座如图 4-4-2 所示。

图 4-4-1 固定式插座

图 4-4-2 移动式插座

(三) 按相数分类

电源插座按照可连接三相电的相数分为单相插座和三相插座两种。

1. 单相插座

单相插座是指只能连接一相电源的插座，目前所有的民用插座都是单相插座，它的应用最为广泛。单相插座常见的有两孔插座、三孔插座两种。两孔插座适用于外壳不需要接地的移动电器，三孔插座适用于外壳需要接地的移动电器。单相插座如图 4-4-3 所示。

如图 4-4-3 单相插座

2. 三相插座

三相插座是指可以同时连接三相电源的插座，三相插座一般为三相四孔插座。目前三相插座一般用于工业生产中使用的三相用电电气设备，比如用于动力设备。而由于民用电气设备都为单相电源，因此一般没有采用三相插座，本书仅讨论单相插座。

(四) 按安装方式分类

电源插座按安装方式可分为明装插座和暗装插座两种。

1. 明装插座

明装插座是指将插座直接安装在墙面、木板面上的安装方式。由于明装插座安装比较明显，容易造成人体的无意触碰（特别是儿童），从而形成触电事故，具有一定的危险性，同时也影响居室美观，因此，在家居中较少采用。

2. 暗装插座

暗装插座是指将插座盒埋入墙面、地面等建筑物内，插座面板与墙面、地面水平的安装方式。这种安装方式由于隐蔽，不影响居室美观，深受人们的喜爱，得到了广泛应用。

暗装插座常用的规格型号有 86 型、118 型和 120 型，如图 4-4-4 所示。

（a）86 型暗装插座　（b）118 型暗装插座　（c）120 型暗装插座

图 4-4-4　暗装插座实物图

随着家用移动电气设备的发展，移动电气设备的种类越来越多，人们对插座的要求就越来越高，出现了将插座和开关连接在一起，形成一体式的开关插座，这极大地方便了人们的使用。目前，开关插座的应用得到了广泛推广。开关插座如图 4-4-5 所示。

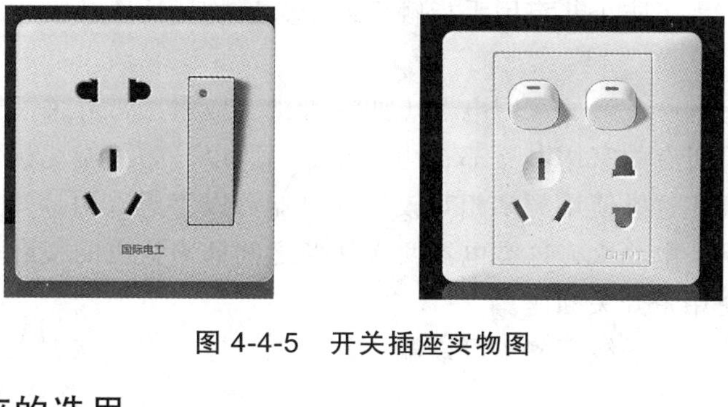

图 4-4-5　开关插座实物图

三、电源插座的选用

电源插座虽然不像家电一样是“大件”，却关系家庭日常安全，而且是保障家庭电气安全的第一道防线，所以在选择电源插座的时候绝对不能马虎。特别提醒：不同场所应根据安全要求和用户需要，选择不同种类、不同规格的电源插座。

电源插座的选用方法如下：

(一) 根据生产厂家选择

电源插座应采用经国家有关产品质量监督部门检验合格的产品。电源插座的选择应首选品牌电源插座。据不完全统计，国内有 1 500 多家企业生产电源插座产品，产品之间的质量差别巨大，由于许多普通消费者并不具备鉴别产品优劣的方法，加上对电源插座品牌的认识有限，给部分不法商人带来生存空间，部分假冒伪劣产品流入市场。当然，不少大企业都是很注意自己的品牌形象，对产品质量的要求较高，售后服务相对也有保障，品质保证通常都会不少于 12 年。所以，为了用得放心，电源插座最好选择大公司或信誉较好的品牌，并经国家有关产品质量监督部门检验合格的产品。一般应采用具有阻燃材料的中高档产品，不应采用低档和伪劣假冒产品。

(二) 根据插座外观选择

电源插座的面板应该颜色均匀，表面光洁，无凹陷、杂色，无气泡、污渍、裂纹、肿胀、缺胶、变形、刮伤、缩水等缺陷。金属件无毛刺、裂痕、腐蚀痕迹、生锈及螺丝头损伤等不良情形。

(三) 根据插座重量选择

选择电源插座时还应掂量一下分量。如果商家选用了薄铜片，感觉会较轻。而好的电源插座选用的铜片及接线端子通常会比较厚实，分量相对较重。铜件是电源插座关键的部分，也是识别假冒劣质产品的重点部位。

(四) 根据使用场所选择

选用电源插座时，应根据使用场所的不同，选择不同种类的电源插座。

住宅内用电电源插座应采用安全型插座，厨房和卫生间内经常会有水和油烟，插座面板上最好安装防溅水盒或塑料挡板，这样能有效防止因油污、水汽侵入引起的短路。因此，厨房和卫生间应采用防溅型插座。

有小孩的家庭，为了防止儿童用手指触摸或用金属物捅插座孔眼，家长最好选用带保险挡片的安全插座。

对于插接电源有触电危险的家用电器（如洗衣机）应采用带开关断开电源的插座。

另外，现在几乎所有的家用电器都有待机耗电。所以，为了避免频繁插拔，类似于洗衣机插座、电热水器插座这类使用频率相对较低的电器可以考虑选用带开关插座。

如果认为电饭锅、电热水壶这类电器两次任务之间插来拔去的很麻烦，可以考虑在厨柜台面的备用插座中使用带开关插座。

书房的计算机连一个插线板基本可以解决其用电问题，也可在书桌对面安装一个带开关的插座。

(五) 根据使用电器的额定电流选择

电源插座的额定电流应大于已知使用电器额定电流的 1.25 倍。一般单相电源插座额定电流为 10 A，专用电源插座为 16 A，特殊大功率家用电器，其配电回路及连接电源方式应按实际容量选择。

四、电源插座的安装

(一) 电源插座的安装位置

电源插座的安装位置必须符合安全用电的规定，同时要考虑将来用电器的安放位置和家具的摆放位置，以及与室内装修风格相协调，达到美化环境的作用。

为了插头插拔方便，室内电源插座的安装高度一般为 0.3 ~ 1.8 m，按使用需要，电源插座可以安装在设计要求的任何高度。

① 电源插座应安装在不少于两个对称墙面上，每个墙面的两个电源插座之间的水平距离不宜超过 2.5 ~ 3 m，距端墙的距离不宜超过 0.6 m。

② 无特殊要求的普通电源插座距地面 0.3 m 处安装，洗衣机专用插座距地面 1.2 ~ 1.5 m 处安装，并带指示灯和开关。

③ 空调应采用专用带开关电源插座。在明确采用某种空调的情况下，空调电源插座宜按下列位置布置：

a. 分体式空调电源插座宜根据出线管预留洞位置距地面 1.8 m 处设置。

b. 窗式空调电源插座宜在窗口旁距地面 1.4 m 处设置。

c. 柜式空调电源插座宜在相应位置距地面 0.3 m 处设置。否则按分体式空调考虑预留 16 A 电源插座，并在靠近外墙或采光窗附近的承重墙上设置。

④ 凡是设有有线电视终端盒或计算机插座的房间，在有线电视终端盒或计算机插座旁至少应设置 2 个五孔组合电源插座，以满足电视机、音响功率放大器或计算机等的需要，亦可采用多功能组合式电源插座（面板上至少排有 3 ~ 5 个不同的两孔和三孔插座），电源插座距有线电视终端盒或计算机插座的水平距离不少于 0.3 m。

⑤ 起居室（客厅）是人员集中的主要活动场所，家用电器点多，设计应根据建筑装修布置图布置插座，并应保证每个主要墙面都有电源插座。如果墙面长度超过 3.6 m 应增加插座数量；墙面长度小于 3 m，电源插座可在墙面中间位置设置。有线电视终端盒和计算机插座旁设有电源插座，并设有空调电源插座，起居室内应采用带开关的电源插座。

⑥ 卧室应保证两个主要对称墙面均设有组合电源插座，床端靠墙时，床的两侧应设置组合电源插座，并设有空调器电源插座。在有线电视终端盒和计算机插座旁应设有两组组合电源插座，单人卧室只设计算机用的电源插座。

⑦ 书房除放置书柜的墙面外，应保证两个主要墙面均设有组合电源插座，并设有空调电源插座和计算机电源插座。

⑧ 厨房应根据建筑装修的布置，在不同的位置、高度设置多处电源插座以满足抽油烟机、消毒柜、微波炉、电饭煲、电热水器、电冰箱等多种电炊具设备的需要。

参考灶台、操作台、案台、洗菜台布置，选取最佳位置设置抽油烟机插座，一般距地面 1.8 ~ 2 m。

电热水器应选用 16 A 带开关三线插座并在热水器右侧距地面 1.4 ~ 1.5 m 处安装，注意不要将插座设在电热器上方。

其他电炊具电源插座设置在吊柜下方或操作台上方之间，按不同位置、不同高度设置，插座应带有电源指示灯和开关。

厨房内放置电冰箱时应设置专用插座，在距地面 0.3 ~ 1.5 m 处安装。

⑨ 严禁在卫生间内的潮湿处，如淋浴区或澡盆附近设置电源插座，其他区域设置的电源插座应采用防溅式。

有外窗时，应在外窗旁预留排气扇接线盒或插座，由于排气风道一般在淋浴区或澡盆附近，所以接线盒或插座应距地面 2.25 m 以上安装。距淋浴区或澡盆外沿 0.6 m 处预留电热水器插座和洁身器用电源插座。

在盥洗台镜旁设置美容用和剃须用的电源插座，距地面 1.5 ~ 1.6 m 处安装。插座宜带开关和指示灯。

⑩ 阳台应设置单相组合电源插座，距地面 0.3 m。

（二）电源插座的接线原则

1. 单相两孔插座的接线

单相两孔插座有横向安装（横装）和竖向安装（竖装）两种。

（1）单相两孔横装插座的接线

单相两孔插座横向安装时，两个孔是横向排列的，面对插座的右孔应接相线（L 线），左孔应接零线（中性线 N），接线口诀为“左零右相（火）”，如图 4-4-6 所示。

图 4-4-6　单相两孔横装插座接线图

（2）单相两孔竖装插座的接线

单相两孔插座竖向安装时，两个孔是竖向排列的，面对插座的上孔应接相线（L 线），下孔应接零线（中性线 N），接线口诀为“上相（火）下零”，如图 4-4-7 所示。

2. 单相三孔插座的接线

单相三孔插座的面板上有三个孔，为上下、左右排列，呈三角形形状，上面一个孔，在中间位置；下面两个孔，呈左右分布，分别为右孔和左孔。

接线时，上孔（中间孔）接地线，也称为保护线 PE，下方的右孔接相线 N（火线），左孔接中性线 L。接线口诀为“左零右相（火）上 PE”或者“左零右相（火）中 PE”，如图 4-4-8 所示。

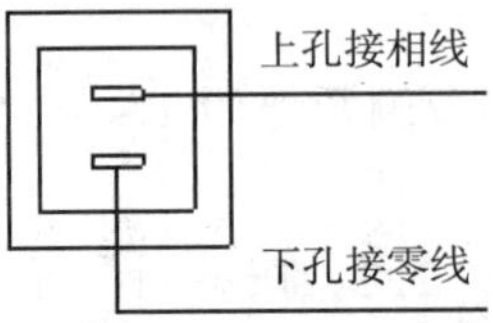

图 4-4-7　单相两孔竖装插座接线图

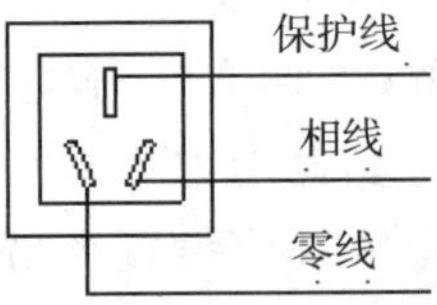

图 4-4-8　单相三孔插座接线图

(三) 电源插座的安装步骤和操作要点

1. 明装插座的安装

(1)安装木台座

明装插座应首先固定木台座，木台座的固定方法是：在插座安装位置划线定位，插座位置确定后，用电钻打孔，将木台座通过膨胀螺栓固定在相应位置上。固定应牢固、平整，木台座应无松动、破损等。

(2)安装插座盒

木台座安装好后，将插座用木螺钉拧在木台上。注意：插座盒的位置应在木台座的几何中心位置，插座盒与木台座的结合部位应密贴，插座盒固定应牢固、平整，插座盒应无松动、破损等。

(3)插座接线

根据插座接线方法，将导线与插座盒内的接线端子正确连接。注意：剥线时不要碰伤、损伤线芯，线芯不得外露、松散，线芯必须压紧，不得松动。

(4)安装插座面板

当接线完成后，将插座面板安装在插座盒上。插座面板与插座盒的连接方法一般有两种，一种是螺纹旋扣式，另一种是卡扣式。螺纹旋扣式插座面板的安装方法是将插座面板盖在插座盒上，并旋紧即可。卡扣式插座面板的安装方法是将插座面板盖在插座盒上，并扣紧即可。

2. 暗装插座的安装

暗装插座在安装前，应事先在安装位置的墙上开孔，并预埋暗装插座的接线盒（俗称“暗盒”），还应预埋一定长度的导线线头。

(1)预留导线剥线

将暗盒内预留的导线线头取出理顺，然后剥去导线端头 15 mm 左右的绝缘层，露出导线线芯。注意：剥线时不要碰伤、损伤线芯，线芯不得松散。

(2)导线接线

将已剥去绝缘层的导线线芯接入插座暗盒内相应的接线柱中，拧紧螺钉。注意：线芯不得外露，线芯与接线柱的连接应牢固；连接时不得将导线相线、零线和保护线（接地线）接错。

导线的连接方法是：先用试电笔找出相（火）线 L，然后关掉插座电源；将相线接入插座暗盒内的相线 L 接线柱上并连接牢固；找出零线 N，直接接入暗盒内的零线 N 接线柱，并连接牢固；找出保护线（地线）PE，直接接入暗盒中的 PE 接线柱内，并连接牢固。

注意：零线、保护线（地线）不能接错，否则插上用电设备，开关一开就会跳闸。

(3)插座面板安装

插座面板分为两种，一种是单层面板，面板两边有螺钉孔；另一种是双层面板，先将下层面板固定好后，再盖上第二层面板。

① 单层插座面板的安装方法：先将插座面板后面固定好的导线理顺盘好，把插座面板压入暗盒。注意：压入前应先检查插座的接线是否正确，检查完成后再把螺钉插入螺钉口，对准暗盒上的螺母旋入。在螺钉旋紧前注意检查面板是否平齐，旋紧后面板要安放平整，不能偏斜。

② 双层插座面板的安装方法：双层插座面板的外边框是可以拆卸的，安装前先用平口改刀把外边框撬下来，把底层面板先安装好，再把外边框卡上去。

（4）检查通电

暗装插座安装好后，应用万用表仔细检查插座中各种导线是否连接正确，确认导线连接正确后，才能通电。

(四) 插座安装注意事项

① 插座必须按照规定接线，对照导线的颜色对号入座，即相同颜色的导线连接在一起。相线要接在规定的接线柱上（标注有“L”字母的接线柱），单相两孔插座为“左零右相”。

② 单相三孔插座最上端的孔一定要与保护线（接地线）PE 接对、接牢、接实，绝不能接错，更不能不接或将零线与保护线（接地线）接为一个整体。

③ 接线一定要牢固，相邻接线柱上的导线要保持一定的距离，接头处不能有毛刺，以防短路。

④ 安装单相三孔插座时，必须是保护线孔（接地线孔）在上方，相线孔、零线孔在下方，不得倒装。

⑤ 插座的额定电流应大于所有家用电器的额定电流。

⑥ 卫生间等潮湿场所，不宜安装普通插座，应安装防溅水插座。

⑦ 空调应安装额定电流为 16 A 以上的插座（不能用 10 A 的普通插座），最好采用空调专用插座。

【知识拓展】

插座使用误区

随着家用电器的普及，家里电源插座的数量也逐渐增多。如果安装不当，将会成为埋在墙壁中的“隐形炸弹”。公安部的相关调查数据显示，我国近 10 年累计发生的火灾事故中，由于电源插座、开关、断路器短路等原因引发的火灾约占总数的近 30%，位居各类火灾之首。

1. 安装位置过低

很多家庭在安装插座时，觉得太高有碍美观，会装在较低的隐蔽位置。这样安装，容易在拖地时让水溅到插座里，从而导致漏电事故。业内规定，明装插座距地面最好不低于 1.8 m；暗装插座距地面不要低于 0.3 m。厨房和卫生间的插座应距地面 1.5 m 以上，空调的插座至少要 2 m 以上。

2. 随意安装

电源导线必须使用铜线横截面。如果住的是旧房子，一定要把原来的铝线换成铜线。因为铝线极易氧化，接头处容易打火。曾有调查显示，使用铝线的住宅，电气火灾发生率为铜线的几十倍。另外，很多家庭为了美观，会采用开槽埋线、暗管铺设的方式。因此，插座布线时一定要遵循“火线进开关，零线进灯头”的原则，还要在插座上设漏电保护装置。

3. 缺少防护

厨房和卫生间内经常会有水和油烟，所以，插座面板上最好安装防溅水盒或塑料挡板。

另外，一些装修公司在安装三孔插座时，经常让地线形同虚设，甚至直接把地线接到煤气管道上。专业人士指出，这些做法很危险，地线与电器外壳相连，一旦电器漏电，会导致人触电。

4. 插座共用

插座共用，是指在一个插座上共用两种或两种以上的电器，这种做法会使电器超负荷运行，从而引起火灾。空调、洗衣机、抽油烟机等大功率电器最好使用独立的插座。一般来说，卧室里最好安装 4 组插座，客厅每 2.5 m^2 一组，厨房每 1.2 m^2 一组。

5. 回路少

老房子只有一个回路，一旦任何线路短路，整个房间的用电会陷入瘫痪。一般来说，插座可选择三个以上回路，客厅和照明线路共用一个回路，厨房、卫生间各使用一个回路，空调单独使用一个回路。

6. 使用旧国标

万用孔插座，是指插孔以可同时兼容两极或三极，甚至是英标、美标、欧标这类非日常使用插头的插座。但此类插座因插孔较大，插座接片与电器插头接触面积过小，容易使接触片过热导致火灾事故的发生。

两芯插座从外形上看比较容易分辨，凡是插板上有三极插孔，但插座本身自带的插头上却只有两个插销的产品，都是两芯问题插座。这类插座缺少一根地线，在使用过程中，一旦电器内部某个绝缘部件损坏，电流将会布满整个电器表面，由于电流无法通过两芯插座导入地下，极易引发触电事故。

【巩固练习】

1. 电源插座按用途、使用方式和安装方式分别分为哪些种类？
2. 电源插座的选用方法有哪些？
3. 电源插座的接线原则有哪些？
4. 电源插座的安装注意事项有哪些？

技能要求

【工作任务】 暗装单相电源插座的安装。

【任务描述】 学生根据暗装单相电源插座的安装步骤和操作要点，2 人 1 组，现场安装 1 组电源插座，做到操作安全、规范。

【任务实施】

1. 准备工作

① 人员组织：将班级学生分为 2 人 1 组，每次考核 1 组。

② 设备准备：单相五孔插座、电工工具、各种规格颜色导线，设备数量应能满足 20 组学生同时操作。

③ 资料准备：评分表 1 张，记录笔 1 支。

2. 实际操作

① 考核人员：2 人/组。

② 考核时间：40 min。

③ 考核标准：

评分表

第______小组　　　　学生姓名______________________　　　　总评分____________

项目及配分		考核内容及评分标准	自评分 30%	小组评分 30%	教师评分 40%
考核程序	50 分	1. 预留导线剥线。方法错误扣 5 分，顺序错误扣 3 分。			
		2. 导线接线。方法错误扣 5 分，顺序错误扣 3 分。			
		3. 插座面板安装。方法错误扣 5 分，顺序错误扣 3 分。			
		4. 检查通电。未检查，考核不合格；检查方法错误，扣 10 分；测量仪表使用错误，每处扣 3 分。			
考核质量	30 分	1. 预留导线剥线。线芯长度不合规定，扣 3 分；线芯有损伤，扣 3 分。			
		2. 导线接线。线芯外露、接线不牢固，每处扣 2 分。			
		3. 插座面板安装。面板不平整、有倾斜每处扣 3 分。			
		4. 检查通电。检查项目有缺项和漏项，每处扣 3 分。			
考核时间	10 分	考核总时间为 40 min，每超时 1 min 扣 2 分，超时 5 min 及以上停止考核。			
安全规章	10 分	遵章守纪，具有团结协作精神，仪容仪表应符合安全文明生产要求。团结协作精神缺乏，酌情扣 1～5 分；出现人员身体伤害，停止考核；着装不合要求，取消考核资格。			
合计	100 分				

任务群五

室内照明线路安装与检修

任务一　办公室照明线路安装与检修

【学习目标】

一、知识目标

1. 掌握办公室照明线路的安装步骤和操作要点。
2. 掌握室内照明的方式。
3. 熟悉办公室照明的质量要求。
4. 熟悉办公室照明线路的检修方法。
5. 了解室内照明的种类。

二、技能目标

1. 具有与他人合作安装办公室照明线路的能力。
2. 能正确识读办公室照明电气原理图。
3. 具有独立加工制作线槽的能力。

三、素质目标

1. 培养安全意识，牢固树立“安全第一”的作业思想。
2. 培养“按章操作、操作规范严谨”的工作作风。
3. 培养团结协作的精神。

知识要求

【知识要点】

一、室内照明概述

(一) 室内照明的方式

室内照明方式是指照明设备按其安装位置或使用功能而构成的基本形式。一般情况下，室内照明方式可分为以下几种。

1. 一般照明

灯具比较规则地布置在整个被照场所的照明方式，称为一般照明（均匀照明）。

一般照明可以使整个被照场所都能获得均匀的水平照度，适合于工作位置密度很大而对光照方向无特殊要求的场所，或受生产技术条件限制，不适合装设局部照明或不必采用混合照明的场所，如仓库、某些车间、办公室、教室、会议室、候车室、营业大厅等。

2. 分区一般照明

根据不同区域对照度的不同要求，分区采用一般照明的布置方式。例如，工作区照度要求比较高时，灯具可以集中均匀布置，以提高其照度值；其他区域可采用局部照明的布置方式，如车间的组装线、运输带、检验场地等。

3. 局部照明

为了满足某些部位的特殊光照要求，在局部范围内或有限空间内，采用辅助照明设施的布置方式，称为局部照明，如车间内机床灯、商店橱窗内的射灯、卧室内的台灯等。

下列情况宜采用局部照明：

① 局部地点需要高照度或照射方向有要求时。

② 由于遮挡而使一般照明照射不到的范围。

③ 需要克服工作区及其附近的光幕反射时。

④ 需要削减气体放电光源所产生的频闪效应的影响时。

⑤ 视功能降低的人需要有较高的照度时。

但在整个工作场所或在一个房间内，不应只装设局部照明而无一般照明，因为这样会形成亮度分布不均匀而影响视觉功能。

4. 混合照明

由一般照明和局部照明共同组成的照明布置方式，称为混合照明。

混合照明是根据工作需要而设置的，它有利于提高照度、节约能源。混合照明适合于照度要求高、对照射方向有特殊要求、工作位置密度不大、单独采用一般照明不合理的场所，常用于商场、展览馆、医院、体育馆、车间等。

(二) 室内照明的种类

室内照明的种类有：正常照明、应急照明、值班照明、警卫照明、装饰照明和艺术照明等。

1. 正常照明

为满足正常工作而设置的室内照明称为正常照明。

正常照明起着满足人们基本视觉要求的功能，是照明设计中的主要照明。它一般可单独作用，也可与事故照明、值班照明同时使用，但控制线路必须分开。

2. 应急照明

在正常照明因故障熄灭后，可供事故情况下继续工作或安全通行、安全疏散的照明称为应急照明。

应急照明灯宜布置在可能引起事故的设备、材料的周围，以及主要通道出入口处；应急照明还应采用能瞬时点亮的可靠光源，一般采用节能灯或卤钨灯。

3. 警卫照明

根据警卫任务需要而设置的照明称为警卫照明。

4. 值班照明

在非工作时间内，供值班人员使用的照明称为值班照明。

值班照明可利用正常照明中能单独控制的一部分或利用事故照明的一部分或全部作为值班照明。值班照明应该有独立的控制开关。

5. 装饰照明

为美化、装饰或烘托某一特定空间环境而设置的照明称为装饰照明。

6. 艺术照明

通过运用不同的灯具、不同的投光角度和不同的光色，制造出一种特定的空间气氛的照明称为艺术照明。

二、办公室照明

办公室是人们长期进行公务活动的场所。由于计算机的广泛应用，使现代办公室彻底改变了传统办公室的工作方式及组合结构；大型写字楼、商务中心的出现，使办公室从单一封闭的小空间发展到大小结合、以具有较大适应性和灵活性的大空间为主的多种空间组合（即我们通常所说的“景观办公室”）。

办公室的平面布置、空间组合及室内环境设计都在发生着根本性的变化，办公室的照明设计不仅要考虑有足够的工作照明，还要考虑适应这些变化，创造一个舒适的视觉环境。

（一）办公室照明的质量要求

1. 有较高的照度水平

办公室是工作人员长时间从事近距离视觉作业的地方，因此办公室应有较高的照度。较高的照度和亮度能给人带来开心、愉快的感觉，有利于人们提高工作效率；同时也要求相对视度水平基本满足精细阅读的要求。我国《民用建筑照明设计标准》给出了办公楼建筑照明的照度标准，见附表 5。

2. 亮度分布要合理

办公室照明同其他空间照明一样，在满足照度要求的同时，也要考虑整个环境的亮度分布的合理性。

一般情况下，如果室内亮度差别太大，会引起视觉适应的问题，极端情况下会产生眩光；相反，亮度差别太小，空间就会显得呆板，易使人产生郁闷的感觉。所以办公室照明在满足一般照度要求的基础上，适当地提高墙面、地面的反光度，增加台面及局部照明是很有必要的。一般情况下，其亮度比值见表 5-1-1。

表 5-1-1　亮度比值表

场所	亮度比值
工作对象与周围环境之间（例如：书与桌子之间）	3∶1
工作对象与离开它的表面之间（例如：书与地面或墙壁之间）	5∶1
灯具或窗与其附近之间	10∶1
在普通视野内	30∶1

3. 应有防止眩光的措施

办公室是进行视觉工作的场所，特别是配有视频显示屏幕的办公室，眩光问题就尤为重要。防止直射眩光的方法可参考本书“任务群一”中的“任务二”的相关内容。

（1）防止反射眩光的方法

① 使视觉工作对象不处在也不接近任何照明光源同眼睛形成的镜面反射角内，因此，在确定照明方式和选择布灯方案时，力求使工作照明来自适宜的方向。

② 使用发光表面面积大、亮度低的灯具。

③ 视觉工作对象和工作房间内尽量采用无光泽的表面。

④ 采用在视线方向反射光通小的特殊配光灯具（如蝙蝠翼配光灯具等）。

（2）防止光幕反射的方法

光幕反射是当反射眩光产生在阅读或书写的作业面上时所产生的反射。这是办公室和教室特有的照明质量问题，防止光幕反射通常采用以下方法：

① 采用间接照明的方式。

② 按明暗分布设置办公桌。

③ 采用保护角较大的格栅荧光灯。

④ 使显示屏背景保持一定的亮度。

⑤ 不要让直接照明的光线进入眼内。

4. 尽量利用自然光

阳光使室内生机盎然、充满活力，振奋人的精神；利用阳光还能节约能源。

办公室在白天的利用率最高，故照明应优先选用自然光。但自然光不是稳定的，会随着时间、气候以及窗口面积的大小、窗口位置的变化而变化，因此，可采取自然光与人工照明相结合的方式，充分利用自然光，创造出活泼自然、富有生机的光环境。

（二）办公室照明的照度要求

1. 一般办公室照明

一般办公室泛指没有特殊要求的以文字处理为主的工作场所，设计时考虑满足最低照度即可。

小房间办公室照明大多是采用吸顶式普通荧光灯。装饰较好的办公室，一般注重气氛，常采用建筑装饰灯具；工作面上的照度较低时，一般采用台灯照明作为补充。

大空间照明通常采用发光顶棚、嵌入式或吸顶式荧光灯具等，其灯具布置方式是以规则的直线状排列或网状布置。这两种照明方式，照明方向性不强，能保证所有工作位置得到合适的照度，适应办公设备布置变化的需要。

2. 个人专用办公室照明

个人专用办公室（比较高级的办公室）的照明和一般办公室的照明相比，更多的是希望它能够达到一定的艺术效果或气氛，一般由一般照明、重点照明或局部照明组成。

个人专用办公室的一般照明可结合室内装修来设置，如设置光带、光盒或嵌入式荧光灯等。通常个人专用办公室并不要求有较高照度的照明，一般照明可适当覆盖办公桌及其周边，房间其余部分可通过几个重点照明来处理。例如，在办公室的沙发旁设置台灯、地灯，在墙面上设置小型射灯以及画柜灯等，以达到其装饰照明的要求。

3. 会议室照明

会议室照明和个人专用办公室照明基本相同，它的一般照明同样也可结合室内装修来设置，如嵌入式荧光灯、发光顶棚、光带等，区别是会议室一般照明应为室内的会议桌提供足够的照度，并且照度应均匀，但对于整个会议室空间来说不一定要求照度均匀。相反，会议桌以外的周边环境要创造一定的环境气氛，这样会产生更理想的效果。

当会议室设主席台时，应加强主席台部分的照度；当室内有陈列、展览要求时，应增加局部照明；有投影装置的会议室，应能很方便地控制会议室的照明。

4. 营业性办公室照明

营业性办公室一般由对外营业厅和内部员工工作区域两部分组成，如银行、证券公司营业大厅，汽车、铁路、民航的售票厅等。

营业厅的照明灯具、照明布置等应结合建筑装饰要求、日常维修等方面综合考虑。

为减少室内与室外亮度的悬殊差异，避免顾客从明亮的室外进入室内时感觉黑暗，也为了使服务人员和顾客的面部都有足够的照度，能够彼此清晰地看清对方的表情，其照度一般按附表 5 中营业厅照度标准的较高值选择。

对服务台、内部员工的工作区域也应达到正常的工作照度，其照明方式可采用一般办公室的照明方式。

5. 有视频显示屏幕的办公室照明

随着信息时代的到来，计算机已成为各个办公室必不可少的办公设备，这些有视频显示装置的办公室和普通办公室相比，其主要区别在于，工作面不仅是水平面，而且有垂直面。其视觉环境和一般办公室相比要有所改变，具体要求如下：

① 照度要求：照度太低，会影响传统作业的视觉功能，过高会降低显示屏幕的对比度，研究和经验表明，水平工作面照度取 150 ~ 300 lx，垂直面照度不宜超过 150 lx。

② 亮度分布：由于视觉作业主要是在文本、键盘与屏幕之间进行，因此必须处理好文本亮度与屏幕亮度、环境亮度之间的比例关系，一般取文本亮度与屏幕平均亮度之比为 3∶5，屏幕亮度与环境最大亮度之比值为 10∶1。

③ 照明方式：办公室的一般照明可选择直接照明或间接照明的方式，直接照明的灯具应是低亮度、配光较窄的灯具。

④ 眩光的防止：参见前文要求。

(三) 办公室照明线路的安装

1. 办公室照明线路原理图

图 5-1-1 所示为办公室照明线路原理图，图中，L 是相线，N 是中性线；SA 是单极单控开关，EL 是节能灯。

工作原理如下：当接通电源，合上照明开关 SA，整个线路通电，节能灯 EL 点亮；断开开关 SA，线路断电，节能灯 EL 熄灭。实现一

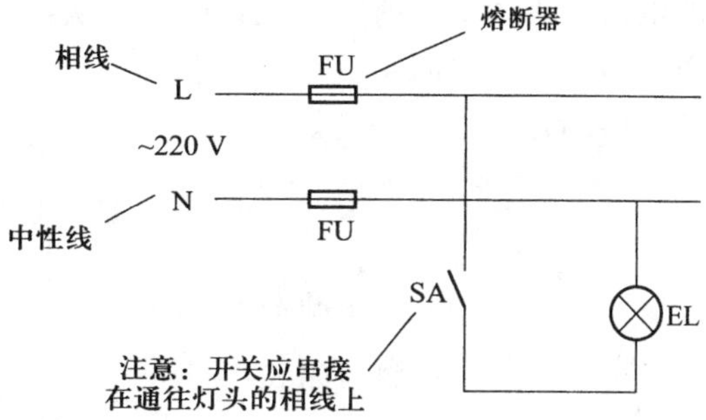

图 5-1-1　办公室照明线路原理图

个开关控制一盏灯的打开与关闭。

2. 办公室照明配套设备

（1）熔断器

熔断器是指当电流超过规定值时，以本身产生的热量使熔体熔断，断开电路的一种电器。熔断器广泛应用于低压配电网络和电力拖动系统中，起短路保护的作用。

熔断器的工作原理：熔断器在使用时串联在被保护的电路中，当电路或电气设备发生短路故障时，通过熔断器的电流一旦达到或超过某一规定值，熔管中的熔体就会熔断而分断电路，起到保护电路及电气设备的作用。

熔断器常用的系列产品有瓷插式、螺旋式、无填料封闭管式、有填料封闭管式等类型。图 5-1-2 所示为 RT18 系列熔断器的外形结构，它属于有填料封闭管式熔断器。

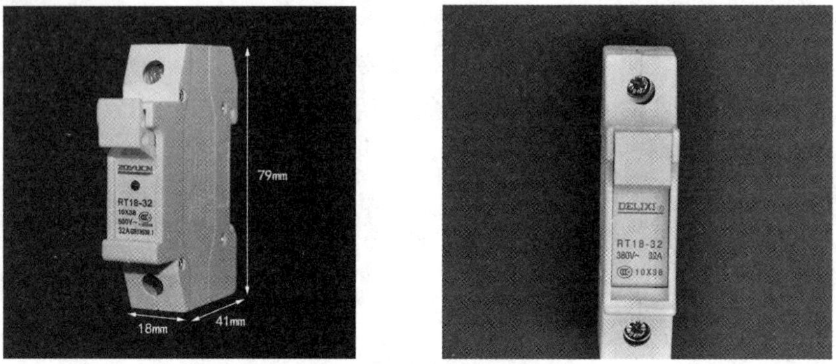

图 5-1-2 RT18 系列熔断器的外形结构

熔断器主要由熔体和安装熔体的底座两部分组成，其中熔体是熔断器的主要部分，常做成片状或丝状；底座用于安装熔体和连接电路，在熔体熔断时兼有灭弧的作用。

熔断器的主要技术参数如下：

① 额定电压，即熔断器长期工作所能承受的电压。

② 额定电流，即保证熔断器能长期正常工作的电流。它由熔断器各部分长期工作时允许的 温升决定。

③ 分断能力，即在规定的使用和性能条件下，在规定电压下熔断器能分断的预期分断电流值。

④ 时间电流特性，也称为安-秒特性或保护特性，是指在规定的条件下，表征流过熔体的电流与熔体熔断时间的关系曲线。从特性上可以看出，熔断器的熔断时间随着电流的增大而缩短，是反时限特性。

熔断器的型号含义如下：

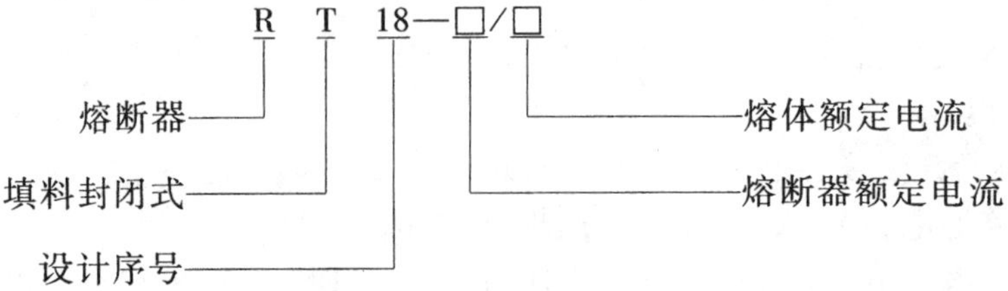

（2）照明开关

照明开关是人们经常使用的电气器具，是可以接通、分断以及转接电路的电子元件，有一个或数个触点。开关闭合表示导通电路；开关断开表示截止电路。

目前，普遍使用的是按键开关，分为单联和双联。室内照明开关一般安装在门边便于操作的位置上，一般离地 1.3 m，与门框距离一般为 150 ~ 200 mm。有关照明开关的相关知识参见本书“任务群四”中的“任务三”。

（3）节能灯

节能灯由于其多方面的优点，正在逐渐取代白炽灯成为主要照明用具，节能灯点亮时，首先经过电子镇流器给灯管灯丝加热，灯丝开始发射电子（由于在灯丝上涂了一些电子粉），电子碰撞充装在灯管内的氩原子，氩原子碰撞后取得了能量又撞击内部的汞原子，汞原子在吸收能量后跃迁产生电离，灯管内构成等离子态。灯管两端电压直接经过等离子态导通并发出紫外线，紫外线激起荧光粉发光。

由于节能灯工作时灯丝的温度比白炽灯的低很多，所以它的使用寿命有很大提高，达到 5 000 h 以上，并且由于它运用效率较高的电子镇流器，同时不存在白炽灯的电流热效应，荧光粉的能量转换效率也较高，因此节约电能。

有关节能灯的相关知识参见本书“任务群三”中的“任务五”。

（4）灯座

灯座用来固定光源和引入电源，灯座的种类很多，按接口方式分为螺口（E）、卡口（GU）两种类型；按材料分为电木、塑料、金属、陶瓷等；按安装方式又分为吊式、平顶式和管式三种。

卡口吊灯、螺口吊灯、螺口平顶灯的灯座外形如图 5-1-3 所示。

（a）卡口吊灯灯座　（b）螺口吊灯灯座　（c）螺口平顶灯灯座

图 5-1-3　灯座外形实物图

（5）塑料槽板

塑料槽板布线是室内照明线路布线的一种常用方式，布线时把绝缘导线敷设在塑料槽板的线槽内，上面用盖板把导线盖住。这种布线方式主要适用于干燥房屋，也适用于工程改造更换线路与弱电线路吊顶内暗敷等场所。塑料槽板布线通常在墙体抹灰粉刷后进行。

线槽的种类很多，如图 5-1-4 所示，对于不同场合应合理选用。例如，一般室内照明线路选用 PVC 矩形截面的线槽；地面布线应采用弧形截面的线槽；用于电气控制一般采用带格栅的线槽。

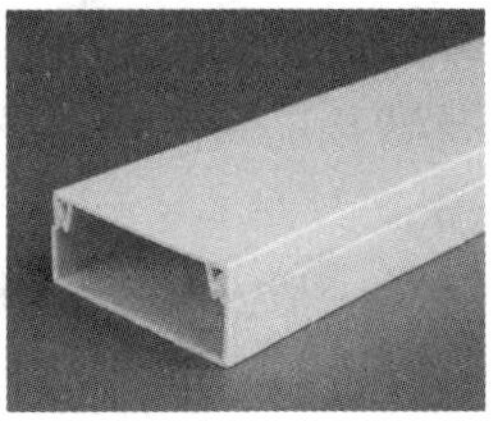
（a）矩形截面线槽

（b）带格栅线槽

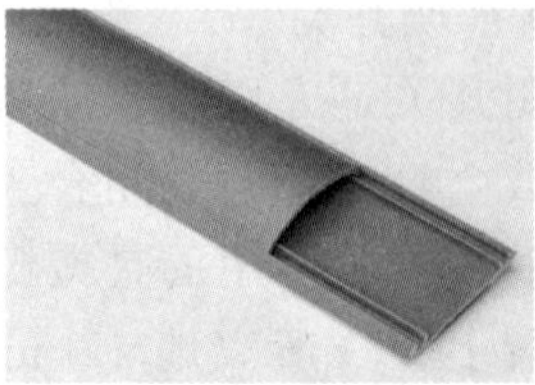
（c）弧形截面线槽

图 5-1-4　塑料槽板实物图

3. 办公室照明线路的安装步骤和操作要点

在实训室的网孔板上模拟安装办公室照明线路。

（1）划线定位

根据办公室照明线路安装电气原理图，确定各种元件的位置，并做好标记，确定线路走向，划线时要横平竖直，不得偏斜。

（2）敷设线槽

根据划线所确定的位置，敷设线槽，线槽要紧贴网孔板，做到横平竖直。在距槽板两端 5 ~ 10 mm 处各紧固一个螺钉，中间螺钉的间距在 30 ~ 50 mm 之间，转角采用 45° 拼接方式。

① 选择线槽：线槽的规格是以矩形截面的长、宽来表示的，弧形一般以宽度表示，选择线槽时，要根据导线直径及各段线槽中导线的数量确定线槽的规格。

② 制作线槽：根据电源、开关、灯座的位置，量取各段线槽的长度，用手锯分别截取。在线槽直角转弯处应采用 45° 拼接。

③ 固定线槽：用手电钻在线槽内钻孔（钻孔直径 4.2 mm 左右），用作线槽的固定。槽板宽度超过 50 mm，固定孔应在同一位置的上下分别钻孔。中间两钉之间的距离一般不大于 500 mm。

固定线槽可以采用自攻螺钉或木螺钉。如果为墙体布线，应使线路安装得整齐、美观，塑料槽板应尽量沿房屋的线脚、横梁、墙角等处敷设，并与用电设备的进线口对正，与建筑物的线条平行或垂直。每节线槽先确定两端的固定点，然后按间距小于 500 mm 均匀地确定中间固定点。

（3）安装电器元件

① 安装熔断器：

a. 在导轨标记处用两个螺钉紧固导轨。

b. 将熔断器的活动卡扣扣在导轨上，再把熔断器轻轻往上推，直到固定卡扣压入导轨中，最后将熔断器移到线槽上方。

c. 在标记处将暗盒和圆木的进线孔对准线槽，用螺栓紧固。

② 安装灯座：

a. 安装平顶灯座。平顶灯座上有 2 个接线柱，一个与电源的中性线连接，另一个与相线连接（相线一定要通过开关）。对于螺口灯座，中性线要与连接螺纹的接线柱连接，相线要接在连接灯顶中心铜簧片的接线柱上。灯座两侧的孔用于固定灯座，一般平顶灯座需固定在圆木上，圆木上设计有固定灯座孔和接线引入孔。

b. 安装吊灯灯座。在吊灯座上安装节能灯，首先需要安装挂线盒，步骤如下：

步骤 1：先将圆木上的导线端部从挂线盒底座中伸出，再将底座固定在圆木上。

步骤 2：将塑料软线或花线的一端穿入挂线盒罩盖的孔内，并打个结，使其能承受吊灯的重量（采用软导线吊装的吊灯重量应小于 1 kg，否则应采用吊链）。

步骤 3：将两个线头的绝缘层剥去，分别穿入挂线盒底座正中凸起部分的两个侧孔里，再分别接到两个接线柱上，旋上挂线盒罩盖。

安装吊灯座的步骤如下：将从挂线盒引出的软线穿入吊灯座盖孔内并打个结，把两个剥去绝缘层的线头接到吊灯座的两个接线柱上，罩上吊灯座盖，最后将节能灯安装在灯座上。

灯具的高度一般规定距离地面 2.5 m，也可以成人伸手向上碰不到为准，且灯头线不宜过长，也不应打结。如果由于特殊原因难以达到灯具安装高度要求，可采取相应的保护措施或改用 36 V 安全电压供电。

③ 安装照明开关：安装照明开关时，首先进行接线，接线后底板通过暗盒螺钉固定在暗盒上，然后盖上盖板，将盖板卡装在底板上，需要拆卸时可通过卸盖槽使用一字形螺丝刀将盖板撬开。

（4）安装布线

根据办公室照明线路安装电气原理图进线、布线，从相线上熔断器的出线端到照明开关，再从照明开关引出到灯座，灯座引一根中性线回到熔断器。

注意：在接线处要留出 100 mm 左右的余量。

（5）检查通电

① 将数字式万用表调至蜂鸣挡。

② 将两表笔分别置于熔断器中性线出线端与螺纹灯座的螺纹处，有蜂鸣声说明中性线连接正常。

③ 将两表笔分别置于相线出线端与螺纹灯座的中心点处。开关断开时，电阻为无穷大；开关闭合时，有蜂鸣声，说明相线连接正常。

④ 将节能灯安装在灯座上，接通电源，合上开关，灯亮，断开开关，灯灭。

三、办公室照明线路的检修

办公室照明线路在运行中，会因为各种原因而出现故障，如线路老化、电气元件故障（开关、灯座、灯泡、插座）等。

(一) 办公室照明线路维修流程

办公室照明线路检修的基本操作流程如下：了解故障现象→故障现象分析→检修。

1. 了解故障现象

在检修时首先应了解故障现象，这是保证整个检修工作能否顺利进行的前提。了解故障现象可通过询问当事人、观察故障现场等手段获取。

2. 故障现象分析

根据故障现象，利用电气线路图进行分析，确定可能造成故障的大致范围，为检修提供方案。

3. 检修

通过检测手段，如验电器、万用表等工具检测确定故障点，针对故障元件或线路进行维修或更换。

(二) 办公室照明线路的常见故障及检修

办公室照明线路的常见故障一般表现为照明灯不亮。

1. 故障现象分析

根据电气原理图分析，造成照明灯不亮的原因很多，常见的故障原因有：熔断器熔断；灯具损坏；开关及线路损坏。

2. 故障检修

（1）检修熔断器

将电路断电后，打开熔断器外壳，取下熔体，利用数字式万用表的通断挡（或者指针式万用表的电阻挡）对熔体进行测量，如果万用表显示为导通状态，表明熔体是良好的；如果万用表显示为截止状态，表明熔体熔断，根据熔断熔体的规格和参数更换新熔体即可。

（2）检修灯具

检修灯具时，首先通过观察外观，判断灯泡、灯座等是否损坏，如果损坏，可以按照安装的方法，更换损坏的灯具。

如果外观看不出损坏，可以使用万用表检测灯具是否存在短路、断路的故障。例如，灯座内两线头短路，灯座内中心铜片与螺旋铜片圈相碰短路。发现此类故障后，首先使用电工工具进行维修，维修后再使用万用表进行检测，直至故障排除。如果无法修复，则按照安装的方法更换。

（3）检修开关及线路

检修开关及线路的方法与检修灯具的方法相似，只是线路的检测需要根据电气线路原理图逐段进行。需要强调的是，开关是经常使用器件，易于损坏，因此日常使用时需要遵守使用注意事项，对重点开关和线路还要进行定期排查和维护。

【巩固练习】

1. 室内照明方式有哪些？
2. 室内照明种类有哪几种？
3. 办公室照明对照明质量有哪些要求？
4. 办公室照明线路的安装步骤和操作要点有哪些？

技能要求

【工作任务】 办公室照明线路安装。

【任务描述】 学生根据办公室照明线路的安装步骤和操作要点，2 人 1 组，在实训室的网孔板上模拟安装 1 组办公室照明线路，做到操作安全、规范。

【任务实施】

1. 准备工作

① 人员组织：将班级学生分为 2 人 1 组，每次考核 20 组。

② 设备准备：熔断器、照明开关、手锯、各种规格型号的导线、节能灯具、电工工具、卷尺、数字式万用表、导轨等，设备数量应能满足 20 组学生同时操作。

③ 资料准备：评分表 1 张，记录笔 1 支。

2. 实际操作

① 考核人员：2 人/组。

② 考核时间：40 min。

③ 考核标准：

评分表

第______小组　　　　学生姓名______________________　　　　总评分____________

项目及配分		考核内容及评分标准	自评分 30%	小组评分 30%	教师评分 40%
考核程序	50 分	1. 根据办公室照明线路原理图，在网孔板上划线定位。方法错误扣 5 分，顺序错误扣 3 分。			
		2. 敷设线槽。方法错误扣 5 分，顺序错误扣 3 分。			
		3. 安装电器元件。方法错误扣 5 分，顺序错误扣 3 分。			
		4. 导线安装布线。方法错误扣 5 分，顺序错误扣 3 分。			
		5. 检查通电。未检查，考核不合格；检查方法错误扣 5 分，顺序错误扣 3 分。			
考核质量	30 分	1. 根据办公室照明线路原理图，在网孔板上划线定位。划线不平直、有倾斜或弯曲，每处扣 2 分。			
		2. 敷设线槽。线槽敷设不规范、不合要求，每处扣 2 分。			
		3. 安装电器元件。安装地点错误，每处扣 3 分；安装不规范、不合理，每处扣 2 分。			
		4. 导线安装布线。布线不规范、不合要求，每处扣 2 分。			
		5. 检查通电。检测数值错误，每个数值扣 5 分；检测操作不规范、不合理，每处扣 3 分。			
考核时间	10 分	考核总时间为 40 min，每超时 1 min 扣 2 分，超时 5 min 及以上停止考核。			
安全规章	10 分	遵章守纪，具有团结协作精神，仪容仪表应符合安全文明生产要求。团结协作精神缺乏，酌情扣 1～5 分；出现人员身体伤害，停止考核；着装不合要求，取消考核资格。			
合计	100 分				

任务二 教室照明线路安装与检修

【学习目标】

一、知识目标

1. 掌握教室照明线路的安装步骤和操作要点。
2. 掌握教室的照明质量要求。
3. 熟悉教室照明灯具的选择方法。

二、技能目标

1. 具有与他人合作安装教室照明线路的能力。
2. 具有正确判断教室照明线路故障原因并进行检修的能力。
3. 能对线管进行加工制作。

三、素质目标

1. 培养安全意识，牢固树立“安全第一”的作业思想。
2. 培养“按章操作、操作规范严谨”的工作作风。
3. 培养团结协作的精神。

知识要求

【知识要点】

一、教室的照明质量要求

教室对照明质量的要求是：对课桌面、讲桌面要有均匀的、足够的水平照度，对黑板面有一定的垂直照度，同时要防止直射眩光。

教室照明的目的就是创造一个良好的光照环境，为学生提供一个轻松愉快的学习环境。因此，照明要求一方面要保证课桌面、讲桌面有相当的水平照度，黑板面有一定的垂直照度；另一方面在运用和布置灯具时，要考虑照度均匀度和防止直射眩光。

二、学校室内照度标准

为了确定一般阅读作业的最佳照明水平，各国做了许多实验与评价，推荐了各种照度标准。

我国《中小学校设计规范》对中小学校教室、图书馆的照明也提出了照度标准值，见表5-2-1，图书馆照明的照度标准参见附表2。

表 5-2-1　中小学校建筑照明照度标准值

房间或场所	参考平面及高度	照度标准值 / lx	统一眩光值 UGR	U_0	显色指数 R_a
教室、阅览室	课桌面	300	19	0.60	80
实验室	实验桌面	300	19	0.60	80
美术教室	桌面	500	19	0.60	90
多媒体教室	0.75 m 水平面	300	19	0.60	80
电子信息机房	0.75 m 水平面	500	19	0.60	80
计算机教室、电子阅览室	0.75 m 水平面	500	19	0.60	80
楼梯间	地面	100	22	0.40	80
教室黑板	黑板面	500（混合照明）	—	0.70	80
学生宿舍	地面	150	22	0.40	80

一般说来，教室课桌、讲桌面的水平平均照度，可根据当地的日照条件、教室使用情况等，在 300 ~ 500 lx 范围内选择，平均照度不低于 300 lx，照度均匀度不应低于 0.7。黑板上的垂直照度宜高于室内水平面照度值，且不低于 500 lx。

图书馆阅览室室内照度可在 300 ~ 500 lx 范围内设计，其书面照度应达到 300 ~ 1 500 lx，这样长时间阅读图书也不至于有疲劳的感觉；对于开架阅览室和书库应达到 300 ~ 500 lx；书库架上的垂直照度应为 200 ~ 500 lx。

室内照度主要是由光源决定的，但也有相当比例是由周围环境的反射光决定的，室内各表面能反射光，会调节整个光环境，使室内光照均匀，气氛稳重、安静。因此，教室、阅览室的墙面和顶棚面应采用反射系数较高的装修材料。教室内各面的反射比要求见图 5-2-1。

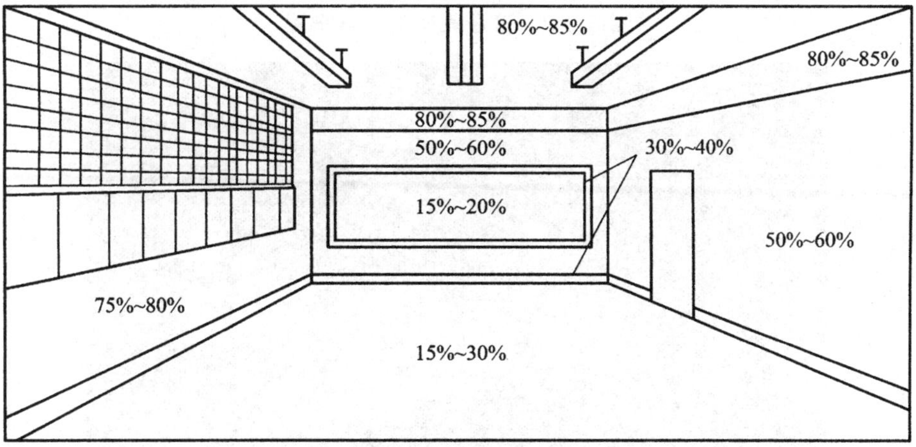

图 5-2-1　教室内各墙面的反射比

多数教室的侧面有自然采光，这样白天室内就会产生光照不均匀的情况。但离窗户近的地方照度有时会过高，而远离窗户的地方则会过暗，影响视觉。解决的办法是调整窗的采光，如采用遮挡自然光等手法，使窗前照度达到理想照度，而房间深处可采取人工照明进行补充，以达到合理的照度。一般可对照明灯具设置分路开关，根据自然采光的变化调整人工照明，达到室内照度的均匀。

三、教室照明灯具的选择

教室灯具设置要从两个方面来进行考虑，一方面是要使工作面得到足够的照度，另一方面是要避免眩光。教室的光源常选用荧光灯；对识别颜色有要求的教室，宜采用高显色性光源。

(一) 一般照明灯具选择

教室照明灯具宜采用蝙蝠翼配光的灯具，可吸顶安装或嵌入吊顶内，布灯原则上应与学生视线相平行，并安装在课桌间的通道上方，与课桌面的垂直距离不应小于 1.7 m，这样照度比较均匀，眩光少。普通教室的灯具布置见图 5-2-2。阶梯教室，由于顶棚结构的原因，通常采用平行黑板的荧光灯灯带照明，这样可以减少眩光，照明效果也较好，阶梯教室的灯具布置见图 5-2-3。

图 5-2-2　普通教室的灯具布置

图 5-2-3　阶梯教室的灯具布置

现在多媒体教室、电化教室已经广泛应用于各大中小学校。对于这些教室，其照明灯具通常采用吸顶式或嵌入暗装式，照度标准较其他教室应适当提高。

为了提高教学效果，电化教室应设置调光装置，能根据不同功能需要，调节亮度。其他可参照有视频显示屏幕的办公室照明要求。

（二）黑板照明灯具选择

教室黑板应设专用照明灯具，以加强黑板的垂直照度，应选择斜照式投光灯具。

为了使学生能够看清黑板内容，照射黑板的灯具光源不能进入学生的视线范围内；为保证对教师不产生眩光，照射黑板的灯具位置应在教师水平视线仰角 45° 以上；为了提高黑板的垂直面照度，黑板灯具应在黑板下边线仰角 55° 左右。

根据上述要求，黑板照明灯具的位置见图 5-2-4，图 5-2-5 给出了黑板照明灯具的高度和灯具离黑板面距离的关系曲线。

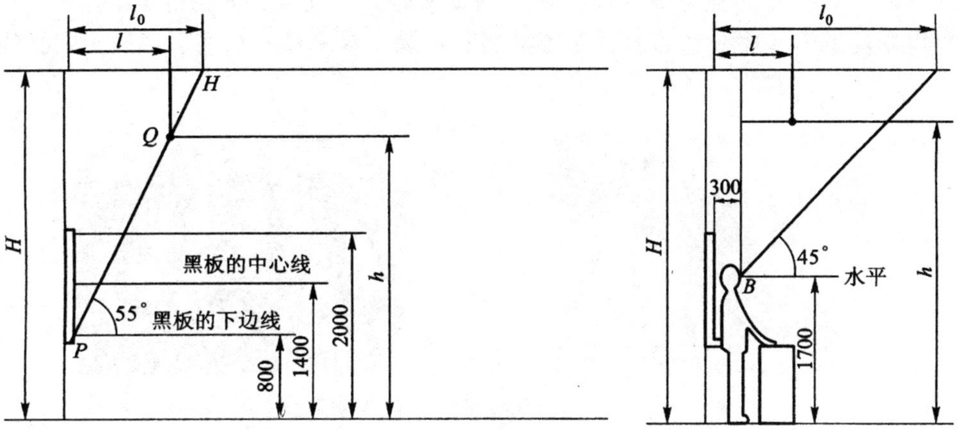

图 5-2-4　黑板照明灯具的位置图

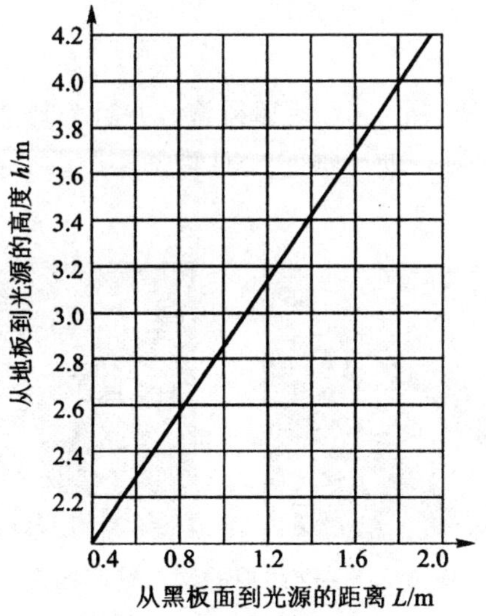

图 5-2-5　黑板照明灯具的高度和灯具离黑板面距离的关系曲线

四、教室照明线路的安装

(一) 教室照明线路配套设备

1. 线管

用钢管或塑料管支持的线路称为管线，配线用的管子称为线管。管线分为暗敷和明敷两种安装形式。线管主要有钢管和塑料管两种。

钢管线路具有较好的防潮、防火和防爆等特点；塑料管线路具有较好的防潮、防酸、耐腐蚀等特点。采用线管配线最主要的优势是具有抗外界机械碰伤的作用。所以管线是一种比较安全可靠的线路结构，应用也比较广泛。

（1）钢管

配线用的钢管有厚壁和薄壁两种，薄壁钢管又称为电线管，如图 5-2-6 所示。对于干燥环境，可以用薄壁钢管明敷和暗敷；对于潮湿、易燃、易爆场所和地下埋设，则必须用厚壁钢管。

图 5-2-6 配线用的钢管实物图

配线用的钢管不能有折扁、裂纹、沙眼，管内应无毛刺、铁屑，管内、外不应有严重的锈蚀。为了便于穿线，应保证导线总截面积（含绝缘层）不超过线管（包括塑料管）内径截面积的 40%。线管的选用可以参考有关手册。

（2）塑料管

如图 5-2-7 所示，配线用塑料管应为硬塑料管，并且为热塑料管，优点是在常温下坚硬，有较大的机械强度，受热软化后，便于加工。对管壁厚度的要求是：明敷时不应小于 2 mm；暗敷时不应小于 3 mm。

图 5-2-7 配线用的塑料管实物图

2. 插座

插座的内容可以参见本书“任务群四”中的“任务四”。

3. 熔断器

熔断器的内容可以参见本书“任务群五”中的“任务一”。

4. 照明开关

照明开关的内容可以参见本书“任务群四”中的“任务三”。

5. 灯座

灯座的内容可以参见本书“任务群五”中的“任务一”。

(二) 教室照明线路安装

1. 线管配线安装

（1）线管配线安装要求

① 管内导线一般不应超过 10 根。铜芯导线的最小截面积不得小于 1 mm^2，铝芯导线的最小截面积不得小于 2.5 mm^2，导线绝缘强度不应低于交流 500 V。

② 穿进管内的导线必须整条完好无损，即管内不允许有接头，所有接头和分支均应在线盒中进行，接头需要黄蜡带扎好，而后涂上沥青加强绝缘。

③ 不同变压器的电源线，电流不平衡的导线，不同电压等级的线路，不得装入同一管内。另外，互为备用的线路（如工作照明与应急照明线路）导线，也不得装在同一管内，否则就失去了备用的意义。

④ 管内布线应尽可能减少转角或弯角，转角越多，穿线越困难。为便于穿线，规定线管超过下列长度必须加装接线盒：无弯角时，不超过 45 m；有 1 个弯角转角时，不超过 30 m；有 2 个弯角转角时，不超过 20 m；有 3 个弯角转角时，不超过 12 m。

⑤ 明管敷设时，管径不同的管卡间距如下：管径在 20 mm 及以下时，管卡间距为 1 m；管径在 25 ~ 40 mm 时，管卡间距为 1.2 ~ 1.5 m；管径在 50 mm 及以上时，管卡间距为 2 m。

⑥ 在混凝土内暗管敷设的线管，必须使用壁厚为 3 mm 及以上的线管；当线管的外径超过混凝土厚度的 1/3 时，不准将线管埋在混凝土内，以免影响混凝土的强度。

⑦ 硬塑料管穿过楼板时，在距地面 0.5 m 的一段塑料管需要用钢管保护。

⑧ 敷设在含有对导线绝缘有害的水蒸气、气体或多尘房屋内的线管，以及敷设在可能进入油、水等液体的场所的线管，其连接处必须密封。为了达到密封的目的，在与出线盒、电器用具连接的管口，都要用绝缘填料（温度不超过 65 ~ 70 °C）灌封，长度为 20 ~ 30 mm。

（2）塑料线管的加工制作

① 塑料管的切割：切割塑料管宜用专用剪刀，也可用钢锯锯断。

专用剪刀可以切割 16 ~ 40 mm 的圆管。使用专用剪刀切割管子时，先打开手柄，把塑料管放入刀口内，把握手柄、棘轮或棘齿锁住刀口；松开手柄后再紧握，直到塑料管被切断。

专用剪刀的使用方法如图 5-2-8 所示。

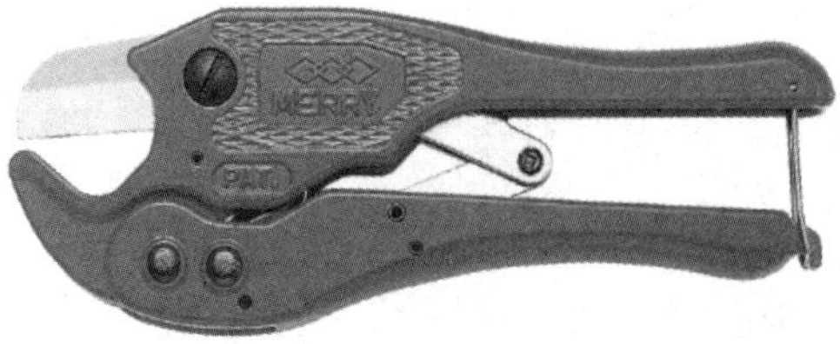

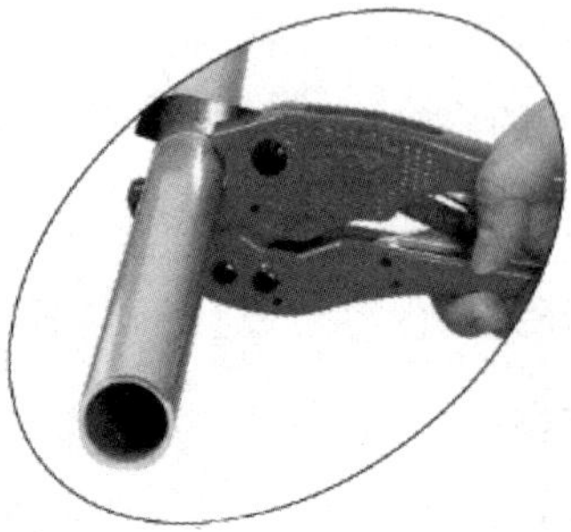

图 5-2-8　塑料管专用剪刀及使用方法

用专用剪刀切割塑料管，管口光滑。若用钢锯切割，管口处应该加以光洁处理后再进行下一道工序。

② 塑料管弯管：

塑料管弯管的方法通常有以下三种方式：

a. 直接加热法弯管。此法适用于管径在 20 mm 及以下的塑料管。

将加热的部分在热源上匀速转动，使其受热均匀，待塑料管软化时，趁热在木模上弯曲成形，如图 5-2-9 所示。

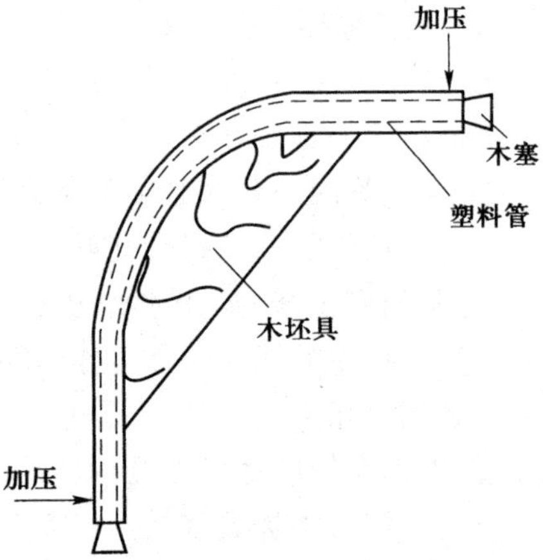

图 5-2-9　直接加热法弯管成形

b. 灌沙加热法弯管。此法适用于管径在 25 mm 及以上的硬塑料管。

对于这种内径较大的管子，如果直接加热，很容易使其弯曲部分变扁。为此，应先在管内灌入干燥沙粒并捣固紧密，塞住管子两端，再加热，在模具上弯曲成形。

c. 用弯簧弯管。将弯管弹簧（简称弯簧）插入 PVC 管内需要弯管处，两手抓牢管子两头，顶在膝盖上用手扳，逐步弯出所需弯度，然后，抽出弯簧（当弯曲较长的管子时，可将弯簧用镀锌铁丝拴牢，以便拉出弯簧）。

③ 塑料管的连接：可以使用胶接或者热熔的方法，一般使用专用配套套管（即接头）。

a. 胶接：

步骤 1：清洁干燥管头和套管。

步骤 2：将管头和套管涂上专用黏合剂。

步骤 3：涂抹专用黏合剂后立即将管头扭动插入套管。

提示：

- 如果套管稍大，可在管头上缠塑料胶布。
- 即使是暗敷的塑料管，连接处也要涂专用黏合剂。
- 黏合后至少放置 15 s 后方能继续施工。

b. 热熔：采用专业的热熔机进行。

④ 塑料管敷设：

塑料管配线分为明配线和暗配线两种。

明配线时将线管敷设于墙壁、桁架等的表面；暗配线是将线管敷设于墙壁、地坪或楼板内部，要求管线短、弯线少、便于穿越。

a. 固定明敷塑料管。塑料管明敷布线的线管用管卡（俗称骑马）来支持，如图 5-2-10 所示。单根线管可选用成品管卡，其规格的标称方法与线管相同，选用时必须与管子规格相匹配。

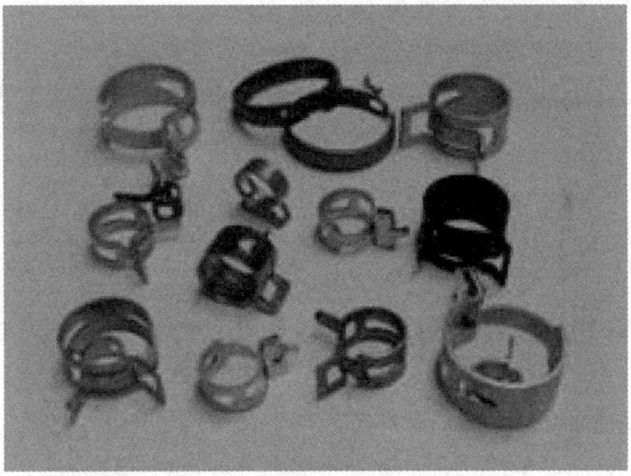

图 5-2-10　塑料管明敷布线线管用管卡

明管敷设时，在穿越墙壁或楼板前后也应各装一个支持点；进、出木台或配电箱也应各装一个支持点；直线段两个支持点的间距根据管径选择。

管口进入木台或箱体，管口应伸入木台（配电箱或者控制箱等）10 mm。如果是钢制箱体，应用薄型螺母内外对向拧紧；在进木台（或木箱）前，在进管口处的线管应小幅度弯曲，不能直线伸入。

b. 固定暗敷塑料管。按埋设方式，暗管的敷设分为预埋和现埋两种。现埋方法因室内装潢兴起，采用得越来越多。暗敷布线具有美观、防水防潮、不受有害气体侵蚀和外部机械性损伤、使用年限长、容易更换导线等优点，因此使用范围很广，但其造价高且维修不便。

暗敷布线现埋施工的步骤和要求如下：

- 在建筑面上标画走向线。在有些建筑面上允许进行有规则的斜向标画。
- 按走向线进行凿打埋管槽，以及按标画的接线盒位置进行凿打接线盒埋穴。
- 参照技术要求，在应设线管固定点的槽底中心凿打榫孔。
- 在榫孔中插入木榫，但应把 16# 铅丝跨在头上一起插入孔内（榫尾必须与槽底齐平）。
- 埋装接线盒应使盒口略伸出砖砌面而凹入粉刷面 3 ~ 5mm，切不可凸出粉刷面。
- 盒体必须安装端正，并在线管通入侧的盒壁上打通敲落孔（即敲去孔上未经敲落的孔盖），且应使孔与线槽对准，以便使线管通入盒中。按深度分，接线盒可分为普通盒和加深盒，当盒内接线头较多时用加深盒。
- 埋设线管。埋管前应先在管中穿入引线，尤其是长段线管更应预先穿入引线。埋管时，应从一端线盒埋到另一端，方法是：先把线管的一段伸入线盒中，然后逐段推管槽，再把线管初步固定下来，不让线管弹出埋槽即可。注意：不可完全固定牢，以免影响下一步线管的整体调整。

• 逐段整理线管，应使线管处处平服，贴住槽底，凡是调整过的部分，应立即用铅丝绑扎固定住线管，不应出现再整理某部分影响到已整好的其他部分的情况。

提示：在开始整理时应先调整线管两端深入接线盒的长短，每段伸入接线盒应不少于 10 mm。

• 在埋管前尚未穿过引线的管段，即应补穿引线。

• 用 1∶2 的水泥与粗黄沙调制成的砂浆，填封埋管槽和接线盒埋穴的空隙，但填封应与砖砌面齐平，不要超出砖砌面。待线管和接线盒被砂浆凝固牢后，应把每个盒内多余的管口截去，管口与盒内壁距离在 2 ~ 3 mm 为宜。

⑤ 线管穿线：

线管穿线的过程如下：穿线准备→扎线接头→穿线。

a. 穿线准备：

步骤 1：在穿线前必须检查管口是否倒角，是否有毛刺，以免穿线时割伤导线。

步骤 2：向管内穿 1.2 ~ 1.6 mm 的引线钢丝，用它将导线拉入管内。如果管径较大，转弯较小，可将引线钢丝从管口一端直接穿入，为了避免壁上凸凹部分挂住钢丝，要求将钢丝头部做成环形弯钩。如果管道较长，转弯较多或管径较小，一根钢丝无法直接穿过时，可用两根钢丝分别从两端管口穿入，但应将引线钢丝端头弯成 U 形钩状，使两根钢丝穿入管子并能互相钩住。也可以使用专用穿线器进行穿线，如图 5-2-11 所示。

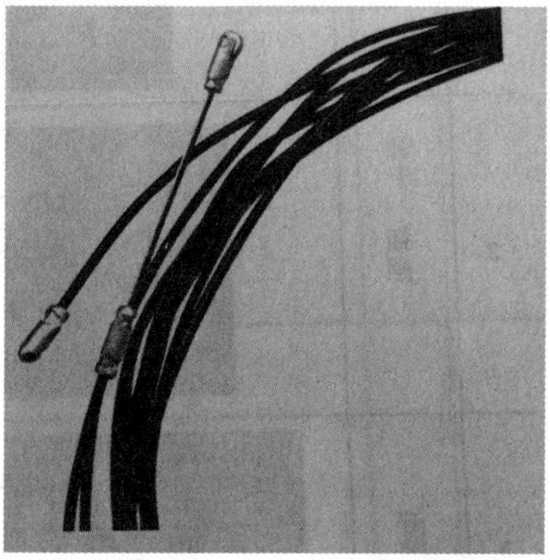
图 5-2-11 专用穿线器

步骤 3：将要留在管内的钢丝一端拉出管口，使管内保留一根完整钢丝。

步骤 4：两头伸出管外，并绕成一个大圈，使其不能缩入管内，以备穿线之用。

步骤 5：用引线钢丝穿线时，将钢丝扳成环形，短的绕在长的上 3 圈，或者将钢丝弯成弯钩状。

b. 扎线接头：进行穿线的导线长度按照管子的长度加上余量，导线剥皮、穿环后呈 U 形弯曲并把短的一头绕在长的上面 3 圈，将其紧扎在引线头部。

c. 穿线：在管口套上橡皮或塑料护圈，以避免穿线时在管口内侧割伤导线绝缘层。然后由两个人在管子两端配合穿线入管，位于管子左端的人慢慢拉引线钢丝，管子右端的人慢慢将线束送入管内。如果管道较长、转弯太多或管径较小而造成穿线困难时。可在管内加入适量滑石粉减小摩擦力；但不能用油脂或石墨粉，以免损伤导线绝缘或将导电粉带入管道内。

2. 插座安装

插座的安装内容参见本书“任务群四”中的“任务四”。

3. 熔断器安装

熔断器的安装内容参见本书“任务群五”中的“任务一”。

4. 照明开关安装

照明开关的安装内容参见本书“任务群四”中的“任务三”。

5. 灯座安装

灯座的安装内容参见本书“任务群五”中的“任务一”。

(三) 教室照明线路的安装步骤和操作要点

1. 划线定位

根据教室照明线路安装电气原理图，确定各种电气元件的位置，并用笔做好标记，确定线路走向，划线时要横平竖直。

2. 敷设线管

① 根据划线位置确定线管走向，用卷尺量好尺寸，用适合的弯管方法进行弯管。

② 在距离端口 50 mm 处用管卡进行固定，每隔 100 mm 使用管卡固定线管，线管要紧贴网孔板，横平竖直。

3. 安装电气元件

根据划线定位的位置安装熔断器、照明开关、插座和灯座，熔断器、照明开关、插座和灯座的安装方法参见本书“任务群四”中的“任务一”。

4. 安装布线

根据教室照明线路安装电气原理图进行线管穿线，将熔断器、插座、照明开关以及灯座按图示要求进行连接。

5. 线路检查

使用数字式万用表蜂鸣挡（或指针式万用表电阻挡）进行检测。

（1）照明部分

将两表笔分别置于熔断器中性线出线端与螺纹灯座的螺纹处，有蜂鸣声说明中性线连接正常。再将两表笔分别置于相线出线端与螺纹灯座的中心点处，开关断开时，电阻为无穷大；开关闭合时，有蜂鸣声，说明相线连接正常。

（2）插座

将万用表的两表笔分别置于熔断器相线（或中性线）出线端与插座的相线（或中性线）连接端，万用表有蜂鸣声说明插座连接正常。

6. 通电试验

将节能灯安装在灯座上，接通电源。合上开关，灯亮；断开开关，灯灭。

五、教室照明线路的检修

教室照明线路的常见故障一般表现为照明灯不亮。

(一) 故障现象分析

根据电气原理图分析，造成照明灯不亮的原因很多，常见的故障原因有：熔断器熔断；灯具损坏；开关及线路损坏。

(二) 故障检修

1. 检修熔断器

将电路断电后，打开熔断器外壳，取下熔体，利用数字式万用表的通断挡（或者指针式万用表的电阻挡）对熔体进行测量，如果万用表显示为导通状态，表明熔体是良好的；如果万用表显示为截止状态，表明熔体熔断，根据熔断熔体的规格和参数更换新熔体即可。

2. 检修灯具

检修灯具时，首先观察外观，判断灯泡、灯座等是否损坏，如果损坏，可以按照安装的方法，更换损坏的灯具。

如果外观看不出损坏，可以使用万用表检测灯具是否存在短路、断路的故障。例如，灯座内两线头短路，灯座内中心铜片与螺旋铜片圈相碰短路。发现此类故障后，首先使用电工工具进行维修，维修后再使用万用表进行检测，直至故障排除。如果无法修复，则按照安装的方法进行更换。

3. 检修开关及线路

检修开关及线路的方法与检修灯具的方法相似，只是线路的检测需要根据电气线路原理图逐段进行。需要强调的是，开关是经常使用器件，易于损坏，因此日常使用时需要遵守使用注意事项，对重点开关和线路还要进行定期排查和维护。

【知识拓展】

一、图书馆阅览室照明灯具的选择

图书馆阅览室的一般照明多采用荧光灯照明，其灯具可采用半直接照明器，使部分光线射向顶棚，以改善室内各面的亮度分布，使整个室内显得宽敞高大；也可采用暗装式照明灯具，这样可避免暴露的光源直接进入读者的视线而产生眩光。

大型阅览室，在必要时可设置局部照明，例如，在阅览桌上设置台灯，以获得足够的照度；台灯要安装在书本的正上方，而不要安装在书本正前方，从而避免光幕反射。如果有局部照明，其大厅照度可减少到原来的 1/2 ~ 1/3。

书库内书架上的照明要求主要是有上下均匀的垂直照度，一般为 20 ~ 50 lx（标准是按距地面 0.25 m 处），特别要确保书架下部的照度要求。为此常将灯具安装在狭窄通道中央上方或将灯具直接安装在书架上，此时应注意灯具的配光特性，要能满足书架下层得到必要的照度。若是开架书库，还应达到与阅览室要求一样的水平面照度，以便读者阅读。

二、钢管敷设

1. 钢管的敷设要求

① 敷设的钢管不应有折扁和裂缝的现象，管内要无铁屑及毛刺，切断口应锉平，管口应刮光。

② 明配于潮湿场所和埋于地下的钢管，均应使用厚壁钢管。

③ 明配或暗配于干燥场所的钢管，宜使用薄壁钢管。钢管内、外均应刷防腐漆。

④ 埋入土层内的钢管，应刷两遍沥青或使用镀锌钢管。

⑤ 埋入有腐蚀性土层内的钢管，应按设计规定进行防腐处理。使用镀锌钢管时，在锌层剥落处也应刷防腐漆。

2. 钢管的连接要求

① 丝扣连接：管端套丝长度不应小于管接头长度的 1/2；在管接头两端应焊跨接接地线。薄壁钢管的连接必须用丝扣连接。

② 套管连接：套管连接适用于暗配管，套管长度为连接管外径的 1.5～3 倍；连接管的对口处应在套管的中心，焊口应焊接牢固、严密。

3. 钢管配线过程

钢管配线过程如下：除锈和涂漆→套螺纹→钢管的锯削→弯管→钢管的连接→钢管的接地→钢管的敷设。

① 除锈和涂漆：除锈一般采用钢丝刷手工除锈法和压缩空气吹除法。

② 套螺纹：为了使钢管与钢管之间或钢管与接线盒之间连接起来，需要在连接处套螺纹，先将线管夹在管钳或台虎钳上，然后用套螺纹绞板绞出螺纹，常用的绞板规格有 0.5～2 英寸和 2.5～4 英寸两种。

③ 锯削钢管：一般用钢锯进行锯削，锯断后用半圆锉锉掉管口内侧的棱角，以免穿线时割伤导线。

④ 弯管：钢管弯管一般用手动弯管器或者电动液压顶弯机进行弯管。为了便于穿线，管子的弯曲角度一般不应小于 90°。明管敷设时，管的弯曲半径 $R \geqslant 4d$；暗管敷设时，管的弯曲半径 $R \geqslant 6d$。

⑤ 连接钢管：钢管与钢管的连接采用管箍连接，为了保证管接口的严密性，管子螺纹部分应顺螺纹方向缠上麻丝（或薄膜塑料带），并在麻丝上涂一层白漆，然后拧紧，并使两端面吻合。

钢管进入灯头盒、开关盒、线盒及配电箱时，暗配管可用焊接固定，管口露出盒（箱）应小于 5 mm，明配管应用锁紧螺母或护圈帽固定，露出锁紧螺母的丝扣为 2～4 扣。

⑥ 钢管的接地：钢管配线必须可靠接地，钢管与钢管、钢管与配线盒及配电箱连接处，用 $\phi 6 \sim \phi 10$ mm 圆钢制成的跨接线连接。

⑦ 敷设钢管：分为明敷和暗敷，敷设方式可参照塑料管的敷设方式。

三、室内照明线路的断路、短路和漏电故障

断路、短路和漏电是照明线路常见的三种故障。

1. 断路

产生断路的原因主要是熔断器熔体熔断、线头松脱、断线、开关没有接通、灯具损坏等。如果发生照明线路断路故障，应首先检查灯具是否损坏。若灯具未损坏，则应检查开关和灯

座是否接触不良、有无断线等。

为了尽快查出故障点，可用验电器检测灯座（灯口）的两端是否有电，若两端都没有电，说明相线断路；若两端都有电（带灯泡测试），说明中性线断路；若一端有电、一端没有电，说明灯具损坏。

2. 短路

造成短路的原因可能是线路中的相线与中性线直接相通，例如，用电器绝缘不好、相线与地线相碰、接线错误、用电器端子相连等。发生短路故障时，会出现打火现象，并引起短路保护动作（熔断器熔断）。当发现短路故障后，应检查发生短路的原因，找出短路故障点，并进行处理后再更换熔体，恢复送电。

3. 漏电

相线绝缘损坏，接地、用电设备内部绝缘损坏使外壳带电等，均会造成漏电。

漏电不但造成电力浪费，还可能造成人身触电伤亡事故。因此照明线路应采用合适的漏电保护装置，常用的漏电保护装置为漏电保护开关，当漏电电流超过整定电流值时，漏电保护开关动作，切断电路。若发现漏电保护开关动作，则应查出漏电故障点并进行绝缘处理后再通电。照明线路的漏电故障点多在穿墙部位和靠近墙壁或天花板等部位。

【巩固练习】

1. 教室的照明质量要求有哪些?
2. 线管配线安装要求有哪些?
3. 教室照明线路的安装步骤和操作要点有哪些?

技能要求

【工作任务】 教室照明线路的安装。

【任务描述】 学生根据教室照明线路的安装步骤和操作要点，2 人 1 组，在实训室网孔板上模拟安装教室照明线路，做到操作安全、规范。

【任务实施】

1. 准备工作

① 人员组织：将班级学生分为 2 人 1 组，每次考核 20 组。

② 设备准备：熔断器、照明开关、插座、线管、各种规格型号的导线、节能灯具、电工工具、卷尺、手锯、数字式万用表、导轨等，设备数量应能满足 20 组学生同时操作。

③ 资料准备：评分表 1 张，记录笔 1 支。

2. 实际操作

① 考核人员：2 人/组。

② 考核时间：40 min。

③ 考核标准：

评分表

第______小组　　学生姓名____________________　　总评分____________

项目及配分		考核内容及评分标准	自评分 30%	小组评分 30%	教师评分 40%
考核程序	50分	1. 划线定位。方法错误，扣5分；顺序错误，每处扣2分。			
		2. 敷设线管。方法错误，扣5分；顺序错误，每处扣2分。			
		3. 安装电气元件。方法错误，扣5分；顺序错误，每处扣3分。			
		4. 安装布线。方法错误，扣5分；顺序错误，每处扣3分。			
		5. 线路检查。未检查，考核不合格；检查方法错误扣5分。			
		6. 通电试验。未通电试验，考核不合格；通电试验方法错误，扣5分。			
考核质量	30分	1. 根据教室照明线路原理图，在网孔板上划线定位。划线不平直、有倾斜或弯曲，每处扣2分。			
		2. 敷设线管。线管敷设不规范、不合要求，每处扣2分。			
		3. 安装电气元件。安装地点错误，每处扣3分；安装不规范、不合理，每处扣2分。			
		4. 安装布线。布线不规范、不合要求，每处扣2分。			
		5. 线路检查。检测数值错误，每个数值扣5分；检测操作不规范、不合理，每处扣3分。			
		6. 通电试验。灯不亮，考核不合格；插座没电，扣10分。			
考核时间	10分	考核总时间为40 min。每超时1 min扣2分；超时5 min及以上停止考核。			
安全规章	10分	遵章守纪，具有团结协作精神，仪容仪表应符合安全文明生产要求。团结协作精神缺乏，酌情扣1～5分；出现人员身体伤害，停止考核；着装不合要求，取消考核资格。			
合计	100分				

任务三　车间照明线路安装与检修

【学习目标】

一、知识目标

1. 掌握车间照明线路的安装步骤和操作要点。
2. 掌握车间照明方式与种类。
3. 熟悉车间照明要求。
4. 熟悉车间照明导线的选择方法。
5. 了解车间照明线路的检查方法和内容。

二、技能目标

1. 具有与他人合作安装车间照明线路的能力。
2. 具有正确判断车间照明线路故障原因并进行检修的能力。
3. 能对线槽进行加工制作。

三、素质目标

1. 培养安全意识，牢固树立“安全第一”的作业思想。
2. 培养“按章操作、操作规范严谨”的工作作风。
3. 培养团结协作的精神。

知识要求

【知识要点】

随着工业生产的快速发展，工厂车间照明水平逐年提高。工厂车间的照明设计主要依据国家标准《建筑照明设计标准》，该标准规定了十六大类工业建筑的一般照明的照度值。

工厂车间包括范围很广，从精细的电子工业车间到高大笨重的重工业车间，从洁净车间到尘埃飞扬的多尘车间，既有在小型车间进行的精细加工，又有在高大厂房车间中的重工业生产，还有在易燃易爆等危险场合的作业活动，它们对照明的要求是迥然不同的。必须根据不同的场所和作业性质，进行相应的设计，为工作人员提供舒适、经济的照明，创造一个舒适、轻松的工作环境，达到提高劳动生产率，降低成本，减少事故，保护工作人员的身心健康，确保安全生产的目的。即使在事故状态下，也可以帮助人们迅速安全疏散，防止人身伤亡，有利于及时进行救援工作。

一、车间照明效果评价

车间照明效果是否优良，可以从以下两个方面来进行评价。

(一) 视看条件

视看条件优良应符合以下标准：

① 容易识别被观察的对象。

② 工作时注意力容易集中。

③ 工作效率上升。

④ 灯具维护管理容易。

⑤ 因照明条件良好而使次品率下降，事故率降低。

(二) 光环境

光环境舒适愉快应符合以下方面要求：

① 降低眼睛的疲劳程度，使工作人员保持良好的工作状态。

② 使人有良好的心理效果，感到舒适、平静、稳定。

二、车间照明要求

(一) 照度及均匀度

工厂车间照明的照度对各类作业的进行速度和精确度有重要影响。

影响视觉作业的因素很多，在确定照度时用可见度衡量，即被视看的容易程度、速度和准确度的综合指标。

视觉作业的可见度是由照度和这项作业所需辨认的最困难的细节所决定的。细节的可见度又是由许多因素决定的，例如，细节尺寸、亮度和颜色，细节及其背景之间的亮度对比和颜色对比，细节形状与相邻环境中其他细节的相似性，对细节的熟悉程度和预先了解的程度、观察的时间等。

我国《建筑照明设计标准》中的照度标准就是按照视觉功能曲线相对视度 V_B 值来确定各种细节尺寸所需照度值的。这种方法是基于人的生理测定得出的，科学性较强。但在确定照度时，相对视度 V_B 值变化幅度较大，因此，照度水平变化也较大。

V_B 值的选择与国家经济水平有关，我国标准 V_B 值控制在 0.44 ~ 0.96 之间。细节尺寸较大的 V_B 值按较高值选取；细节尺寸较小的 V_B 值选择较低值。

我国生产车间和作业场所工作面上的照度标准见表 5-3-1。厂区露天作业场所和交通运输线的照度标准见附表 3。在设计时也可参考 CIE 推荐的照度值。

表 5-3-1　工厂车间和作业场所的照度标准

照度/lx	场所
3 000 ~ 1 500	超精密作业、设计、制图、精密检查
1 500 ~ 750	设计室、分析、组装线、涂装
750 ~ 300	装计量、表处理、仓库、办公室
300 ~ 150	染色、铸造、电气室
150 ~ 75	进出口、走廊、通道、楼梯、化妆室、洗手间
75 ~ 30	平梯、仓库、室外动力设备（装卸货、存货移动作业）

从视觉心理出发，过强的对比度和非常均匀的照度都不理想，过强的对比度会使眼睛进行过度调节，感到很不舒服并增加疲劳度；均匀照度对视觉工作是有利的，但长期工作在这样的环境中会使人感到厌倦。

为减少视觉疲劳和不舒适感，我国《建筑照明设计标准》中对照度均匀度的规定为：工作区域一般照明的照度均匀度不宜小于 0.7，非工作区的照度与工作区照度之比不小于 1/5。

(二) 光色及显色性

不同的光色，可以营造不同的环境气氛，根据工作性质的不同，选择和工作性质相适应的光色，对改善工作环境、提高工作效率有积极的作用。

显色性主要考虑识别机械设备和加工部件的颜色，识别安全标志的颜色。对于有色彩的工作环境和进行颜色检验作业的场所，尤其要选择显色性好的光源。

(三) 环境条件

有特殊环境条件的车间，如潮湿、多尘、有腐蚀性气体或爆炸危险的车间，直接影响着照明设备的选择。例如，在潮湿车间，由于充满潮气或有凝结水出现，故应选择防水性能好、不易生锈、绝缘体性能好的照明设施；而在冷冻食品加工厂和冷库中，不宜选用荧光灯，因为低温下荧光灯不仅启动困难，而且光效也低。对于这些场所的照明，要着重考虑照明设备的安全、可靠和便于维护。

三、车间照明方式与种类

工厂车间的照明方式可分为一般照明、分区一般照明、局部照明和混合照明，如图 5-3-1 所示。

（a）一般照明　（b）分区一般照明

（c）局部照明　（d）混合照明

图 5-3-1　工厂车间照明方式

工厂车间的照明种类可分为：正常照明、应急照明（包括备用照明、安全照明、疏散照明）、值班照明、警卫照明和障碍照明等。

(一) 一般照明方式

一般照明方式是指不考虑局部特殊的需要，为照亮整个场地而设置的照明。

1. 单层工厂车间

单层工厂车间往往在侧面开有侧窗，有的在屋顶还开有天窗，但仍需要采用人工照明，特别是连续有多跨的车间、中间跨度的车间，更需要采用人工照明。

对于高度在 4 ~ 7 m 内的单层车间，可采用反射型的荧光灯具成排布置，灯具可以直接安装或悬吊在屋架（或屋梁）的下边，使其离地面的高度约 4 m 左右。

如果采用荧光高压汞灯、金属卤化物灯，可将这些灯安装在墙柱面上，使其向下斜照。

对于高度大于 7 m 的单层车间，可采用高强度气体放电灯（高压汞灯、金属卤化物灯、高压钠灯），安装在屋架的下弦或墙柱面上（应避开吊车轨道），一般采用规则排列。

当工作面需要较高的水平照度时，应选用狭照型的配光灯具；当工作场所不仅要考虑工作面的水平照度，而且希望有一定的垂直照度，则选用广照型或特广照型灯具。

2. 多层工厂车间

多层工厂车间的照明类似于办公室的一般照明，多采用荧光灯，灯具的布置可根据工作位置的不同，成排布置或网状布置，安装高度在 2.5 ~ 4 m 之间，安装的方式可采用吸顶式或嵌入式。

(二) 分区一般照明方式

分区一般照明方式是指同一照明场所内，在作业区的某一部分或几个部分对照度要求较高，或工作区域与非工作区域对照度要求不同，将灯具进行不同布置的一种照明方式。

分区一般照明是一般照明的一种形式，适合于工作位置固定不变的某些厂房。采用分区一般照明时，灯具相对集中，能在工作面上形成较高的照度，在通道上也可以产生足够的照度。分区一般照明可以使工作环境更加舒适，而且节约电能，减少维护费用。

(三) 局部照明方式

局部照明方式是指一个作业场所内不同照度的照明要求相互影响，因此采用局部照明。

局部照明仅仅是把视觉作业范围内照亮，有时也称为辅助照明。局部照明主要出于经济考虑，当在室内极小范围内进行精密作业并需要高照度时，如果提高整个室内照度会造成浪费，因此采用局部照明方式。

局部照明的光线要有方向性，例如，车间的检验照明、机器装配调试时的投射照明和机床上的车头照明，其光线均有确定的投向。局部照明灯具可装在机车上、墙壁上、柱子上，可安装投光灯、壁灯、支架灯或独立安装的投光灯等。

(四) 混合照明方式

当作业场所内作业位置密度不大，并且要求光线照射方向能改变时，从技术经济合理性考虑，应采用混合照明方式。

四、车间照明灯具选择

工厂车间照明用灯具应按环境条件，满足工作和生产要求来选择，并适当注意外形美观、安装方便和与建筑物的协调，做到经济合理。

照明光源宜采用三基色细管径直管荧光灯、高压汞灯、荧光高压灯以及高压钠灯，如图5-3-2所示。一般工厂车间多为层高较高的单层建筑，层高在4m及以下时宜选用细管荧光灯；层高在6 m以上，结合生产要求，光源一般选择高压钠灯，灯具悬挂高度为6～10 m时，可采用250～400 W的荧光高压灯，10 m以上可采用250～1 000 W的高压汞灯，灯具类型选用深照型。

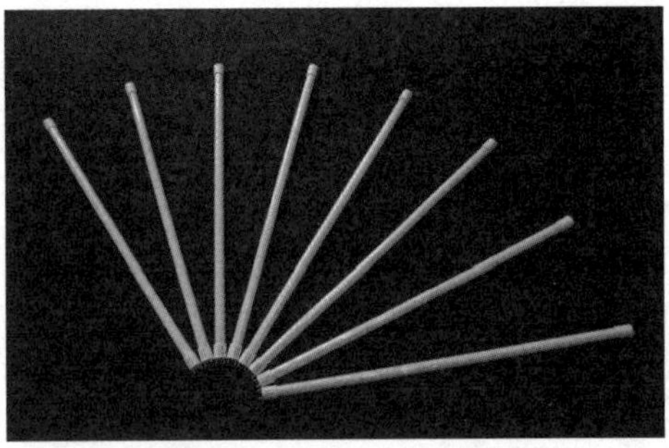

（a）三基色细管径直管荧光灯

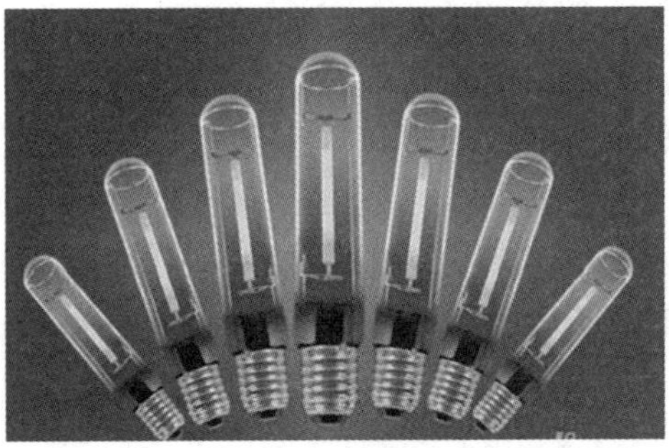

（b）高压汞灯

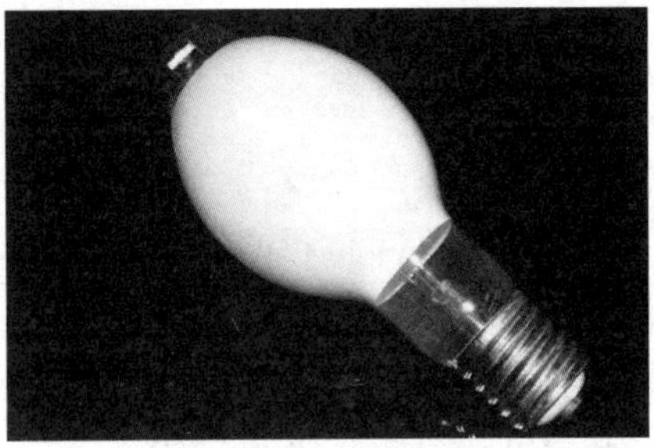

（c）荧光高压灯

（d）高压钠灯

图5-3-2 车间照明用灯具

五、车间照明导线选择

(一) 车间照明导线线芯材料选择

作为导线线芯的金属材料，必须具备以下特点：

① 电阻率较低。

② 有足够的机械强度。

③ 一般情况下有较好的耐腐蚀性。

④ 容易进行各种形式的机械加工。

⑤ 价格较便宜。

铜和铝基本符合这些特点，因铜和铝常作为导线的线芯。铜芯导线的电阻率比铝芯导线小，焊接性能和机械性能比铝芯导线好，常用于要求较高的场合；铝芯导线密度比铜芯导线小。目前，铜芯导线的使用较为普遍。在某些特殊场合，需要用其他金属作导电材料。

(二) 车间照明导线截面积选择

1. 根据导线发热条件选择导线截面积

电线电缆的允许载流量，是指在不超过它们最高温度的条件下，允许长期通过的最大电流值，为安全载流量。表 5-3-2 所示为塑料绝缘线安全载流量，表 5-3-3 所示为绝缘线安全载流量的温度校正系数，表 5-3-4 所示为橡胶绝缘线安全载流量，表 5-3-5 所示为护套线和软导线安全载流量。

表 5-3-2　塑料绝缘线安全载流量　　单位：A

导线截面积/mm²	线芯股数/单股直径（mm）	明线安装		穿钢管（一管）安装						穿塑料管（一管）安装					
				二根		三根		四根		二根		三根		四根	
		铜	铝	铜	铝	铜	铝	铜	铝	铜	铝	铜	铝	铜	铝
1.0	1/1.13	17		12		11		10		10		10		9	
1.5	1/1.17	21	16	17	13	15	11	14	10	14	11	13	10	11	9
2.5	1/1.76	28	22	23	17	21	16	19	13	21	16	18	14	17	12
4	1/2.24	35	28	30	23	27	21	24	19	27	21	24	19	22	17
6	1/2.73	48	37	41	30	36	28	32	24	36	27	31	23	28	22
10	7/1.33	65	51	56	42	49	38	43	33	49	36	42	33	38	29
16	7/1.70	91	69	71	55	64	49	59	43	62	48	56	42	49	38
25	7/2.12	120	91	93	70	82	61	74	57	82	63	74	56	65	50
35	7/2.50	147	113	135	87	100	78	91	70	104	78	91	69	81	61
50	19/1.83	187	143	143	108	127	96	113	87	130	99	114	88	102	78
70	19/2.14	230	178	178	135	159	124	143	110	160	126	145	113	128	100
95	19/2.50	282	216	216	165	195	148	173	132	199	151	178	137	160	121

说明：表 5-3-2 中所列的安全载流量是根据线芯最高允许温度 65 °C、周围空气温度为 35 °C 而定的。当实际空气温度超过 35 °C 时（指当地最热月份的平均最高温度），导线的安全载流量应乘以表 5-3-3 中所列的校正系数，表 5-3-4、表 5-3-5 也都应考虑校正系数。

表 5-3-3　绝缘线安全载流量的温度校正系数

环境最高平均温度/°C	35	40	45	50	55
校正系数	1.0	0.91	0.82	0.71	0.58

表 5-3-4 橡胶绝缘线安全载流量 单位：A

导线截面积/mm^2	线芯股数/单股直径（mm）	明线安装		穿钢管（一管）安装						穿塑料管（一管）安装					
				二根		三根		四根		二根		三根		四根	
		铜	铝	铜	铝	铜	铝	铜	铝	铜	铝	铜	铝	铜	铝
1.0	1/1.13	18		13		12		10		11		10		10	
1.5	1/1.17	23	16	17	13	16	12	15	10	15	12	14	11	12	10
2.5	1/1.76	30	24	24	21	22	17	20	14	22	17	19	15	17	13
4	1/2.24	32	30	32	24	25	22	26	20	29	22	26	20	23	17
6	1/2.73	50	39	43	27	37	38	34	26	37	29	33	25	30	23
10	7/1.33	74	57	59	45	52	40	46	34	51	38	45	35	31	32
16	7/1.70	95	74	75	57	67	51	66	45	66	50	59	45	52	40
25	7/2.12	126	96	98	75	87	66	78	59	87	67	78	59	69	52
35	7/2.50	156	120	121	92	106	82	95	72	109	83	96	73	85	64
50	19/1.83	200	152	151	115	134	102	119	91	139	104	121	94	107	82
70	19/2.14	247	191	186	143	167	130	150	115	169	133	152	117	135	104
95	19/2.50	300	230	225	174	203	156	182	139	208	160	186	143	169	130
120	37/2.00	346	268	260	200	233	182	212	165	242	182	217	165	197	147
150	37/2.24	407	312	294	226	268	208	243	191	277	217	152	197	230	178

表 5-3-5 护套线和软导线安全载流量 单位：A

导线截面积/mm^2	护套线								软导线		
	双极芯线				三根或四根芯线				单根	双根	双根
	塑料绝缘		橡胶绝缘		塑料绝缘		橡胶绝缘		塑料绝缘		橡胶绝缘
	铜	铝	铜	铝	铜	铝	铜	铝	铜	铝	铜
0.5	7		7		4		4		8	7	7
0.75									13	10.5	9.5
0.8	11		10		9		9		14	11	10
1.0	13		11		9.6		10		17	13	11
1.5	17	13	14	12	10	8	10	8	21	17	14
2.0	19		17		13		12	12	25	18	17
2.5	23	17	18	14	17	14	16	16	29	21	18
4.0	30	23	28	21	18	19	21				
6.0	37	29		8	28	22					

2. 根据线路的机械强度选择导线截面积

导线安装后和运行中，要受到外力的影响，导线本身自重和不同的敷设方式使导线受到不同的张力，如果导线不能承受张力作用，会造成断线事故。在选择导线时，必须实际测量张力大小，按需要考虑导线截面积。

3. 根据电压损失条件选择导线截面积

对于家庭用户，由变压器低压侧至线路末端，电压损失应小于 6%。电动机在正常情况下，电动机端电压与额定电压不得相差 ± 5%。

(三) 导线的分类及应用范围

导线分为三个系列：B 系列、R 系列和 Y 系列。

B 系列橡胶塑料绝缘导线（B 表示绝缘）：该系列导线结构简单、重量轻、价格较低，电气和力学性能好，适用于各种动力、配电和照明线路以及大中型电气设备的安装。交流工作电压为 500 V，直流工作电压为 1 000 V。

R 系列橡胶塑料软导线（R 表示软线）：该系列导线的线芯由多根细铜线绞合而成，除具备 B 系列导线的特点外，其线体比较柔软，有较好的移动使用性，广泛用于日用电器、仪表仪器的电源线，小型电气设备和仪器仪表内部的安装线以及照明线路中的灯头、灯管线。交流工作电压为 500 V，直流工作电压为 1 000 V。

Y 系列通用橡套电缆（Y 表示移动电缆）：该系列导线以硫化橡胶作为绝缘层，以阻燃氯丁橡胶作为护套，具有抗砸、抗拉和能承受较大的机械应力的性能，同时还具有很好的移动使用性，适用于在一般场合下作为各种电气设备、电动工具仪器和照明电器等移动式电源线。

上述导线的长期最高工作温度为 65 °C。表 5-3-6 所示为常用电线电缆，使用时查表即可。

表 5-3-6　常用电线电缆

分类	型号	名称	用途
电线电缆	BV	聚氯乙烯绝缘铜芯导线	交、直流 500 V 及以下，室内照明和动力线路的敷设，室外架空线路
	BLV	聚氯乙烯绝缘铝芯导线	
	BX	铜芯橡皮导线	
	BLX	铝芯橡皮导线	
	BLXF	铝芯氯丁橡皮导线	
	LJ	裸铝绞线	室内高大厂房绝缘子配线和室外架空线路
	LGJ	钢芯铝绞线	
	BVR	聚氯乙烯绝缘铜芯软导线	不频繁活动场所电源连接线
	BVS	聚氯乙烯绝缘双根铜芯绞合软导线	交、直流额定电压为 250 V 及以下的移动式电器、吊灯电源连接线
	RVS	聚氯乙烯绝缘双根平型铜芯软导线	
	BXS	棉花纺织橡皮绝缘双根铜芯绞合软导线	交直流额定电压为 250 V 及以下吊灯电源连接线
	BVV	聚氯乙烯绝缘护套铜芯导线（2 根或 3 根）	交、直流 500 V 及以下，室内外照明和小容量动力线路敷设
	RHF	氯丁橡胶铜芯软导线	250 V 室内外小型电气工具电源连线
	RVZ	聚氯乙烯绝缘护套铜芯软导线	交、直流额定电压为 250 V 及以下的移动式电器电源连接线
电磁线	QZ	聚酯漆包圆铜导线	耐温 130 °C，用于密封的电动机、电器绕组或线圈
	QA	聚氨酯漆包圆铜导线	耐温 120 °C，用于电工仪表或电视机线圈等高频线圈
	QF	耐冷冻剂漆包圆铜导线	在氟利昂等制冷剂中工作的线圈
通信线缆	HY、HE、HP、HJ、GY	H 系列及 G 光纤电缆	电报、电话、广播、电视、传真、数据及其他电信信息的传播

六、车间照明线路的安装步骤和操作要点

在实训室网孔板上模拟安装车间照明线路，步骤和操作要点如下：

① 划线定位。根据车间照明线路安装电气原理图，确定各种电气元件的位置，并用笔做好标记，确定线路走向，划线时要横平竖直。

② 敷设线槽。根据划线所确定的位置，确定线槽走向，根据本任务群任务一中的线槽敷设要求，逐步敷设。

③ 安装电气元件。根据划线定位的位置安装熔断器、照明开关、插座和灯座，熔断器、照明开关、插座和灯座的安装方法参见本书“任务群四”中的“任务一”。

④ 安装布线。根据车间照明线路安装电气原理图进行线槽布线，将熔断器、插座、照明开关以及灯座按图示要求进行连接。注意，导线敷设到灯具、插座、开关等接头处，要留出 100 mm 左右的线头，以便于接线。

⑤ 线路检查。使用数字式万用表蜂鸣挡（或指针式万用表电阻挡）进行检测：

a. 照明部分。将两表笔分别置于熔断器中性线出线端与螺纹灯座的螺纹处，有蜂鸣声说明中性线连接正常。再将两表笔分别置于相线出线端与螺纹灯座的中心点处，开关断开时，电阻为无穷大，开关闭合时，有蜂鸣声，说明相线连接正常。

b. 插座。将万用表的两表笔分别置于熔断器相线（或中性线）出线端与插座相线（或中性线）连接端，万用表有蜂鸣声说明插座连接正常。

⑥ 通电试验。将光源（设计采用的各种灯泡）安装在灯座上，接通电源。合上开关，灯亮；断开开关，灯灭。

七、车间照明线路的检查

对车间照明线路的检查主要有以下几项：

① 检查导线的发热情况，检查线路的负荷情况。

② 检查配电箱、分线盒、开关、熔断器、母线槽及接地、接零装置等的运行情况，着重检查母线接头有无过热发红、严重老化、腐蚀或断脱等情况，接线有无松脱、放电和烧坏等现象，螺栓是否紧固，绝缘子有无污损和放电现象。

③ 检查线路上及线路周围有无影响线路安全运行的异常情况，绝对禁止在绝缘导线上悬挂物体，禁止在线路旁堆放易燃易爆物品。

④ 对敷设在潮湿、有腐蚀性物体场所的线路，要定期对绝缘进行检查，绝缘电阻一般不得低于 0.5 MΩ。

⑤ 检查避雷接地装置是否良好，接地线有无锈断情况。在雷雨季节到来之前，应重点检查。

⑥ 对车间布线的裸母线、分电盒、闸刀箱，每季度进行一次停电清扫检查。500 V 以下屋顶内的母线及铁管配线，每年应停电检查一次。

⑦ 行灯变压器及各种手动工具，如手枪钻、砂轮等在使用前应进行检查，导线绝缘如有破损，应立即包扎或换线。

【知识拓展】

一、特殊车间的照明

工厂内的特殊车间一般是指周围环境条件与一般常温干燥车间不同的场所，如多尘、潮湿、有腐蚀气体、有火灾或爆炸危险的场所等。这些场所的照明要着重考虑安全、可靠性、便于维护和有较好的照明效果。

下面分别说明各种环境下对灯具的防护要求。

1. 多尘场所

多尘场所主要是指在生产过程中，车间内有大量飞扬的尘埃，这些尘埃沉积在灯具上，会使光损失及光效率下降。若是一些导电、半导体电粉尘聚积在电气绝缘装置上，受潮时会造成绝缘强度下降，易发生短路。另外，当粉尘积累到一定程度并伴有高温热源时，也可能引起火灾或爆炸。因此这类厂房的灯具应选用防尘型灯或反射型灯，灯具的设置要便于清扫与维护。

2. 潮湿场所

特别潮湿的环境是指相对湿度在95%以上，充满潮气或常有凝结水出现的场所。它使灯具绝缘水平下降，易造成漏电或短路，且灯具易锈蚀。人体电阻也因水分多而下降，增加触电危险。为此，应选用防潮灯或耐潮的防水磁质灯，灯具的引入线处应严格密封，以保证安全。

3. 腐蚀性气体场所

当生产过程中溢出大量腐蚀性介质气体或含有大量盐雾、二氧化硫等气体时，对灯具或其他金属构件会造成侵蚀作用。例如，铸铁、铸铝厂房溢出氟气和氯气；电镀车间溢出酸性气体；化学工业中溢出各种有腐蚀性气体的场所。

针对上述场所，选用灯具时应注意下列几点：

① 腐蚀严重的场所采用密闭防腐灯，即选择抗腐蚀性强的材料制成的灯具。常用的抗腐蚀性强的材料中，钢板耐碱性好而耐酸性差；铝材耐酸性好而耐碱性差；塑料、玻璃、陶瓷抗酸碱腐蚀性均好。

② 对内部易受腐蚀的部件实行密闭隔离。

③ 对腐蚀性不强的场所可用半开启式防腐灯。

在生产过程中，产生、使用、加工、贮存可燃液或有悬浮状、堆积状可燃性粉尘纤维以及固体可燃性物质，若有火源或高温热点，其数量或配置上能引起火灾危险的场所，称为有火灾危险的场所。如地下油泵间、贮油槽、油泵间、油料再生间、变压器拆装修理间、变压器油存放间、煤粉制造间、木工锯料间、裁纸房、图书资料档案库、纺织品库、原棉花库等。

4. 火灾危险场所

为防止灯泡火花或热点成为火源而引起火灾，固定安装的灯具，在有固体可燃物场所应采用将光源隔离密闭的灯具，如防尘防水灯具；在有可燃性粉尘场所宜采用防尘型灯具；移动式照明器在有可燃液场所和可燃性粉尘场所，应采用防水防尘型灯具；在有可燃性固体场所，可采用保护型灯具。

5. 有爆炸危险场所

空间具有爆炸性气体、蒸气、粉尘、纤维，且介质达到适当浓度，形成爆炸性混合物，在有燃烧源或热点温升到闪点的情况下能引起爆炸的场所，称为有爆炸危险的场所。

有爆炸危险场所的灯具防护要求如下：一是所有灯具必须采用隔爆型和防尘型灯具，一般要求灯具固定安装；二是所有室内灯具的开关必须安装在室外墙上。

二、无窗车间的照明

在无窗车间内进行生产或其他活动，都必须依靠人工照明，因而对照明有更高的要求。这种车间的光源、照度、照明形式等的选择可参照下列原则。

1. 光源

无窗车间的光源应选择光谱能量分布接近于天然日光的光源，一方面是因为其显色性好，另一方面是因为其有少量中、长波紫外辐射可满足人体需要。高度在 5 m 以下的车间厂房可采用日光色荧光灯（如 TZ 系列太阳光管）；高度 6 m 以上的厂房内宜选用接近日光色的高强度气体放电灯（如日光色镝灯）。

2. 照度

一般生产场所的照度不宜低于 200 ~ 300 lx，在经常没有人停留的场所，其照度可适当降低，但不宜低于 30 ~ 75 lx。非直接生产的车间厂房及走廊的照度不低于 30 lx。在出入口，照度宜适当提高，以改善视觉的明暗适应。

3. 灯具的选择

在有恒温要求或工作精密的车间厂房中，宜选用单独的一般照明。需采用混合照明时，要注意局部照明的发热量所造成的区域温差对工作的不利影响。

在选择照明器时，应考虑下列问题：

① 对防尘要求严、恒温要求较高的车间厂房，照明形式宜采用顶棚嵌入式的带状照明。

② 对防尘要求不严、恒温要求一般的厂房，宜采用上半球有光通分布的吸顶式荧光灯，以免造成顶棚暗区。

4. 紫外线补偿

长期在无窗的厂房内工作的人员，由于缺乏紫外线照射，易得某些疾病。为此，必要时可装设波长为 280 ~ 320 nm 的紫外线灯，以补偿人体对紫外线的需要。

可以将灯安装在某一固定房间内，工人定期按疗程进行短时照射补偿；也可以将紫外线灯与普通照明灯一样分散设置，进行长期照射。

三、顶棚式车间照明

在一般性的工厂车间照明方式中，最具有代表性的照明方式按建筑物顶棚高度来分，大体上可分为高顶棚、中等高度顶棚、低顶棚三类。

1. 高顶棚车间的照明

高度在 15 m 以上的顶棚一般处于大面积、大空间的工厂，照明器具的安装、维护、检修有特殊的危险性。在设计照明时，务必要重视防止劳动事故，重点考虑安全问题。

典型高顶棚车间的照明方式如下：

① 炼铁厂热轧车间照明一般使用反射罩照明。

② 投光照明。在侧墙、侧柱上设置照明专用台架，在台架上安装灯具（投光灯）作投光照明。在投光照明场合，必须对眩光、照度均匀等问题进行充分研究，以确定安装高度、灯具配光、投射方向等。

③ 链悬式照明。链悬式照明是指在建筑物上安置链悬线（长架线），在它的上面装设灯具，使照度均匀的照明方式，灯具、导线以及零配件等的安装位置大体上处于同一高度，使得高处作业既安全又迅速，比灯具接近侧墙的照明方式更容易维护检查。但是，在很多场合实施链悬式照明有困难，必须考虑建筑结构等条件进行研究。

④ 带升降装置的灯具。为了方便维护作业，一些灯具采用升降装置，此类灯具大体上由固定部分（电气接触部、导轨等）、可动部分（灯和灯具）、卷升部分（转筒，钢丝绳）等组成。升降装置有手动式和电动式两种。安装时应考虑灯具布置与生产设备布置的相互关系。

2. 中等高度顶棚车间的照明

（1）照明的基本条件

中等高度顶棚的工厂有中型金属板加工厂、中型组装工厂、油漆工厂等。作业内容有一部分是简单的视觉作业，大部分工作对象为中等大小，多数是标准视觉作业。

在光源选择上，重要的是要选取适合相应工作环境的光源，例如，对于金属板加工厂、机械组装工厂（中型）等，光色、显色性并不太重要，所以应从光效率、照明经济方面来考虑选用有利的光源；而油漆厂等则必须重视光色、显色性等问题，一般可使用大功率荧光灯，也可使用荧光汞灯、金属卤化物灯，但必须注意防止眩光。

关于灯具构造，特别要考虑防止直接眩光和反射眩光的问题，同时要考虑工作场所内的亮度对比，应采用反射罩上方可发出 10%～20% 光线的灯具。

（2）照明方式

根据照明条件可以采用一般照明或一般照明和局部照明并用的方式。对于低照度的设施，要注意越采用大功率光源，所用灯数越少，照度的均匀性也就越差。另外，对于像油漆厂这样对光色、显色性有严格要求的场合，必须根据要求来选择光源。

3. 低顶棚车间的照明

低顶棚的车间厂房有电子、纺织、印刷、化学、食品厂以及各行业的组装、喷涂、检验、控制室等，涉及范围很广。其视觉作业的工作对象小，多为精密的视觉作业，必须通过充分的研究来选择光源和设计照明方式。

① 要求高照度的场合，包括精密机械和电子零件的组装、印刷业的排版校正、产品或零件的检验工作等，在这种场合，除了对照度的要求外，还应注意防止眩光。而且因为这种场合多为疲劳程度大的作业，所以应形成舒适的视觉环境，包括色彩调节等问题，都必须慎重加以考虑。

② 要求显色性高的场合，包括食品厂、纺织厂、衣料制造和加工厂等，主要从事与颜色处理相关的作业。在要求高的场合，平均显色指数应在 90 以上，要求较低的场合也应为 70～85。

③ 混光照明场合使用各种光源进行混光，可以改善显色性，调节色温，从而满足各种照明要求，如纺织品、印刷、食品等产品的生产和检验。

四、控制室与检验工作室的照明

1. 工业控制室照明

工业控制室中的主要设备有直立的控制屏和斜面或水平面的控制台，值班人员的视力工作是持续且比较紧张的。对控制室的照明要求为：

① 应有足够的照度，为 100 ~ 300 lx。

② 有较好的亮度分布和色彩分布，应注意垂直面和水平面的亮度差别不要过大。

③ 无直射眩光和反射眩光。

控制室常采用荧光灯作为照明工具，普遍采用低亮度漫射照明装置，即采用倾斜安装的或带有方向性配光灯具的发光天棚，嵌入式或半嵌入式光带。

2. 检验工作室照明

检验工作是工厂控制产品质量的重要工作环节。检验工作与检验工作人员的业务熟练程度、被检物的性质以及照明方式有很大的关系。

某些检验工作并不需要特殊的照明环境，采用特定的照明系统就可以帮助人们很方便地进行这些作业活动。例如：当需要检验很小的物体或装配精细机械零件和电子元件时，常采用照明放大镜来简化操作作业；要测量物体尺寸时，常采用投影的方法，将物体先投影放大，再进行精细测量；采用频闪观测可对运动的部件进行检测，因为当其闪光频率调节到一定值时，被照到的运动物体看起来如同静止一样。

【巩固练习】

1. 车间照明效果可从哪几个方面进行评价？
2. 怎样选择车间照明导线？
3. 车间照明方式和照明种类有哪些？
4. 车间照明线路的安装步骤和操作要点有哪些？

技能要求

【工作任务】 车间照明线路安装。

【任务描述】 学生根据车间照明线路的安装步骤和操作要点，2 人 1 组，在实训室网孔板上模拟安装车间照明线路，做到操作安全、规范。

【任务实施】

1. 准备工作

① 人员组织：将班级学生分为 2 人 1 组，每次考核 20 组。

② 设备准备：熔断器、照明开关、插座、线槽、各种规格型号的导线、各种灯具、电工工具、卷尺、钢锯、数字式万用表、导轨等，设备数量应能满足 20 组学生同时操作。

③ 资料准备：评分表 1 张，记录笔 1 支。

2. 实际操作

① 考核人员：2 人/组。

② 考核时间：40 min。

③ 考核标准：

评分表

第______小组　　　　学生姓名______________________　　　　总评分____________

项目及配分		考核内容及评分标准	自评分 30%	小组评分 30%	教师评分 40%
考核程序	50 分	1. 划线定位。方法错误，扣 5 分；顺序错误，每处扣 2 分。			
		2. 敷设线槽。方法错误，扣 5 分；顺序错误，每处扣 2 分。			
		3. 安装电气元件。方法错误，扣 5 分；顺序错误，每处扣 3 分。			
		4. 安装布线。方法错误，扣 5 分；顺序错误，每处扣 3 分。			
		5. 线路检查。未检查，考核不合格；检查方法错误扣 5 分。			
		6. 通电试验。未通电试验，考核不合格；通电试验方法错误，扣 5 分。			
考核质量	30 分	1. 根据车间照明线路原理图，在网孔板上划线定位。划线不平直、有倾斜或弯曲，每处扣 2 分。			
		2. 敷设线槽。线槽敷设不规范、不合要求，每处扣 2 分。			
		3. 安装电气元件。安装地点错误，每处扣 3 分；安装不规范、不合理，每处扣 2 分。			
		4. 安装布线。布线不规范、不合要求，每处扣 2 分。			
		5. 线路检查。检测数值错误，每个数值扣 5 分；检测操作不规范、不合理，每处扣 3 分。			
		6. 通电试验。灯不亮，考核不合格；插座没电，扣 10 分。			
考核时间	10 分	考核总时间为 40 min，每超时 1 min 扣 2 分，超时 5 min 及以上停止考核。			
安全规章	10 分	遵章守纪，具有团结协作精神，仪容仪表应符合安全文明生产要求。团结协作精神缺乏，酌情扣 1～5 分；出现人员身体伤害，停止考核；着装不合要求，取消考核资格。			
合计	100 分				

任务四 住宅照明线路安装与检修

【学习目标】

一、知识目标

1. 掌握住宅照明线路的安装步骤和操作要点。
2. 掌握住宅照明线路灯具的选择要求。
3. 熟悉住宅照明线路灯具安装注意事项。
4. 熟悉住宅照明线路插座安装要求。

二、技能目标

1. 具有正确判断电气设备接地种类的能力。
2. 具有加工制作接地体、接地干线和接地网的能力。
3. 具有与他人合作安装接地装置的能力。

三、素质目标

1. 培养安全意识，牢固树立“安全第一”的作业思想。
2. 培养“按章操作、操作规范严谨”的工作作风。
3. 培养团结协作的精神。

知识要求

【知识要点】

住宅是人们生活居住的主要场所，其环境质量直接影响着人们的生活质量。

现代人需要的是一个高质量的生活环境，住宅的照明设计就是要创造一个宁静、温馨、舒适，符合人们现代生活秩序，满足人们正常生活需要和心理需求的灯光环境。

一、住宅照明要求

（一）照度要求

居住环境是人们进行多种活动的场所，通常人们要在住宅内休息、学习、娱乐等，因此，照明设计要针对不同的活动要求和活动性质，按照国家的有关照明设计标准（参见附表 4）和人们的生活习惯，选择相应的照度值。

但将我国现行标准和国外有关标准对照来看，我国住宅照明水平还远低于发达国家，作为小康住宅的照度应在现行国家标准的基础上，提高 1 ~ 2 个等级。因此，在选用进户组导线截面时应适当保留一定的裕度，以适应以后的需要。

（二）亮度要求

住宅内部房间功能分配比较明确，要创造一个舒适的灯光环境，就要根据各房间的作用、性质采用不同的亮度。

① 要注意主要空间和附属空间的亮度平衡和主次关系。

② 要避免出现极明、极暗的现象，或过暗的阴影出现。

③ 要避免房间内照度均匀、空间呆板，没有主次感和层次感。

例如：卧室是休息的场所，需要较弱的光线，宜采用低亮度；客厅是全家活动、会客、娱乐的地方，应该有充足的照明，以提高人的情绪和愉快感。另外，要注意空间的主次关系，客厅是主要空间，走道是次要空间，走道的照明就不要过于明亮，避免喧宾夺主、主次颠倒。

(三) 照明灯具选择要求

选择住宅照明灯具总的原则是“实用、舒适、安全、经济”。

实用是指光源的种类及功率、灯具的形式等都要符合房间的需要。

舒适是指光线柔和、自然，其强度符合人的适应范围，光色要符合环境气氛的要求。

安全是指照明灯具的配置（包含线路、开关、插座及灯具的外壳等）必须做到安全可靠。

经济是指照明灯具的选择不仅经济合理，又要考虑长期作用的节能、高效。

1. 光源的选择要求

在住宅照明中，常用的光源主要有节能灯和 LED 灯两种。

（1）节能灯

节能灯应选择光线柔和、显色性好、使用简单的具有暖和色调光线的节能灯。由于节能灯常用于客厅、餐厅、卧室的一般室内照明（如吊灯）或重点照明（台灯），因此，可采用不同光色的节能灯，以达到不同的装饰效果。

同时，采用暖色调光线的节能灯可以调和冷色调的墙面，也可以使客厅、餐厅的室内空间充满热烈、欢快的环境气氛，在白色中点缀红色可以使房间充满温馨浪漫的感觉。节能灯还常用在点燃时间短、经常开关的场所，如门厅、厕所、浴室、厨房等。

（2）LED 灯

LED 灯光线明亮、光效高，但显色性较差，主要用于有高照度要求的场所，如书房、厨房和点燃时间相对较长的地方。此外，LED 灯在装饰照明中常被用于制作光槽或发光顶棚。住宅各房间对照明的要求及光源的选择见表 5-4-1。

表 5-4-1　住宅室内的光源选择

房间名称	照明要求	适用光源
卧室	暖色调，低照度，需要宁静温馨的气氛	紧凑型荧光灯
客厅	明亮，高照度，点灯连续时间长	紧凑型、环形、直管形节能灯
	要求较高的艺术装修和豪华的场所	水晶花灯、节能灯、LED 筒灯
梳妆台	暖色光，显色性好，照度要求高	暖色光的节能灯或 LED 灯
餐厅	以暖色调为主，显色性好	暖色光的节能灯或 LED 灯
书房	照度要求高，以重点照明为主	节能灯或 LED 灯
盥洗室、厕所	光线柔和，开关次数频繁	暖色光的节能灯或 LED 灯
门厅、楼梯间、储藏室	照度要求较低，开关次数频繁	暖色光的节能灯或 LED 灯
小厅	亮度高，点灯连续时间长，要求节能	节能灯或 LED 灯

2. 灯具的选择要求

住宅照明设计的目的除了满足照明的基本需求外，还应兼备体现装饰风格、烘托空间气氛的作用。住宅常常把灯饰化装饰照明和建筑化装饰照明混合使用。

（1）灯饰化装饰照明

面对丰富多彩、眼花缭乱的灯具世界，其形式的选择取决于室内装饰风格。室内装饰风格是多种多样的，灯具造型应该和室内装饰的整体效果相协调。

例如，对于豪华、富丽的古典装饰风格，可选择造型复杂、材料贵重的灯具；对于崇尚自然、追求简约风格的室内装饰，可选择造型简洁明快、具有几何图案的灯具。

（2）建筑化装饰照明

住宅的室内照明，常利用光槽、发光顶棚等建筑化装饰照明手段创造出绚丽多彩的环境气氛。建筑化装饰照明主要用于烘托室内气氛，补充和完善灯饰化装饰照明，强化建筑装饰风格。

主人的职业习惯、修养、爱好等也影响着灯具的选择。一般情况下，儿童房间宜选择造型比较新颖、色彩比较鲜艳的灯具；老人房间可选择造型稳重大方、光线柔和暖色的节能灯灯具。

总之，装饰性灯具的选择是一个影响因素繁多、比较复杂的过程，作为照明设计人员，应该积极主动地掌握各类灯具的光学特性和电气性能，熟悉各类建筑功能及对照明的要求；密切配合建筑专业的设计人员，使灯具在功能和装饰效果上达到室内装饰所期望的效果。

二、住宅灯具安装注意事项

考虑住宅照明光源的更换，灯具、开关和插座等器件的维护、维修的需要，在安装时应注意以下几个方面：

① 安装位置适当。安装位置应该是人们易达到的高度和位置。

② 选择易拆装的灯具。当光源需要更换时要易拆装。

③ 开关的位置适当。原则上要在入口处设置房间主要光源的开关，有时可以把开关设置在房间外边。另外还要研究室内的布局及生活上的交通线路，以选择最适当的位置设置开关。其他灯具的开关，如台灯、地灯等的开关最好设置在灯具周围，方便操作。

④ 注意安全性。家庭成员复杂，特别是有老年人或儿童的家庭，就要更加注意灯具的安全性，灯具要有足够的保护措施，避免光源或带电部分外露，灯具开关等操作部分要与光源保持一定的距离，灯具的安装要牢固，摆放的位置要合适，并应考虑它的稳定性及坚固性。

三、住宅房间的照明要求

（一）客厅照明

1. 客厅照明方式

客厅的照明设计，首先要满足客厅多种活动对照明的要求，如图 5-4-1 所示。例如，全家团聚、会客时要求光线比较明亮、暖和；看电视时又要求光线柔和、亮度较低等。

图 5-4-1　客厅照明实景图

其次是满足空间对光环境创造的要求。例如，利用光突出空间的层次感和明暗关系，利用光色创造环境气氛等。因此客厅的照明应采用一般照明、装饰照明和重点照明相结合的方式。

（1）一般照明

客厅的一般照明常选用吊灯设置在客厅空间的中央附近，这在一定程度上能使空间明亮起来，并使空间有一个统一感和中心感。图 5-4-2 中的客厅采用的吊灯起到了上述作用并能和房间内的家具、窗帘协调统一。

图 5-4-2　客厅一般照明实景图

（2）装饰照明和重点照明

根据客厅功能要求，采用如台灯、地灯、壁灯、小型射灯等灯具，或设置发光灯槽、嵌入式筒灯等建筑化装饰照明的手段，形成多种组合的照明方式，并把直射光和漫射光搭配使用。这样，一方面使空间得到了充足的照明，满足各种功能的需要；另一方面丰富了空间的光环境，活跃了空间气氛。图 5-4-3 所示的是结合室内装饰的客厅照明。

图 5-4-3　客厅装饰照明和重点照明实景图

无论采用何种灯具进行组合，布灯时都要考虑灯光照射的位置和区域，考虑光照的层次，以及不同的光形成的混合光区的光照效果。

2. 客厅照明灯具选择

客厅是家庭团聚、休息、会客和娱乐的重要场所，是住宅中最为重要的空间，家庭的装饰风格一般通过客厅体现出来。同时，客厅是家庭中最大的活动空间，因此需要高质量照明。客厅照明应该适合于各种活动需要，充分考虑电光源的亮度、强度和颜色以及灯饰配件。

明亮舒适的光线有助于相处中气氛的愉悦，休闲时可以减轻眼睛的负担，在不同场合和时段也可以满足相应需求。客厅的照明配置一般应运用主照明和辅助照明的灯光交互搭配来营造空间的氛围。

客厅总体照明可使用吸顶灯，一般可在房间的中央装一盏单头或多头的吊灯作为主体灯，使客厅里的光线尽量明亮一些。吸顶灯的选用按客厅的面积和高度来决定，如果房间面积小，宜选用吸顶灯；如果房间面积大且高，选用吊灯为宜，如图 5-4-4 所示。

图 5-4-4　客厅吊灯实物图

客厅的局部照明则可以利用落地灯、壁灯等达到局部使用和点缀的效果。

高杆落地灯适合于看电视和休闲阅读。在墙壁上安装大小合适的壁灯，可以起到点缀作用，并且可以根据不同的需要选择光源。客厅局部照明和装饰照明如图 5-4-5 所示。

图 5-4-5　客厅局部照明和装饰照明实景图

客厅灯饰风格是主人身份、地位、修养的象征和表现，客厅照明重在营造气氛，应选择艺术性较强的灯具，与建筑结构和室内布置相协调，勾勒出美妙的光环境。客厅主体照明既不能太暗，也不能刺眼炫目，当客厅人少的时候，可关闭主体照明灯，开启局部照明灯。

(二) 卧室照明

卧室在家居生活中是让人休息、摆脱疲劳、身心放松、恢复体力的地方，也是睡眠或学习的场所，是私密性要求较高的空间。卧室的照明需要柔和、轻松、宁静、浪漫。但同时又要满足化妆、着装，或者睡前阅读的需求，各种灯具的组合可以提供完美的卧室照明。

住宅中的卧室一般可分为主卧室和次卧室，主卧室供家庭主人用，其主要作用是供人休息，有时兼作梳妆间用；次卧室供家庭其他成员使用，其作用除休息外，有时还兼作书房。卧室的灯光设计主要是创造一个安静、柔和、温馨的光环境。

1. 卧室照明方式

对于一般卧室的灯光照明，从灯光的功能角度来划分，可分为普通照明（或一般照明）、局部照明（或重点照明）和装饰照明三种，如图 5-4-6 所示。

图 5-4-6　卧室照明实景图

（1）普通照明（一般照明）

卧室的普遍照明供起居作息用，必须注意光线不能太强和过白，因为这种光线易使房间显得呆板而没有生气，最好选用暖色光的灯具并配上合适的光源。普遍照明最好能设置两个开关，一个设在卧室的进门处，一个设在床头附近，方便开关。

（2）局部照明（重点照明）

卧室除普通照明外，还应该有台灯等局部照明作为重点区域的照明，化妆、着装、阅读等活动均需要完善的局部照明。局部照明光线应该柔和，造型应该温馨，并且最好可以调控光线 强弱。

（3）装饰照明

装饰照明的作用是创造空间的气氛，营造舒适、温馨、浪漫的光照环境。

2. 卧室照明灯具选择

（1）普通照明（一般照明）

卧室的一般照明可选择一盏吸顶灯（半透明型灯罩）或一盏外形新颖、色彩鲜艳（活跃室内气氛）的吊灯，在吊灯的光色中还可以适当加入一些红色或紫色，以增加室内温馨浪漫、神秘的气氛。

（2）局部照明（重点照明）和装饰照明

卧室的局部照明（重点照明）和装饰照明主要创造空间气氛和满足其他功能。为降低室内光线明暗反差，可设置壁灯、小型射灯（投射图画、照片等）或设置发光灯槽、筒灯等（与一般照明配合，有时甚至可不要一般照明）；为满足主人阅读、梳妆的要求，可在床的上方安装两盏可调的阅读灯或设置台灯，见图 5-4-7，在梳妆桌上方可设置漫射型乳白玻璃罩壁灯（常安装在镜画的上方）。

图 5-4-7 卧室局部照明和装饰灯具实物图

(三) 书房照明

1. 书房照明方式

书房照明方式通常采用一般照明和局部照明相结合的方式。

书房是人们工作、学习的地方，书房照明应有利于人们精力充沛地学习和工作。因此，光线既要明亮又要柔和，同时要避免眩光。

2. 书房照明灯具选择

一般照明可采用光线柔和的吸顶灯，局部照明可选用一盏光线集中的台灯。另外，注意光线明暗对比不要过于强烈，以减少视觉疲劳。

(四) 餐厅照明

1. 餐厅照明方式

餐厅的一般照明可以采用直接照明的方式。在餐厅中，光线一定要充足，因为用餐的时候光线好，可以营造舒适的就餐环境，如图 5-4-8 所示。餐厅里的光线除了要充足以外，还要柔和，这样既能让餐厅明亮，又便于使用。

图 5-4-8　餐厅照明实景图

餐厅的照明应以突出餐桌表面为目的，光线应保持明亮，但不刺眼；光色应偏暖色，这样才能使菜的色泽看起来让人更有食欲。

餐厅除了一般照明外，还可以增加装饰照明和重点照明，如在餐厅的墙面上设置壁灯、画框灯，或在酒柜内设置筒灯、小型射灯等，以改善房间的明暗对比，丰富室内的光环境。

2. 餐厅照明灯具选择

餐厅照明一般使用暖色调的节能灯，灯具可以采用吊灯或者伸缩灯，选用显色性好的向下照射的配光灯具，安装在餐桌上方，距餐桌面的适宜高度为 1.0 ~ 1.5 m。较长的餐桌可以用多盏灯具，避免只使用一盏较大的灯。多盏灯具分别有各自的开关，可以根据情况选择使用。

(五) 厨房照明

1. 厨房照明方式

厨房照明方式一般采用一般照明和局部照明两种。一般照明用于对整个厨房的照明，局部照明用于对洗涤区及操作台面的照明。

厨房照明对亮度要求很高，灯光应明亮而柔和。厨房作为工作室的一种，需要无阴影的常规照明，如图 5-4-9 所示。

图 5-4-9 厨房照明实景图

无论是工作台面，还是炉灶或储藏空间，都要有灯光照射，使每一道工作程序都不受影响，特别是不能让操作者的身影遮住工作台面。

2. 厨房照明灯具选择

厨房照明既要实用又要美观、明亮且清晰，以给人整洁之感。厨房中灯光分为两部分，一是对整个厨房的照明，二是对洗涤区及操作台面的照明。

整个厨房的照明可以采用可调式的吸顶灯照明，洗涤区及操作台面的照明可以在橱柜与工作台上方装设集中式光源，这样会更安全、方便。

厨房是家庭中最繁忙、劳务活动最多的地方，厨房的照明主要是实用，故应选择合适的照度和显色性较高的光源，一般可选择节能灯和 LED 灯。

一般的厨房照明是在操作台的上方设置功率在 15 ~ 30 W 之间的节能灯或 LED 灯（如选择 LED 灯，则光源的功率可适当降低，一般不超过 20 W），灯罩采用透明玻璃或透明塑料，这样天花板显得既简洁又明亮。如操作台上方有壁柜时，可结合壁柜，在壁柜的下方安装嵌入式或半嵌入式散光型吸顶灯，使灯光照亮下方操作台。

厨房一般较潮湿，灯具的造型应该尽量简洁，以便于清洁、擦洗。另外，为了保证安全，灯具最好使用瓷灯头和安全插座。

(六) 卫生间（浴室）照明

1. 卫生间照明方式

卫生间、浴室的照明采用一般照明和局部照明两种方式。

对于卫生间、浴室的照明，要求明亮柔和的光线均匀地照亮整个空间，即保证柔和、明亮就足够了，如图 5-4-10 所示。

卫生间一般设有梳妆镜和盥洗盆，大多都是将梳妆镜和盥洗盆安装成一个整体，因此，应在镜的上方或两侧设置局部照明。

图 5-4-10　卫生间照明实景图

2. 卫生间照明灯具选择

随着人们生活水平的提高，浴室、卫生间的面积越来越大，内部设施也越来越高档、豪华，浴室、卫生间除了供人们洗浴、方便外，甚至还成了人们消除疲劳的场所。所以可选用吸顶灯或设置发光顶棚，同时要选用暖色光源，创造出温暖的环境气氛。

卫生间和浴室的灯具应避免直接安装在浴缸的上面，开关应安装在卫生间的外面。

卫生间和浴室的灯具，应选择具有可靠的防水性与安全性的玻璃或塑料密封灯具。在灯饰的造型上，可根据主人的兴趣与爱好选择，但在安装时不宜过多，不可太低，以免发生溅水、碰撞等意外。

卫生间比较潮湿，使照明灯存在安全隐患，因此应格外注意。选择灯具时要考虑采用低温的节能灯或 LED 灯等，并要保持灯具与门窗之间的适当距离，一般选取带罩体的吸顶灯。

卫生间的灯具与厨房一样，应具有防雾和易清洁的特点，而且能够防水、防潮、防腐蚀。

(七) 门厅、走道照明

在目前修建的单元住宅中，一般都有面积不大的门厅，是连接卧室、厨房、卫生间的过渡空间，也是家庭的门面，是进门的第一印象，如图 5-4-11 所示。

图 5-4-11　门厅、走道照明实景图

门厅是住宅的出入通道，走道是连接室内各房间的交通要道，两者作用都是作为交通联系用，也可兼作贮藏空间用。

门厅是家居总体印象的开始，常要求光线明亮，以增加空间的开阔感。走道则要求光线比较柔美、亮度不宜太高。门厅和走道的照明方式主要采用顶部照明，如设置吸顶灯或光带、光槽、嵌入筒灯等，走道也可采用壁灯。

四、房间插座设计

(一) 客厅插座布置

1. 客厅插座的布置方法

客厅的插座布置，应首先确定弱电（有线电视、电话插座）插座位置，再根据弱电插座位置来确定强电（电源）插座位置。

强电与弱电插座的水平距离以大于 0.5 m 为宜，如果距离太近，强电对弱电信号产生电磁干扰，影响收看效果。电视、音响插座一般设置在一起，电视既需要有线电视信号插座，也需要电源插座。电视、音响都是两孔插头，共需要 2 组（每组 2 个双孔插座）插座。所以，在现代家庭客厅中，强电插座需要 7 ~ 9 组，弱电插座需要至少 2 组，方能满足人们生活的需要。

2. 客厅插座的安装高度

客厅插座的安装高度，大部分是插座底边距地 0.3 m、1 m 或 1.4 m。

客厅插座底边距地 0.3 m 的优点是：由于客厅家具（沙发、电视柜、鞋柜、博古架等）的遮挡，插座具有隐蔽性，不易出现在人们的视野中，起到了保持客厅优美视觉环境的作用。

客厅插座底边距地 0.3 m 的缺点是：如果住户用装饰板进行墙裙装修时，需要在墙上搭龙骨架，必须要把插座移出来固定在龙骨架上，否则会被装饰板盖住，影响美观；另外，插座容易被家具挡住，插拔插头很不方便，且家具不能紧靠墙摆放，要留出插、拔插头的空间，也不美观。

客厅插座底边距地 1.4 m 的优点是：插座位置高于一般客厅家具，使用时插、拔方便。

客厅插座底边距地 1.4 m 的缺点是：住户装修墙裙一般是 1 m 高，插座底边距墙裙顶的距离是 0.4 m，显得不协调，影响美观。

客厅插座底边距地 1 m 较为合适，既使用方便，也能与墙裙装修协调。另外，面积小于 20 m^2 的客厅，空调机一般采用壁挂式，则空调机插座底边距地为 1.8 m。如果客厅面积大于 20 m^2，空调机一般采用柜机，插座高度为 1 m 或 0.3 m。

3. 客厅插座容量选择

客厅插座容量选择的方法是：壁挂式空调机选用 10 A 三孔插座，柜式空调机选用 15 A 带漏电保护开关的空调专用插座，其余选用 10 A 的多用插座。

(二) 卧室插座布置

1. 卧室插座的布置方法

卧室一般设置 6 ~ 8 组强电插座、4 组弱电插座。

卧室的插座布置应先从确定床的位置开始，床的位置是卧室插座布置的关键。

一般双人床都是摆在房间中央，一头靠墙，双人床宽一般为 1.5 m 和 1.8 m，那么，床头两边各设 1 组（五孔）多用电源插座，以供床头台灯、落地风扇及电热毯之用，床头并设 1 个电话插座，床头的对面设 1 个有线电视插座及 1 组多用电源插座，以供睡前观看电视使用，靠窗前的侧墙上设 1 个空调电源插座，其他适当位置设一组多用电源插座作备用。

2. 卧室插座的安装高度

卧室插座的安装高度一般为插座底边距地面 0.3 m，空调电源插座底边距地面为 1.8 m，床头两边的插座高度应高于床头柜 50 ~ 100 mm，一般距地面为 0.5 ~ 0.6 m。

3. 卧室插座容量选择

选择卧室插座的容量时，空调机电源选用 10 A 三孔插座，其余强电插座选用 10 A 五孔多用插座。

(三) 书房插座布置

1. 书房插座的布置方法

书房一般至少布置 5 组强电插座、1 组弱电插座。在书房中，一般写字台是放在窗前的，所以窗前的墙一边布置 1 组计算机、电话用的双控插座，另一边布置 2 组五孔多用电源插座。侧面墙上布置 1 组壁挂式空调机用插座，其他适当位置布置 2 组五孔多用电源插座。

2. 书房插座的安装高度

书房插座的安装高度一般为插座底边距地面 0.3 m，空调电源插座底边距地面为 1.8 m，写字台用插座一般布置在窗沿下方，紧贴窗沿，也可以布置在写字台面上方 100 mm 左右，但一定不要布置在写字台面下方，这样使用起来不太方便。

3. 书房插座容量选择

书房插座的容量，空调机电源选用 10 A 三孔插座，其余强电插座选用 10 A 五孔多用插座。

(四) 厨房插座布置

1. 厨房插座的布置方法

厨房使用的电气设备较多，有抽油烟机、消毒柜、电饭煲、微波炉、电热水器、电冰箱、电烤箱等，因此，厨房的电源插座应单独设置一个电源回路，不能和其他电源回路混用，并设置多处电源插座，以满足各种厨房电器的用电需要。

厨房插座的布置，应考虑厨房操作台、灶台、置物台、洗菜槽的布局，同时根据厨房吊柜的具体位置，选取最佳位置设置电源插座。

2. 厨房插座的安装高度

抽油烟机插座距离地面 2.0 m 设置，电冰箱插座一般距地面 0.3 m。抽油烟机插座底边距地面不低于 1.8 m，消毒柜、电饭煲、微波炉、电热水器插座一般安装在操作台台面上方 0.3 m 左右，并选用带开关的三孔插座为宜。

3. 厨房插座容量选择

电热水器插座应选用带开关的 16 A 单相三孔插座，如果电热水器具有固定位置，应注意插座不要设置在电热水器的正上方，以避免人的手臂越过电热水器操作开关。如果某一电热水器的额定电流超过 15 A，应对其对应的插座采用独立式供电，直接由配电箱引来独立电源。

其余厨房电器插座一般选用 10 A 五孔多用插座。

(五) 卫生间插座布置

1. 卫生间插座的布置方法

卫生间比较潮湿，因此，严禁在卫生间内的潮湿处，如淋浴区或澡盆附近设置电源插座，其他区域设置的电源插座应采用防潮式插座。有外窗的卫生间，应在外窗旁预留排气扇接线盒或插座，在盥洗台镜旁设置美容和剃须用的电源插座。安装在卫生间的插座宜带开关和指示灯。

2. 卫生间插座的安装高度

由于排气风道一般设在淋浴区或澡盆附近，所以接线盒或插座应距地面 2.25 m 以上安装。 距淋浴区或澡盆外沿 0.6 m 处，预留电热水器插座和洁身器用电源插座。盥洗台镜旁设置的电源插座应距地面 1.5 ~ 1.6 m 安装。

3. 卫生间插座容量选择

卫生间的插座一般选用 10 A 五孔多用插座。

(六) 餐厅插座布置

餐厅的家用电器主要有电火锅和落地风扇等，沿墙均匀布置 2 组五孔多用插座即可，安装高度为底边距地面 0.3 m，容量为 10 A。还可以安装 1 个电话插座，安装高度为底边距地面 1.4 m。

五、住宅照明线路的安装步骤和操作要点

在实训室网孔板上模拟安装住宅照明线路，其步骤和操作要点如下：

① 检测元器件的质量。用数字式万用表的蜂鸣挡（或指针式万用表的电阻挡），对低压断路器和漏电保护器进行通、断检测，检测低压断路器和漏电保护器的质量是否完好。

检测方法：将低压断路器和漏电保护器的开关手柄置于 OFF 状态时，万用表的表笔分别置于上、下两个接线柱，此时万用表无蜂鸣声，显示数字 1；开关手柄置于 ON 状态时，万用表发出蜂鸣声，显示数字 0，表明低压断路器和漏电保护器质量完好。

② 划线定位。根据住宅照明线路安装电气原理图，确定各种电气元件的位置，并用笔做好标记，确定线路走向，划线时要横平竖直。

③ 敷设线槽。根据划线所确定的位置，确定线槽走向，根据本任务群“任务一”中的线槽敷设要求，逐步敷设。

④ 安装电气元件。根据划线定位的位置，安装电能表、漏电保护器、低压断路器、照明开关、插座和灯座，电能表、漏电保护器、低压断路器、照明开关、插座和灯座的安装方法参见本书“任务群四”中的“任务一”。

⑤ 安装布线。根据客厅照明线路安装电气原理图进行线槽布线，将电能表、漏电保护器、低压断路器、插座、照明开关以及灯座按图示要求进行连接，注意，导线敷设到灯具、插座、

开关等接头处，要留出 100 mm 左右的线头，以便于接线。

⑥ 线路检查。根据接线图检查接线是否正确，保护线（PE 线）线排和零线（N 线）线排是否有错，箱体螺栓是否可靠接地等。

⑦ 通电试验：

a. 合上电能表前的低压断路器，给整个照明线路送电。

b. 合上配电箱的总低压断路器，再逐一合上各个支路的低压断路器和漏电保护器，给各个分支电路送电。

c. 分别合上客厅、卧室、餐厅、厨房的开关，各个灯均亮，断开开关，各个灯均灭。

d. 用万用表的交流电压挡测试插座是否有电。

六、住宅照明线路的常见故障及检修

住宅照明线路的常见故障及检修方法参见本任务群“任务一”。

【巩固练习】

1. 住宅照明对亮度有什么要求？
2. 住宅照明灯具的选择原则是什么？
3. 住宅照明灯具安装的注意事项有哪些？
4. 怎样选择客厅、卧室、书房、厨房的灯具？
5. 住宅照明线路的安装步骤和操作要点有哪些？
6. 客厅、卧室、书房、厨房的插座安装高度怎样确定？

技能要求

【工作任务】 住宅照明线路安装。

【任务描述】 学生根据住宅照明线路的安装步骤和操作要点，2 人 1 组，在实训室网孔板上模拟安装住宅照明线路，做到操作安全、规范。

【任务实施】

1. 准备工作

① 人员组织：将班级学生分为 2 人 1 组，每次考核 20 组。

② 设备准备：电能表、漏电保护器、低压断路器、照明开关、插座、灯具、各种导线、电工工具、卷尺、钢锯、数字式万用表、导轨等，设备数量应能满足 20 组学生同时操作。

③ 资料准备：评分表 1 张，记录笔 1 支。

2. 实际操作

① 考核人员：2 人/组。

② 考核时间：60 min。

③ 考核标准：

评分表

第______小组　　　　学生姓名________________________　　　　总评分____________

项目及配分		考核内容及评分标准	自评分 30%	小组评分 30%	教师评分 40%
考核程序	50 分	1. 元器件质量检测。方法错误，每处扣 5 分；顺序错误，每处 3 分。			
		2. 划线定位。方法错误，扣 5 分；顺序错误，每处扣 2 分。			
		3. 敷设线槽。方法错误，扣 5 分；顺序错误，每处扣 2 分。			
		4. 安装电气元件。方法错误，扣 5 分；顺序错误，每处扣 3 分。			
		5. 安装布线。方法错误，扣 5 分；顺序错误，每处扣 3 分。			
		6. 线路检查。未检查，考核不合格；检查方法错误扣 5 分。			
		7. 通电试验。未通电试验，考核不合格；通电试验方法错误，扣 5 分。			
考核质量	30 分	1. 元器件质量检测。操作不熟练、迟疑，每处扣 3 分。			
		2. 根据住宅照明线路原理图，在网孔板上划线定位。划线不平直、有倾斜或弯曲，每处扣 2 分。			
		3. 敷设线槽。线槽敷设不规范、不合要求，每处扣 2 分。			
		4. 安装电气元件。安装地点错误，每处扣 3 分；安装不规范、不合理，每处扣 2 分。			
		5. 安装布线。布线不规范、不合要求，每处扣 2 分。			
		6. 线路检查。检测数值错误，每个数值扣 5 分；检测操作不规范、不合理，每处扣 3 分。			
		7. 通电试验。灯不亮，考核不合格；插座没电，扣 10 分。			
考核时间	10 分	考核总时间为 60 min，每超时 1 min 扣 2 分，超时 5 min 及以上停止考核。			
安全规章	10 分	遵章守纪，具有团结协作精神，仪容仪表应符合安全文明生产要求。团结协作精神缺乏，酌情扣 1～5 分；出现人员身体伤害，停止考核；着装不合要求，取消考核资格。			
合计	100 分				

任务群六

室外照明认知

任务一　建筑物外景照明认知

【学习目标】

一、知识目标

1. 掌握建筑物外景照明方式。
2. 掌握投光照明被照建筑物的选择方法。
3. 熟悉建筑物外景照明设计原则。
4. 熟悉建筑物外景照明的照明手法。

二、技能目标

1. 具有正确辨识建筑物外景照明特点的能力。
2. 具有正确辨识建筑物外景照明手法的能力。

三、素质目标

1. 培养发现美、欣赏美的美学情感。
2. 培养追求美的精神。

知识要求

【知识要点】

室外环境照明，主要是指人们进行室外活动和社会交往的城市公共空间环境的照明。城市公共空间环境的照明包括的范围比较广泛，如建筑物外景照明，各种类型的广场景观照明，城市公园照明，城市商业街照明，以及城市广告、标志、橱窗照明，道路照明等。

建筑物外景照明用于商业、文娱和节日活动。自从19世纪发明白炽灯以来，通常用串灯布置在大型公共建筑的边棱上，形成轮廓照明。对于重要的纪念性建筑，一般采用投光照明（泛光照明）。

现代高层建筑大多设计了大面积玻璃窗，室内照明夜晚透射到室外，也可形成室外夜景。第二次世界大战以后，随着城市建设的发展和新光源、新灯具的应用，许多大城市利用夜景照明形成光的构图，呈现出绚丽多姿的城市夜景。

一、建筑物外景照明方式

为了创造城市夜景，对有重要意义和观赏价值的建筑物，通常采用照明光源和照明技术，设置供夜间观赏的照明，以达到美化城市之目的。

建筑物外景照明的表现手法比较多，依据建筑物的特点、建筑风格和艺术构思，建筑物的外景照明主要采用投光照明（泛光照明）、轮廓照明、内透光照明和混合照明等。

（一）投光照明（泛光照明）

1. 投光照明的概念

投光照明是用投光灯将光直接照射建筑物立面，使用亮度大于周围环境的亮度，在晚上重塑建筑物形象的照明方式，如图 6-1-1、图 6-1-2 所示。

图 6-1-1 天安门投光照明实景图

图 6-1-2 人民英雄纪念碑投光照明实景图

投光照明是一种使用非常广泛的城市夜景照明方式，城市中的许多大型公共建筑、古建筑、纪念碑及雕塑等，在夜晚都有赖于投光照明，呈现出绚丽的城市夜景，这是目前建筑物外景照明中使用最多的一种基本方法。

2. 投光照明的特点

投光照明的特点是层次分明、立体感强，突出了建筑物的个性。

通过设计师精心的照明设计，使建筑物在夜晚层次分明，具有较强的立体感，并且强调和突出建筑物的个性（如外形、材料质感、颜色及装饰细部等）。比如，北京八达岭长城、北京天安门、上海外滩以及浦东的东方明珠等许多建筑物的夜景照明，均采用了这种方法，从而创造出比白天更美妙的效果。

3. 被照建筑物的选择

① 被照建筑物应为对揭示城市性质、展示城市风采具有重要意义和观赏价值的标志性建筑物。

② 被照建筑物的表面材料应具有较好的反射特性，以保证照明光源照到建筑物表面时，建筑物表面有一定的反射光。

③ 要考虑被照建筑物照明环境的影响。一是考虑如何在周围环境的陪衬下显示被照建筑物这一主题，给人以良好的视觉效果；二是要考虑周围环境照明（如道路照明）的强度及光的投射方向可能造成的对被照建筑物的观察障碍。

4. 光源和照度选择

建筑物投光照明一般选用金属卤化物灯、高显色性高压钠灯和微波硫灯作为光源。

投光照明所需照度的大小，应视建筑物的墙面材料的反射率和周围的亮度条件而定。相同光通量的照明灯光投射到不同反射率的墙面上所产生的亮度是不同的。如果建筑物的周围环境较亮，则需要较多的灯光才能获得所要求的对比效果。建筑物投光照明的照度推荐值见表 6-1-1。

表 6-1-1 建筑物投光照明的照度推荐值

建筑物表面		照度 / lx		
		环境		
材料类型	条件	不亮	较亮	很亮
白砖	相当清洁	20	40	80
大理石	相当清洁	25	50	100
亮颜色的水泥或石头	相当清洁	50	100	200
黄砖	相当清洁	50	100	200
暗颜色的水泥或石头	相当清洁	75	150	300
红砖	相当清洁	75	150	300
花岗岩	相当清洁	100	200	400
水泥	脏	100	300	—

为了便于选择和确定建筑物投光照明光源的功率，建议按建筑立面单位面积安装功率标准来确定不同照明背景、不同材料反射比和不同照度情况下光源的功率，见表 6-1-2。

表 6-1-2　建筑立面夜景照明单位面积安装功率

立面反射比（%）	暗背景		一般背景		亮背景	
	照度 / lx	安装功率（W / m^2）	照度 / lx	安装功率（W / m^2）	照度 / lx	安装功率（W / m^2）
50 ~ 60	20	0.87	35	1.53	50	2.17
30 ~ 50	35	1.53	65	2.89	85	3.78
20 ~ 30	50	2.21	100	4.42	150	6.63

5. 投光灯的安装位置

选择投光灯的安装位置时，要尽量使被照建筑物表面有比较均匀的照度，能够形成适当的阴影和亮度对比效果。根据建筑物本身所具有的特点，投光灯可以安装在建筑物的下方、上方、远处（隐蔽）等地方。

在建筑物本体上安装投光灯时，投光灯凸出建筑物的长度一般取 0.7 ~ 1 m，低于 0.7 m 会使建筑物的照明亮度不均匀，而超过 1 m 时又会在投光灯的附近出现暗角，使灯具周围形成阴影。在远离建筑物处安装投光灯时，为了得到较均匀的亮度，其距离与建筑物的高度之比应大于 1/10。

6. 投光照明设计要点和艺术效果

投光照明并不是而且也绝不可能将被照物浸没在光的海洋之中，也不可能是盲目地把某一区域内的建筑物都作为投光照明对象，而是要考虑照明的表现应具有层次感、有重心。这就要求投光照明设计应根据建筑物的高度、宽度和形状，以及被照射面的颜色、所需照度的大小和周围环境的亮度强弱，投光灯的光束类型等因素综合考虑。同时还应根据被照建筑物的特征、位置以及观察点，正确确定照明灯具的投射角和照明方向等。

(二) 轮廓照明

1. 轮廓照明的概念

轮廓照明是利用灯光直接勾画建筑物和构筑物等被照对象轮廓的照明方式。

轮廓照明是以黑暗的夜空为背景，利用建筑物周边布置的串灯来勾画建筑物轮廓，在夜空中勾画出美丽、动人的图形，能够获得很好的艺术效果，如图 6-1-3 所示。

图 6-1-3 建筑物轮廓照明实景图

2. 轮廓照明光源选择

目前轮廓照明主要是采用 LED 灯、光导纤维灯、冷阴极荧光灯或紧凑型荧光灯，也可以采用霓虹灯、导光管、美耐灯以及小功率影灯管等线性灯饰器材，直接勾画出建筑物轮廓。

3. 轮廓照明方法

对于构图结构优美的建筑物，采用轮廓照明的方法可以达到很好的效果。但是应注意单独使用这种方法时，建筑物的墙面一般比较暗。因此，根据建筑物的构图特征、所处的位置以及视看效果，可以采用投光照明和轮廓照明相结合的照明方式。

另外，对于一些轮廓简单的方盒式建筑物，不宜单纯采用轮廓照明的方法，一般采用多种照明方法相结合的形式才能产生较好的照明效果。

4. 轮廓照明灯具选择

在选用轮廓照明灯具时，应根据建筑物的轮廓造型、饰面材料、维护维修容易程度、能量消耗和投资造价等因素，综合分析论证确定。

(三) 内透光照明

1. 内透光照明的概念

内透光照明是利用室内光线向室外透射的照明方式。

内透光照明是利用室内靠近窗口的照明灯放射出光线，透过窗口在夜晚形成排列整齐的亮点，建筑物利用室内光线向室外透射，可以形成很好的夜景照明效果，如图 6-1-4 所示。

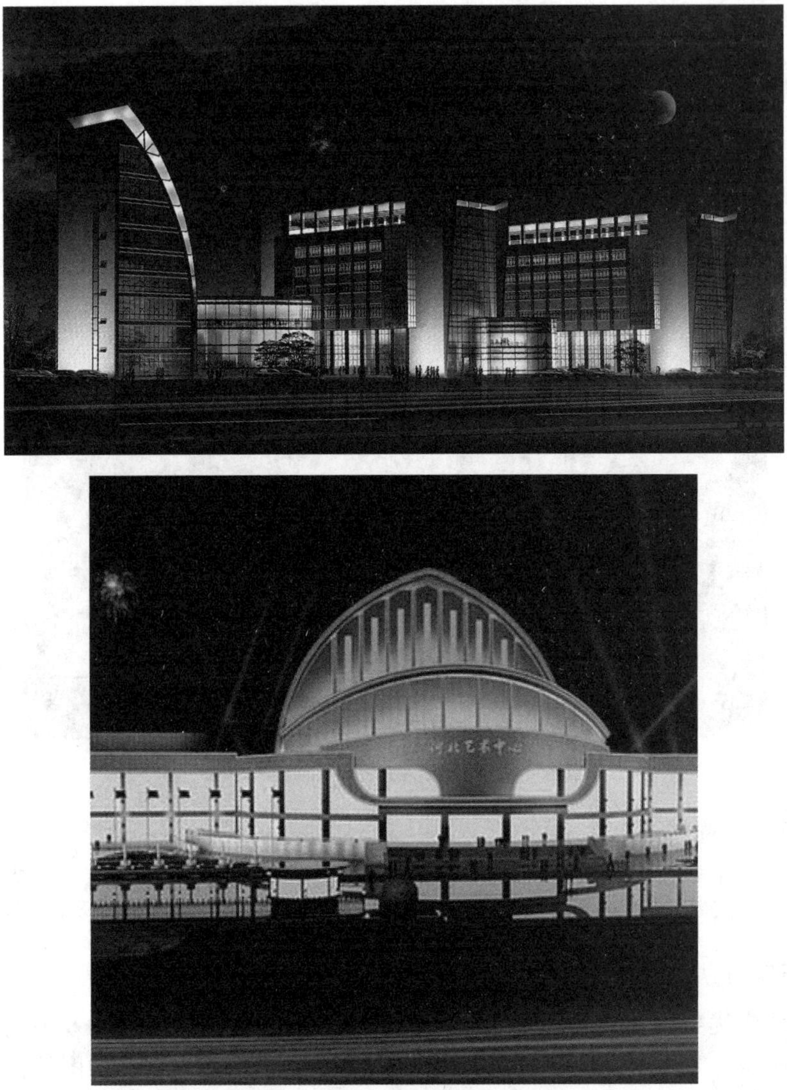

图 6-1-4 内透光照明实景图

有大片玻璃窗或玻璃幕墙的现代建筑采用这种内透光照明方式比室外泛光照明效果更加生动，同时也较经济，并便于维修。

2. 内透光照明方法

内透光照明方法有两种：一是利用室内的一般照明灯光，在夜间不关灯，让光线向外照射。大多数内透光照明属于这一种；二是在室内靠窗或需要重点表现其夜景的部位，如玻璃幕墙、柱廊、透光结构或艺术阳台等部位，专门设置内透光照明灯具，形成内透光发光面或发光体来表现建筑物的夜景。

3. 内透光照明的特点

内透光照明的最大特点是：

① 照明效果独特。通过内透光照明，加强了建筑物各部位的装饰效果。

② 建筑物富有生气和立体感。建筑物在夜色中显现富有生气和立体感。例如，具有玻璃幕墙的建筑物，通过设置内透光照明设施，使部分光线透过玻璃照射到外面，与外面夜色形成强烈的明暗反差，突出建筑物的高大和美感。

内透光照明方式节省投资，便于维修，世界上许多城市的不少高大建筑，晚上室内的一般照明不关灯，室内光线向外透射，大量的窗户形成明亮的发光面来装点建筑夜景，景观独特，富有生气，对营造整个城市夜景气氛很有帮助。

4. 内透光照明光源选择

内透光照明一般采用三基色直管荧光灯、LED 灯或紧凑型荧光灯。

(四) 混合照明

随着激光、光纤、全息影像以及计算机控制技术的发展及其在建筑物外景照明技术中的应用，人们用特殊方法和手段来营造特殊夜景照明效果的特殊照明技术应运而生。

目前在城市广场、大型体育场等重要活动场所，当举行大型活动和重要节日时常采用激光技术，各种颜色的激光光束在计算机的控制下，在夜空中展现出各种有规律的激光立体造型，给节日的夜景增添了光彩，给人们留下了深刻的印象和美好的回忆，如图 6-1-5 所示。

图 6-1-5 混合照明实景图

二、建筑物外景照明设计原则

建筑物外景照明的设计原则包括以下几点：

① 利用不同照明方式设计出光的构图，以显示建筑物、雕塑等的轮廓、体量、尺度和形象等。

② 利用照明的位置能够在近处看清楚建筑物、雕塑的材料、质地和细部，在远处看清楚它们的形象。

③ 利用照明手法，使建筑物、雕塑等产生立体感，并与周围环境配合或形成对比。

④ 利用光源的显色使光与环境绿化融合，以显示出树木、草坪、花坛等的翠绿、鲜艳、清新等感觉。

三、建筑物外景照明的照明手法

建筑物夜景照明手法的运用取决于受照对象的质地、形象、体量、尺度、色彩和所要求的照明效果、观看地点以及与周围环境的关系等因素。

照明手法一般包括光的隐现、抑扬、明暗、韵律、融合、流动与色彩的配合等。在各种照明手法中，泛光灯具的数量、位置和投射角是关键问题。

一般来说，用分隔的成组泛光灯具沿同一方向向受照对象投射，或从两个方向以对比的色调投射，都可以得到增强立体感的效果。在夜晚，建筑物和雕塑细部的可见度主要取决于亮度，因此泛光灯具根据需要可以远距离或近距离设置，也可以显露地或隐蔽地设置。

远距离投射可以改进亮度的均匀性；近距离投射则能强调受照面的细部和质地。对整个受照面来说，其上部的平均亮度为下部的 2～4 倍时，可使观察者产生上下部亮度相等的感觉。此外，将泛光灯具隐蔽在树木、花丛、草坪和墙荫处，可减少直射眩光。

【巩固练习】

1. 建筑物外景照明方式有哪几种？
2. 投光照明的特点有哪些？
3. 怎样选择投光照明的建筑物？
4. 内透光照明的特点有哪些？
5. 建筑物外景照明设计原则有哪些？
6. 建筑物外景照明的照明手法有哪些？

技能要求

【工作任务】 建筑物外景照明认知。

【任务描述】 学生根据建筑物外景照明实景图，现场辨识建筑物外景照明的方式、照明特点和照明手法等，做到快速、果断、安全、规范。

【任务实施】

1. 准备工作

① 人员组织：将班级学生分为 2 人 1 组，每次考核 1 组。

② 设备准备：城市外景照明实景图 6～8 例。

③ 资料准备：评分表 1 张，记录笔 1 支。

2. 实际操作

① 考核人员：2 人/组。

② 考核时间：10 min。

③ 考核标准：

评分表

第______小组 学生姓名____________________ 总评分____________

项目及配分		考核内容及评分标准	自评分 30%	小组评分 30%	教师评分 40%
考核程序	50分	1. 根据城市外景照明实景图辨识城市外景照明采用的方式、表现手法和特点。每错一处扣5分。			
		2. 根据教师提问回答问题。每错一题扣5分。			
考核质量	30分	1. 根据城市外景照明实景图能立即说出采用的方式、表现手法和特点。迟疑或停顿时间较长，每处扣2分。			
		2. 回答老师问题应迅速、果断。停顿、迟疑时间较长，每处扣3分。			
考核时间	10分	考核总时间为10 min。每超时1 min扣 2 分；超时3 min及以上停止考核。			
安全规章	10分	遵章守纪，具有团结协作精神，仪容仪表应符合安全文明生产要求。团结协作精神缺乏，酌情扣1~5分；出现人员身体伤害，停止考核。			
合计	100分				

任务二 广告和标识照明认知

【学习目标】

一、知识目标

1. 掌握广告照明的种类。
2. 掌握标识照明的种类。
3. 熟悉广告照明的特点。
4. 熟悉标识照明的特点。

二、技能目标

1. 能正确辨识广告、标识照明的种类。
2. 能正确说出广告、标识照明的特点及表现手法。

三、素质目标

1. 培养安全意识，牢固树立“安全第一”的作业思想。
2. 培养对广告、标识照明艺术的欣赏力。
3. 培养团结协作的精神。

知识要求

【知识要点】

随着科学技术和社会经济的迅猛发展，当今世界的户外广告照明和标识照明正朝着高品质、低能耗、电子化、信息化的方向发展，并随着广告、标识照明技术的进步，其照明的方法和形式趋于多样化。

一、广告照明

广告作为视觉信息的传播媒体，不仅要引人注目，在瞬间给人留下过目难忘的印象，而且还要通过设计人员的独特艺术构思、强烈的色彩效果和最佳的照明艺术，使人从中得到艺术感染和美的享受，激发消费者购买的欲望。广告照明的艺术化，就是要求不仅仅是照亮，而且要有美的感受，要富有艺术魅力。

也可以说，广告照明是一个城市夜景照明的重要组成部分。

广告照明可分为霓虹灯广告照明、投光广告照明、灯箱广告照明、显示屏广告照明、光纤广告照明以及其他广告照明。

(一) 霓虹灯广告照明

在高层建筑物的顶部，用霓虹灯装饰招牌、广告及各种宣传牌，不仅具有宣传、广告及招牌的作用，还能起到点缀市容、美化城市的作用。霓虹灯广告照明如图 6-2-1 所示。

图 6-2-1　霓虹灯广告实景图

1. 霓虹灯广告的安装方法

霓虹灯广告是一种高压特殊工程，首先将霓虹灯管在高温下煨制成各种图形或文字，然后抽成真空，根据发光颜色的要求，按比例充入少量的氮、氩、氖、氪和汞等气体，然后灯管两端安装上放气电极，用专用的玻璃支架将灯管固定在铁架上。

2. 霓虹灯的工作原理

霓虹灯应配置专用的电控箱，电控箱内一般装有电源总开关、电子程序控制器等；电源开关一般采用低压断路器。当电源接通后，通过漏磁式变压器将 220 V 电压变为 2 kV 的高压，霓虹灯管在高电压作用下产生辉光放电现象，呈现出各种鲜艳的颜色，并在电子程序控制器的控制下，展现出多种循环变化的彩色图案。

(二) 投光广告照明

1. 投光广告照明的安装方法

投光照明广告就是将各种广告图案或文字喷绘或粘贴在纸或有机帆布上，然后固定在铁架上，安装在房顶或高层建筑物上，在其上方或下方按规定的要求装设投光灯具，在电子定时器的控制下，晚上定时开关照明。图 6-2-2 所示为投光广告照明的实景图。

图 6-2-2　投光广告照明实景图

2. 投光照明广告采用的光源

投光广告照明常采用具有良好显色性的荧光灯，如显色性改进型汞灯和金属卤化物灯。目前投光广告照明技术日趋成熟，照明设计更加规范，其照度标准、照明的均匀度、使用的光源、灯具、控制器和灯具的安装等逐步定型和标准化。

(三) 灯箱广告照明

1. 灯箱广告照明的应用

目前，灯箱广告照明的应用十分广泛，已成为广告照明的新秀，备受青睐，推广应用前景很好。灯箱广告是采用散片、磨砂玻璃、漫透射有机玻璃、PC 板等作为灯箱材料，利用计算机喷绘、写真、丝网印刷及热转印、热成型技术，将各种文字和彩色图案印在画面上，无论是白天还是晚上，其视觉效果均佳。6-2-3 所示为灯箱广告照明实景图。

图 6-2-3 灯箱广告照明实景图

2. 灯箱广告照明的优点

灯箱广告与霓虹灯广告相比，具有以下显著优点：

① 灯箱材料漫透光性能好，从不同角度看，视觉效果均佳。

② 材料多具有强度高、防紫外线老化和抗静电的特性。

③ 柔性布料以卷束方式运输，安全、经济、运输方便，配以铝合金或不锈钢箱架，安全、简便、耐候性好。

④ 由于灯箱布等材料具有防微生物生长、抗污染、易洁的优点，因此维护管理方便；清洁、检修和更换光源时，不需要拆卸面板，只需要打开灯箱上方或下方即可进行。

(四) 显示屏广告照明

显示屏广告照明是一种新媒体广告照明形式，是新媒体技术与户外广告发布形式的完美结合。显示屏广告照明又称为电子显示屏广告照明。图 6-2-4 所示为显示屏广告照明实景图。

图 6-2-4 显示屏广告照明实景图

1. 显示屏广告照明的分类

目前，电子显示屏广告按光源分为LCD显示屏和LED显示屏两种；按安装位置分为楼宇外墙型、立式箱型、交通工具型、室内型几种。

（1）按光源分类

① LCD显示屏。这就是我们通常所说的液晶显示屏，相比LED显示屏，它分辨率高、画面细腻，但LCD显示屏也因为亮度低、屏幕尺寸小的特点，不适合用于户外广告，一般应用于楼宇广告、小型地铁广告等。LCD显示屏的面积通常不超过1 m^2。

② LED显示屏。这是通过控制半导体发光二极管的显示方式来显示文字、图像的显示屏幕。LED显示屏广告就是利用发光二极管拼成的广告字样或者图片，例如我们平常在大街上看到的电子大屏幕广告，或是路边彩色、高亮的广告招牌。LED显示屏的制作面积可以从1平方米到几千平方米，特别适合于大面积视频广告的发布。

LED显示屏主要包括全彩显示屏与图文显示屏。

LED全彩显示屏的视觉表现力优异，它与LCD显示屏在广告媒体领域正好形成互补态势。商业用途的LED显示屏的最小分辨率已达到3 mm/像素，完全可以应用于室内空间。而且LED显示屏并不拘泥于直板形态，它可以根据空间需求制作成异形屏。LED异形屏主要包括曲面屏、波浪屏、球面屏等。

LED图文显示屏是由单色或双基色组成的无灰度显示屏，成本较低，只能显示图形、文字等信息。它可以构成动态宣传网络，主要传播文字性广告信息，包括企业的产品信息、新品发布信息、销售活动信息等，具有成本低、目标人群固定、覆盖率有保证等优势。

（2）按安装位置分类

① 楼宇外墙型。楼宇外墙上的LED广告，通常安装在人流量较大的商业区楼宇的外墙立面上，随着LED市场的成熟与成本的降低，其屏幕面积也呈越来越大的趋势。大面积、动感化、声画合一的LED广告更能全方位触动受众感官，有效传达信息。

近年来，LED异型屏也开始运用于楼宇外墙LED广告中。楼宇拐角处“LED曲面屏”的处理方式，可以扩大广告的可视角度，兼顾到两个方向的受众视角。

② 立式箱型。立式箱型的LED彩屏设备不依托于其他建筑物，独立设置于公共场所，一般兴建在繁华商业街路口、大型商场门前、公交车站等地点，受制于置放环境，此类广告屏面积都不大，基本在5 m^2以下。

③ 交通工具型。交通工具型LED广告主要分为以汽车为载体的LED广告和以轮船为载体的LED广告。例如，厢式小型货车载有双面LED全彩屏，一边播放广告，一边在城市中的主要商业街之间穿梭，在一些人口密集的公共汽车站点还会短暂定点停靠；在轮船上，一副LED全彩屏广告往往成为江河上的一道美丽风景线。

④ 室内型。室内型LED广告主要包括地铁、医院、火车站、机场、大型超市、商务楼宇等地方的LED广告。地铁、医院等地方的屏幕广告分为LCD和LED两种广告形式，以往都是LCD广告一统天下，而随着LED技术的成熟，分辨率大大提高，完全可以运用于室内空间。在这些公共场所中的室内大型屏幕广告采用的几乎都是LED显示屏。

2. 显示屏广告照明的应用范围

显示屏广告照明广泛应用于：政府广场、国庆庆典、休闲广场、大型娱乐广场、繁华商贸中心、广告信息发布牌、商业街、火车站、候车室、演艺中心、电视直播现场、展览场馆、演唱会现场等场所。

3. 显示屏广告照明的视觉传播特征

LED广告这种新媒体广告形式在传播理念、传播方式和传播内容上都表现出一些明显的时代特征。

（1）动屏化

LED广告的“动屏化”特征显著。“动屏化”强调画面、声音和动作的整合，而LED显示屏有视觉、有声音、有动作。

（2）无线网络传送

不断进步的网络、通信技术让LED显示屏实现了广告内容的无线网络传送。通过互联网技术，可以让无线信号覆盖内的所有终端LED广告屏实现实时内容播放，做到了广告内容的同步化，并能及时更新LED屏幕显示的内容。

（3）分时广告投放

动态LED广告可以实现分时广告投放。例如，广告内容分为15 s广告和30 s广告两种形式循环播放，一天一条广告可以循环播放60 ~ 80次。虽然LED显示屏相对成本高昂，但广告投放时段可以随意配置，甚至可以受理以天为单位的订单。如此灵活的方式使LED广告与相同位置的传统静态户外广告相比，费用要低廉得多。

4. 显示屏广告照明的视觉传播趋势

我国正进入城市建设快速发展时期，LED广告与城市建设交相辉映，比肩发展。投放费用相对低廉的LED媒体备受广告主青睐。LED广告兼具户外广告与新媒体广告的功能，将在户外广告领域发挥其强劲的经济拉动作用。

（1）户外广告迎来LED时代

LED全彩显示屏是20世纪90年代在全球迅速发展起来的新型信息显示媒体，它具有环境适应能力强、高节能、寿命长、多变幻、利环保等一系列优势。它远距离分辨率高，即使在百米以外，视觉效果跟在家里看电视一样。随着半导体材料及工艺技术的进步，LED的性能会进一步提高，价格也会不断下降，它将逐步、全面地进入户外广告领域。

（2）走向“广告 + 公益”

公共场所的LED广告除了包含商业内容外，还可以兼顾到大众的信息需求与社会责任。目前LED广告内容逐渐向公益事业靠拢，可针对不同场所发布不同的公益广告和公益信息，例如，在商业街区发布天气预报等信息，在公交站台发布公交车运行信息等。

（3）单向传播迈向互动式的体验传播

单向传播的媒体广告形式已不再流行。LED营造“身临其境”的创意视觉空间，强调人们全方位的视觉体验，这是LED技术提供的创意型内容播放方式。

例如，在 2008 年的奥运会开、闭幕式与 2010 年的世博会展馆设计中，LED 创意视觉空间已成为互动式的体验传播亮点。LED 技术构筑的全方位空间与数字投影技术完美结合，配合动感视频和灯光特效，给大众带来前所未有的震撼视觉体验。

（4）LED 与新媒体传播走向融合

随着媒体终端产品一体化的发展趋势，使 LED 技术与手机、互联网等新媒体形式紧密结合，共同打造整合式广告营销体系。例如，某些社区媒体就汇集了多种媒体功能，受众可用手机发送信息与 LED 内容产生互动。分享式的网络视频形式与 LED 户外媒体结合，将是新媒体传播的发展新方向。

5. 显示屏广告照明的特点

LED 的特点是寿命长、光效高、无辐射与低功耗。

LED 的光谱几乎全部集中于可见光频段，其发光效率可达 80% ~ 90%。将 LED 与普通白炽灯、螺旋形节能灯及 T5 三基色荧光灯的比较结果显示：普通白炽灯的光效为 12 lm/W，寿命小于 2 000 h；螺旋形节能灯的光效为 60 lm/W，寿命小于 8 000 h；T5 三基色荧光灯的光效为 96 lm/W，寿命大约为 10 000 h；而直径为 5 mm 的白光 LED 的光效为 20 ~ 28 lm/W，寿命可大于 100 000 h。有人还预测，未来的 LED 寿命上限将无穷大。

LED 还具有其他优势，例如，光线质量高，基本上无辐射，属于典型的绿色照明光源；性能可靠、耐用，维护费用极为低廉等。

6. 显示屏广告照明存在的问题

（1）视觉污染

LED 显示屏具备高亮度的特性，夜晚超高亮度及大面积的视觉光源给整个城市带来了一定程度的视觉污染问题。

（2）破坏城市景观

城市建筑是城市的名片，它不仅要讲究建筑本身的造型与功能，同时要兼顾建筑与城市风格、建筑与周围环境、建筑与户外广告之间的关系，它们应该相辅共存，以达到形、色、质的统一。但有些 LED 户外广告却破坏了建筑立面，影响了城市景观。

(五) 光纤广告照明

20 世纪 80 年代以来，世界广告业就开始应用光导纤维技术。由于光导纤维具有光传输范围广、重量轻、体积小、用电省、不受电磁场干扰、频带宽等优点，所以将光纤照明技术应用于广告照明，可以使广告画面图像清晰、色彩鲜艳、栩栩如生，面且可以使图像在计算机控制下变幻无穷，广告效应显著。光纤广告照明如图 6-2-5 所示。

(六) 其他广告照明

除了以上几种广告照明外，随着科学技术的发展，新的广告照明技术也在不断出现，有些已经投入使用。例如导光照明广告、大屏幕显示屏广告、隐形广告、全息图广告、太阳能广告、空中照明广告等。

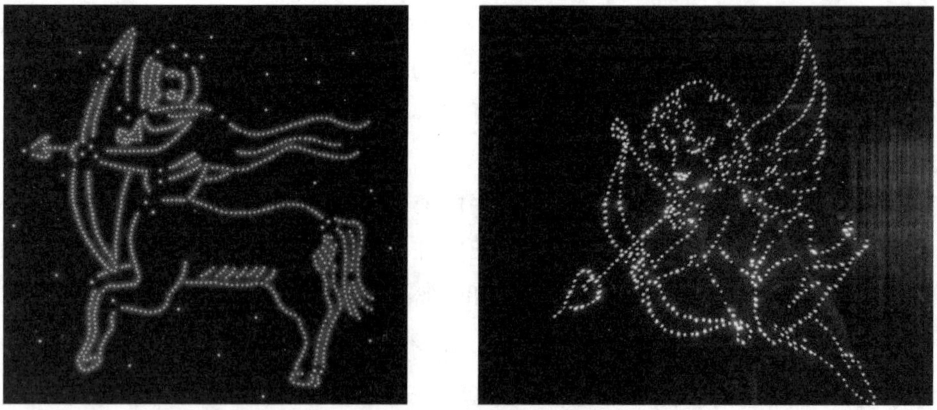

图 6-2-5　光纤广告照明实景图

广告照明种类很多，在应用时，随着安装位置和要求的不同，布灯形式和数量、照明设备的外形及色彩也都呈现出多样化的发展趋势。

二、标识照明

(一) 标识照明的分类

标识照明按其作用可分为场所功能标识照明和疏散诱导照明。

1. 场所功能标识照明

场所功能标识照明是向人们标示营业性、服务性场所和公共设施所在地，如问询处、餐厅、卫生间等公共场所。它是用白色或彩色有机玻璃制成有关文字、图形等符号，并安装在发光灯箱上，或者采用发光二极管等新光源排列组成的文字、符号、图案等标识，使其在夜晚或光线不足时，起到明显的指示作用。场所功能标识照明如图 6-2-6 所示。

图 6-2-6　场所功能标识照明图

2. 疏散诱导标识照明

疏散诱导标识照明可分为疏散诱导（灯）标志、通路（室内、走廊、楼梯）诱导标志、其他功能诱导标志。

疏散诱导（灯）标志主要用于发生火灾等事故时，为人们指示由室内直接通向室外的疏散通道出入口（安全通道）。图 6-2-7 所示为各种常见标识照明符号和图案。

图 6-2-7　各种常见标识照明符号和图案

(二) 广告与标识照明的设计要求

广告与标识照明的设计应符合下列要求：

① 应符合城市夜景照明专项规划中对广告与标识照明的要求。

② 应根据广告与标识的种类、结构、形式、表面材质、色彩、安装位置以及周边环境特点选择相应的照明方式。

③ 光色运用应与广告与标识的文化内涵及周围环境相吻合，应注重昼夜景观的协调性，并达到白天和夜间和谐统一。

④ 除指示性、功能性标识外，行政办公楼（区）、居民楼（区）、医院病房楼（区）不宜设置广告照明。

⑤ 宜采用一般显色指数大于 80 的高显色性光源。

⑥ 广告与标识照明不应产生光污染及影响机动车的正常行驶，不得干扰通信、交通等公共设施的正常使用。

(三) 广告与标识照明标准

广告与标识照明标准应符合下列规定：

① 不同环境区域、不同面积的广告与标识照明的平均亮度最大允许值应符合表 6-2-1 中的规定。

表 6-2-1 不同环境区域、不同面积的广告与标识照明的平均亮度最大允许值（cd/m^2）

广告语标识照明面积 S / m^2	环境区域			
	E1	E2	E3	E4
$S \leqslant 0.5$	50	400	800	1000
$0.5 < S \leqslant 2$	40	300	600	800
$2 < S \leqslant 10$	30	250	450	600
$S > 10$	—	150	300	400

注：E1 为天然暗环境区域，如国家公园、自然保护区和天文台所在地区等。
E2 为低亮度环境区域，如乡村的工业区或居住区等。
E3 为中等亮度环境区域，如城郊的工业区或居住区等。
E4 为高亮度环境区域，如城市中心或商业区等。

② 外投光广告与标识照明的亮度均匀度 U_1 宜为 0.6 ~ 0.8。

③ 广告与标识采用外投光照明时，应控制投射范围，散射到广告与标识外的溢散光不应超过 20%。

④ 应限制广告与标识照明对周边环境的光污染。

⑤ 应根据照明场所的功能、性质、环境区域亮度、表面装饰材料及所在城市的规模等，确定照度或亮度标准值。应合理选择夜景照明的照明方式。

⑥ 选用的光源应符合相应光源能效标准，并应达到节能评价值的要求。

⑦ 应采用功率损耗低、性能稳定的灯用附件。镇流器按光源要求配置，并应符合相应能效标准的节能评价值。

⑧ 应采用效率高的灯具。气体放电灯灯具的线路功率因数不应低于 0.9。应合理选用节能技术和设备。有条件的场所，宜采用太阳能等可再生能源。应建立切实有效的节能管理机制。

(四) 光污染的限制原则

光污染的限制应遵循下列原则：

① 在保证照明效果的同时，应防止夜景照明产生的光污染。

② 限制夜景照明的光污染，应以防为主，避免出现先污染后治理的现象。

③ 对已出现光污染的城市，应同时做好防止和治理光污染工作。

④ 应做好夜景照明设施的运行与管理工作，防止设施在运行过程中产生光污染。

【知识拓展】

一、光纤照明

1. 光纤的定义

光纤是光导纤维的简写，是一种由玻璃或塑料制成的纤维，可作为光传导工具。

光纤可以用于通信传输是由前香港中文大学校长高锟和George A. Hockham首先提出的，高锟因此获得2009年诺贝尔物理学奖。

2. 光纤的结构原理

光导纤维是由两层折射率不同的玻璃组成的。内层为光内芯，直径在几微米至几十微米；外层的直径为0.1 ~ 0.2 mm。一般内芯玻璃的折射率比外层玻璃大1%。根据光的折射和全反射原理，当光线射到内芯和外层界面的角度大于产生全反射的临界角时，光线透不过界面，全部反射。

因光在不同物质中的传播速度是不同的，所以光从一种物质射向另一种物质时，在两种物质的交界面处会产生折射和反射。而且，折射光的角度会随入射光的角度变化而变化。当入射光的角度达到或超过某一角度时，折射光会消失，入射光全部被反射回来，这就是光的全反射。

不同的物质对相同波长光的折射角度是不同的（即不同的物质有不同的光折射率），相同的物质对不同波长光的折射角度也是不同的。光纤通信就是基于以上原理而形成的。

3. 光纤的应用

目前，光纤广泛应用于日常照明、广告照明和长距离的信息传递。在日常生活中，由于光在光导纤维中的传导损耗比电在电线中传导的损耗低得多，因此，光纤在照明中应用广泛，同时，光纤也被用作长距离的信息传输。

高分子光导纤维开发之初，仅用于汽车照明灯的控制和装饰，后来逐渐应用于医学、装饰、汽车、船舶等方面，以显示元件为主。在通信和图像传输方面，高分子光导纤维的应用日益增多，在工业上用于光导向器、显示盘、标识、开关类照明调节、光学传感器等。

（1）通信应用

光导纤维可以用在通信技术里，利用光导纤维进行的通信叫光纤通信。一对金属电话线至多只能同时传送一千多路电话，而根据理论计算，一对细如蛛丝的光导纤维可以同时传送一百亿路电话！铺设1 000 km的同轴电缆大约需要500 t铜，改用光纤通信只需几千克石英就可以了。沙石中就含有石英，几乎是取之不尽的。

（2）医学应用

光导纤维内窥镜可以导入心脏和脑室，测量心脏中的血压、血液中的氧饱和度、体温等。用光导纤维连接的激光手术刀已应用于临床，并可以用于光敏法治癌。

另外，利用光导纤维制成的内窥镜，可以帮助医生检查胃、食道、十二指肠等的疾病。光导纤维把胃里的图像传出来，医生就可以窥见胃里的情形，然后根据情况进行诊断和治疗。

（3）传感器应用

光导纤维可以把阳光送到各个角落，还可以进行机械加工。计算机、机器人、汽车配电盘等，也已成功地用光导纤维传输光源或图像。例如，与敏感元件组合或利用本身的特性可以做成各种传感器，测量压力、流量、温度、位移、光泽和颜色等。光纤在能量传输和信息传输方面也获得了广泛的应用。

（4）照明应用

由于光纤良好的物理特性，光纤照明和 LED 照明已广泛用于艺术装饰美化。

光纤照明的应用范围很广，例如，在立面局部采用光纤三维镜；采用艺术分布的光纤点阵；配置光纤照明的 YY-S150 光纤扫描机；在草坪上布置光纤地灯；光纤瀑布、光纤立体球等艺术造型；同时也大量用于装饰显示、广告显示。

光纤也可以用于各种视觉艺术的展示等，利用光纤发光的特性，可以做成各种色彩的荧光光纤、满天星光纤花瓶、晚会礼品，作为室内装饰也很漂亮。

4. 光缆

通常光纤与光缆两个名词会被混淆。多数光纤在使用前必须由几层保护结构包覆，包覆后的缆线即被称为光缆。光纤外层的保护层和绝缘层可防止周围环境对光纤的伤害，如水、火、电击等。

5. 光纤的分类

根据不同的光纤分类标准和分类方法，同一根光纤可能会有不同的名称。

（1）按光纤的材料分类

按照光纤的材料不同，可以将光纤分为石英光纤和全塑光纤。

石英光纤一般是指由掺杂石英芯和掺杂石英包层组成的光纤。这种光纤有很低的损耗和中等程度的色散。通信用光纤绝大多数是石英光纤。

全塑光纤是一种用于通信的新型光纤，尚在研制、试用阶段。全塑光纤具有损耗大、纤芯粗（直径 100 ~ 600 μm）、孔径大及制造成本较低等特点。全塑光纤适合于较短距离的信息传输，如室内计算机联网和船舶内的通信等。

（2）按光纤的剖面折射率分布分类

按照光纤剖面折射率分布的不同，可以将光纤分为阶跃型光纤和渐变型光纤。

（3）按传输模式分类

按照光纤的传输模式，可以将光纤分为多模光纤和单模光纤。

二、光导照明

1. 光导照明的定义

光导照明，在国外被称为 Tubular Daylighting System，国内又称为导光管采光系统，这是一种无电照明系统，采用这种系统的建筑物，白天可以利用太阳光进行室内照明。导光管采光系统是使用一种新型材料——反光材料制成的导光筒，通过收集室外的光线，再通过导光管反射进入室内进行照明，不需要消耗电能，真正做到了无电照明。光导照明系统又叫光导管照明、管道式天窗照明、阳光导入照明、无电照明、管道日光照明、管式日光照明系统。

2. 光导照明的工作原理

光导照明的基本工作原理是：通过采光罩高效采集室外自然光线，并导入系统内重新分配，再经过特殊制作的导光管传输后，由底部的漫射装置把自然光均匀高效地照射到任何需要光线的地方，从黎明到黄昏，甚至阴天，导光管日光照明系统导入室内的光线仍然很充足。

3. 光导照明的组成

光导照明装置主要由四部分组成：采光装置、导光装置、调光器、漫射装置。

采光装置：采光罩一般采用 PC 材质，透光性能好、抗冲击性能优异，耐老化。采光装置主要用于收集室外的自然光线。

导光装置：多采用反射率高的材料制作，目前国际通用的有纳米反射材料和金属镜面反射材料。导光装置把采光装置收集的自然光导入室内的管道。

调光装置：已获得专利的调光器，可以在 8 s 之内使光线从 100% 调至 1.5%，使室内照明强度根据需求进行调整。

漫射装置：漫射器采用光学透镜来传递日光，并使光线更加柔和、均匀，不会产生眩光。漫射器把光导管传过来的光线均匀分散到室内各个需要光线的地方。

系统的核心部件导光管主要用来传输光线，一般具有 99.7% 的反射率，其传输太阳光的效率最佳。导光管的非金属薄膜不传导红外线，整个系统只传输 100% 的可见光，能有效地防止紫外线对室内物品的破坏，同时不会将太阳热辐射传到室内，减少了室内空调的负荷，真正做到了建筑节能。

漫射器采用菲尼尔透镜技术，将光线均匀地漫射到室内，使房间内无论早晚都可以沐浴在柔和的自然光中。

4. 光导照明的特点

在光导照明出现之前，天窗采光的方式被广泛用于大型厂房，但天窗采光容易产生局部聚光等现象。而光导照明的照明效果不会因光线入射角的变化而改变，且照射面积大、出射光线均匀、无眩光，不会产生局部聚光现象。

采光天窗受室内吊顶结构及传输距离的限制，采光面积相对较大，导致安装难度较大、防水不易处理。而光导照明针对不同的屋面有不同的安装方法及防水措施，不受室内吊顶结构等影响；在光线传输方面，直径为 350 mm 的导光管传输距离可达 9 m 左右，直径为 530 mm 的导光管传输距离可达 15 m 以上，并且还可以使用角度管越过障碍物，这使得光导照明系统的安装更加灵活，适应性更强。

图 6-2-8 所示为光导照明示意图。

5. 光导照明的应用范围

近年来，能源问题、环境问题日益为人们所重视，光导照明系统越来越受到国内外相关人士的关注，并且在国外得到了广泛的应用。

具体来说，光导照明系统可为以下场所提供日间照明：

① 公共建筑，如商场、超市、体育场馆、展览馆、动物园、博物馆。

图 6-2-8 光导照明示意图

② 工业建筑，如大型厂房、库房、地铁维修厂。

③ 军事设施，如飞机库、维修库、器材库、坑道等。

④ 民用建筑，如候机大厅、地下通道，地铁、轻轨的候车厅，学校、医院、政府办公楼、监狱、高级会所、酒店、旅馆、流动房间、家庭住宅、别墅等。

⑤ 住宅：别墅及小区的会所、停车场。

6. 光导照明的优势

① 节能环保：安装光导照明系统后，可以显著降低建筑物内部 80% 以上的照明能源消耗和 10% 的空调制冷消耗，减少大量二氧化碳的排放。光导照明系统的使用寿命达 25 年以上，各部件可以回收利用，不会对环境造成任何污染。

② 健康安全：光导照明系统安装在建筑物内，使办公室里的人们避免了白天长时间地生活在电光源下，减少了许多疾病的发生，也减少了白天照明停电引起的安全隐患和用电引起的火灾隐患。

③ 提高工作效率：光导照明系统直接传输自然光线，全光谱、无频显、无眩光，使工作环境更加舒适，减少了疲劳和灯光引起的各种疾病，提高了工作效率。

④ 导光管不仅能收集太阳光进行照明，而且能折射室外所有的光线，并且由于是特殊材料制成的，所以不会出现折射过程中的光损耗等情况，基本上可以达到室内和室外的亮度一致。

【巩固练习】

1. 广告照明可分为哪几种？
2. 广告照明的应用范围有哪些？
3. 标识照明有哪几种？
4. 标识照明有什么作用？
5. 广告与标识照明设计有哪些要求？
6. 广告与标识照明标准有哪些？

技能要求

【工作任务】 广告与标识照明认知。

【任务描述】 学生根据广告与标识照明实景图，现场辨识广告照明和标识照明的种类、照明方式、照明特点和照明手法等，做到快速、果断、安全、规范。

【任务实施】

1. 准备工作

① 人员组织：将班级学生分为 2 人 1 组，每次考核 1 组。

② 设备准备：现场广告与标识照明实景图 10～20 例，以能满足所有学生考核为准。

③ 资料准备：评分表 1 张，记录笔 1 支。

2. 实际操作

① 考核人员：2 人/组。

② 考核时间：10 min。

③ 考核标准：

评分表

第______小组　　　　学生姓名______________________　　　　总评分____________

项目及配分		考核内容及评分标准	自评分 30%	小组评分 30%	教师评分 40%
考核程序	50 分	1. 根据城市广告照明、标识照明实景图辨识采用的照明种类、照明方式、照明特点和表现手法。每错一处扣 5 分。			
		2. 根据教师提问回答问题。每错一题扣 5 分。			
考核质量	30 分	1. 根据城市广告照明、标识照明实景图，能立即说出采用的照明种类、照明方式、照明特点和表现手法。迟疑或停顿时间较长，每处扣 2 分。			
		2. 回答老师问题应迅速、果断。停顿、迟疑时间较长，每处扣 3 分。			
考核时间	10 分	考核总时间为 10 min。每超时 1 min 扣 2 分，超时 3 min 及以上停止考核。			
安全规章	10 分	遵章守纪，具有团结协作精神，仪容仪表应符合安全文明生产要求。团结协作精神缺乏，酌情扣 1～5 分；出现人员身体伤害，停止考核；着装不合要求，取消考核资格。			
合计	100 分				

任务三 广场景观照明认知

【学习目标】

一、知识目标

1. 掌握广场景观照明的意义和作用。
2. 掌握广场景观照明的组成。
3. 熟悉广场景观照明的表现手法。
4. 熟悉广场景观照明的灯具选择。

二、技能目标

1. 能正确辨识广场景观照明的种类。
2. 能正确说出广场景观照明的特点及表现手法。

三、素质目标

1. 培养安全意识，牢固树立“安全第一”的作业思想。
2. 培养对广场景观照明的艺术欣赏力。
3. 培养团结协作的精神。

知识要求

【知识要点】

一、广场景观照明的概念和意义

广场景观照明是通过对人们在城市广场景观各空间中的行为、心理状态的分析，结合景观特性和周边环境，把广场景观特有的形态和空间内涵在夜晚用灯光的形式表现出来，重塑景观的白日风范以及在夜间独具的美的视觉效果。

现代化的城市广场景观多为园林景观，是市民们休闲、健身、娱乐的公共场所，广场景观照明的意义在于：塑造科学与艺术相结合的现代人工照明环境和照明景观，建立自然、和谐、景色优美的夜景照明。

二、广场景观照明的组成

广场景观照明一般由广场绿化照明、庭园和小道照明、声光电水景工程等景观照明组成。

(一) 广场绿化照明

在树木的下面采用绿色金属卤化物投光灯向树上照射，使树叶在夜色中显得十分青翠，给人一种宁静感；或在树上挂上灯网、“满天星”闪亮小灯装饰照明，给人一种快乐的感觉；或用多彩变色光柱灯、礼花灯、树灯等灯具装饰广场，给人一种梦幻色彩的现代美感。绿化照明用得很普遍，表现手法、灯形和光色应用得很丰富，变化较多，带给市民愉悦、欢快的感觉，同时又不破坏小区整体的宁静。图 6-3-1 所示为广场绿化照明实景图。

图 6-3-1　广场绿化照明实景图

(二) 庭园、小道照明

庭园、小道照明常采用庭院灯、草坪灯、地灯、投光（泛光）灯照明，通过合理地布置灯具，充分运用电光源的特性以及控制灯光角度和照射范围，使广场内的树木、花草、建筑、巨石、小道、雕塑等景物在灯光的照射下鲜明突出，给人一种宁静优雅的感觉。

庭园、小道照明还可以使游客明确空间导向，通过灯光渲染空间的变幻效果，增加空间的层次感，强调趣味中心等，实现广场灯光艺术的隐现、虚实、动静等照明效果。图 6-3-2 所示为庭园、小道照明实景图。

图 6-3-2　庭园、小道照明实景图

(三) 声光电水景工程

声光电水景是广场景观的重点，通常由音乐、喷泉、灯光等几部分组成。

首先由计算机对特定的乐曲预先编程，统一控制，使灯光的色彩和亮灯数量以及喷水的水柱大小、形状和数量，都随着音乐节奏的强弱变化而发生变化，形成音乐美妙、流水欢畅的动感景象，使行人不由得止步观赏。

由于高压潜水泵、水下电磁阀、水流的变化及管道的影响，会使水柱滞后音响和灯光几秒到十几秒钟，因此在安装测试声光电水景工程时，控制信号应超前，做到声、光和喷水同步。图 6-3-3 所示为声光电水景工程实景图。

图 6-3-3　声光电水景工程实景图

三、广场景观照明的灯具分类

(一) 杆灯

杆灯有三种，即高杆灯、中杆灯和常规杆灯。高杆灯是指灯杆高度在 20 m 以上的杆灯。中杆灯是指灯杆高度在 15 ~ 20 m 的杆灯。常规杆灯是指灯杆高度在 15 m 以下的杆灯。

杆灯实景图如图 6-3-4 所示。

图 6-3-4　杆灯实景图

(二) 庭院灯

庭院灯是广场景观照明灯具的一种，庭院灯具有多样性、美观性，具有美化和装饰环境的作用，所以也被称为景观庭院灯。它主要应用于城市慢车道、窄车道、居民小区、旅游景区、公园、广场等公共场所的室外照明，能够延长人们的户外活动时间，保障人们的出行安全。庭院灯布置如图 6-3-5 所示。

图 6-3-5　庭院灯实景图

1. 庭院灯的分类

① 欧式庭院灯：其设计风格多采用欧洲国家的一些欧式艺术元素，加以抽象的表现形式，如皇冠庭院灯。

② 现代庭院灯：其设计风格多采用现代的艺术元素，采用简约式的手法表现，如春芽庭院灯。

③ 古典庭院灯：其设计多采用中国古典元素，加以运用和改型，如宫灯。

上述三种类型的庭院灯代表着不同的风格，也是生产厂家为了迎合城市建筑物的设计风格而制作的。

2. 庭院灯的灯具

庭院灯的灯具一般选择截光型、半截光型和非截光型配光灯具。

庭院灯的照射方式一般选择下照式、横方向扩散式或全方向扩散式。

(三) 草坪灯

草坪灯是安装在广阔的草坪上，专门对草坪进行照明的灯具。它的作用是使草坪在夜间看起来更加翠绿、清新。草坪灯一般选用低矮的柱式灯具，照射方式一般选择下照式或全方向扩散式。

草坪灯一般采用 LED 灯，LED 草坪灯不仅用于草坪周边的照明，也是重要的景观设施。

草坪灯以其独特的设计、柔和的灯光为城市绿地景观增添了安全与美丽，且安装方便、装饰性强，有些草坪灯还制成了别致的小动物或者植物等仿真造型，置于草坪中，仿佛雕塑一样美观。图 6-3-6 所示为草坪灯实景图。

图 6-3-6　草坪灯实景图

(四) 地埋灯

地埋灯是将灯具埋设在地面以下，供人们照明用的灯具。它被广泛运用于绿化带，如政府亮化工程、公园、草坪、庭院照明、步行街、停车场、广场夜景照明、建筑物主体装饰桥梁、道路照明，因其特殊的安装位置，成为不可替代的户外亮化产品，可作为一种观赏性装饰灯具。

地埋灯的灯体有圆形、四方形、长方形、弧形型等。

地埋灯通常采用 LED 光源，LED 光源有七色，红、橙、黄、蓝、绿、白、紫，七色渐变、跳变等多种梦幻色彩组合，具有色彩绚丽、魅力四射的灯光效果。

地埋灯防水、防尘、防漏电、耐腐蚀。地埋灯实景如图 6-3-7 所示。

图 6-3-7　地埋灯实景图

(五) 壁灯

壁灯主要用于广场中的亭、台、楼、阁，安装在建筑物的立柱上或墙壁上，对建筑物起到装饰、点缀和美化景观的作用。广场壁灯实景如图 6-3-8 所示。

图 6-3-8　广场壁灯实景图

四、广场景观照明设计

广场是专门供人们休闲娱乐的场所，也是城市空间环境中最具公共性、最能反映现代城市文明的开放空间，承载着休闲、娱乐、消费、宣传等作用。

据有关数据表明，大部分人休闲游玩是在夜间，各大广场流量高峰也是在夜间，这不仅说明了广场照明设计的必要性，也关系着一个城市的文化和精神风貌。

广场主要有市政、纪念、商业、交通、宗教和休闲娱乐六大类。各类广场的功能和性质不同，因此，应根据不同的场合，选择不同的照明灯具、设计风格、设计手法，以达到预期效果。

（一）市政广场照明设计

市政广场是政府文化集会、庆典、检阅、游行、礼仪、传统民间节日活动的举办场地，一般位于城市中心，且这类广场面积较大，在进行照明设计时应注重庄严感，让人肃然起敬，不宜布置过多的娱乐性灯光小品，否则不利于大量人群活动。

（二）纪念性广场照明设计

纪念性广场照明设计，一般会重点突出广场中心，在侧面设计纪念雕塑、纪念物、纪念碑或纪念性建筑作为标志物，以静态灯光为主，格调以典雅为主，突出文化氛围，带给人们无限的遐想。

（三）商业广场照明设计

商业广场主要是用于集市贸易和购物，一般是把室内商场与露天、半露天广场结合在一起，采用步行街亮化设计，在广场中布置一些建筑小品和休闲娱乐设施，凸显绚丽活泼、色彩斑斓、豪华高雅的特点，以此刺激消费者的消费欲望。

（四）交通广场照明设计

交通广场作为一个连接枢纽，起交通、联系、集散、过渡以及停车的作用，如火车站站前广场等。交通广场照明设计主要以功能照明为主，肩负起指示、引导作用，另外可以在广场和道路两旁做适当的绿化灯光布置，以增强美观。

(五) 休闲娱乐广场照明设计

休闲娱乐广场主要是给人们提供一个举行娱乐活动的场地。休闲娱乐广场照明设计比较灵活，因为它的目的是为了方便市民，广场灯光设计应该具有欢乐、轻松的气氛，并以舒适方便为目的。

(六) 宗教广场照明设计

宗教广场主要是用来举办宗教仪式等，一般布置在宗教建筑物前。宗教广场照明设计应该通过一些轴线关系、景观小品布置来体现宗教文化氛围。

五、广场景观照明的安全要求

广场景观照明的安全要求，一是广场照明设施的安全性和灯具造型应符合要求，防止灯杆倾倒和灯具碎落伤人事故；二是要综合考虑照明效果、节约能源和财政承受能力等因素。

随着人们对城市环境要求的不断提高，城市规模得到较大发展，城市建设力度明显加快。在对老公园进行改造的同时，新公园也在陆续规划。公园景观照明设计可以改善公园的夜间光环境，为市民提供夜间活动的空间，具有很重要的现实意义。

【巩固练习】

1. 广场景观照明有什么意义？广场景观照明由哪几部分组成？
2. 声光电水景工程由哪几部分组成？
3. 庭院灯可分为哪几种？其作用是什么？
4. 广场景观照明灯具有哪几种？
5. 广场景观照明设计由哪几部分组成？
6. 怎样保证广场景观照明的安全？

技能要求

【工作任务】 广场景观照明认知。

【任务描述】 学生根据广场景观照明实景图，现场辨识广场景观照明的种类、照明方式、照明特点和照明手法等内容，做到快速、果断、安全、规范。

【任务实施】

1. 准备工作

① 人员组织：将班级学生分为 2 人 1 组，每次考核 1 组。

② 设备准备：现场广场景观照明实景图 10 ~ 20 例，以能满足所有学生考核为准。

③ 资料准备：评分表 1 张，记录笔 1 支。

2. 实际操作

① 考核人员：2 人/组。

② 考核时间：10 min。

③ 考核标准：

评分表

第______小组　　　　　学生姓名______________________　　　　　总评分____________

项目及配分		考核内容及评分标准	自评分 30%	小组评分 30%	教师评分 40%
考核程序	50分	1. 根据广场景观照明实景图辨识采用的照明种类、照明方式、照明特点和表现手法。每错一处扣5分。			
		2. 根据教师提问回答问题。每错一题扣5分。			
考核质量	30分	1. 根据广场景观照明实景图能立即说出采用的照明种类、照明方式、照明特点和表现手法。迟疑或停顿时间较长，每处扣2分。			
		2. 回答老师问题应迅速、果断。停顿、迟疑时间较长，每处扣3分。			
考核时间	10分	考核总时间为10 min。每超时1 min扣2分，超时3 min及以上停止考核。			
安全规章	10分	遵章守纪，具有团结协作精神，仪容仪表应符合安全文明生产要求。团结协作精神缺乏，酌情扣1～5分；出现人员身体伤害，停止考核；着装不合要求，取消考核资格。			
合计	100分				

任务四　城市道路照明认知

【学习目标】

一、知识目标

1. 掌握城市道路照明的种类和安装要求。
2. 掌握城市道路照明的质量标准。
3. 熟悉城市道路照明采用的灯具。
4. 熟悉城市道路照明采用的平面布置方法。

二、技能目标

1. 能正确辨识城市道路照明的种类和特点。
2. 能正确辨识城市道路照明的布置方法和艺术表现力。

三、素质目标

1. 培养对城市道路照明艺术的欣赏能力。
2. 培养团结协作的精神。
3. 培养安全意识，牢固树立“安全第一”的作业思想。

知识要求

【知识要点】

一、城市道路的定义和种类

城市道路是指在城市范围内，供车辆和行人通行的、具备一定技术条件和设施的道路。

按照城市道路在道路网中的地位、交通功能以及对沿线建筑物和城市居民的服务功能等，城市道路分为快速路、主干路、次干路、支路、居住区道路。

快速路是指城市中距离长、交通量大、为快速交通服务的道路。快速路的对向车行道之间设置了中间分车带，进出口采用全控制或部分控制。

主干路是指连接城市各主要分区的干路，采取机动车与非机动车分隔形式，如三幅路或四幅路。

与主干路结合组成路网，起集散交通作用的道路，称为次干路。

次干路与居住区道路之间的连接道路，称为支路。

居住区道路是指居住区内的道路以及主要供行人和非机动车通行的街巷。

二、城市道路照明的种类和灯具

(一) 城市道路照明的种类

1. 按路灯安装方式分类

按路灯安装方式不同，城市道路照明分为以下几类：

① 常规照明：是指灯具安装在高度为 15 m 以下的灯杆上，按一定间距有规律地连续设置在道路的一侧、两侧或中间分隔带上进行照明的一种方式。

采用这种照明方式时，灯具的纵轴垂直于路轴，灯具发出的大部分光射向道路的纵轴方向。

② 高杆照明：是指灯具安装在高度大于或等于 20 m 的灯杆上进行大面积照明的一种照明方式。

③ 半高杆照明：是指灯具安装在高度为 15 ~ 20 m 的灯杆上进行照明的一种照明方式，可按常规照明方式或高杆照明方式配置灯具。通常用于道路交会区等场所的照明。

④ 护栏照明：是指灯具安装在比较低矮（高度一般为 1 m 左右）的栏杆或防撞墙中，用于照明路面或起导向作用的照明方式。

2. 按道路使用功能分类

根据道路使用功能，城市道路照明可分为主要供机动车使用的机动车道照明和交会区照明以及主要供行人使用的人行道照明。

(二) 城市道路照明的灯具

城市道路照明灯具（以下简称为路灯）可分为截光型灯具、半截光型灯具、非截光型灯具、泛光（投光）灯具。

截光型灯具的最大光强方向与灯具向下垂直轴夹角在 0° ~ 65° 之间，90° 角和 80° 角方向上的光强最大允许值分别为 10 cd/1 000 lm 和 30 cd/1 000 lm，且不管光源光通量的大小，其在 90° 角方向上的光强最大值不超过 1 000 cd。

半截光型灯具的最大光强方向与灯具向下垂直轴夹角在 0° ~ 75° 之间，90° 角和 80° 角方向上的光强最大允许值分别为 50 cd/1 000 lm 和 100 cd/1 000 lm，且不管光源光通量的大小，其在 90° 角方向上的光强最大值不超过 1 000 cd。

非截光型灯具的最大光强方向不受限制，90° 角方向上的光强最大值不超过 1 000 cd。

泛光（投光）灯具的光束扩散角（光强为峰值光强的 1/10 的两个方向之间的夹角）大于 10° 通常可转动并将照射方向指向任意方向。

三、路灯的安装要求

(一) 路灯的安装高度

路灯的安装高度是指灯具的光中心至路面的垂直距离。

路灯的安装高度，首先要根据灯具的布置方式、路面有效宽度、灯具的配光特性、光源功率来决定，还应考虑维护条件、经费支出等因素。

一般来说，路灯的安装高度越低，总的投资也越低，但是，安装高度减小，灯具的眩光就会增加。一般路灯的安装高度不超过 15 m。

(二) 路灯的安装间距

路灯的安装间距是指沿道路的中心线测得的相邻两个灯具之间的距离。

路灯的安装间距和安装高度与要求达到的路面亮度纵向均匀度有关。安装高度越高，路灯间距就可以越大，但路面亮度纵向均匀度会下降。路灯的安装间距一般为 30 ~ 80m。

(三) 路灯的悬挑长度

路灯的悬挑长度是指灯具的光中心至邻近一侧缘石（路沿）的水平距离，即灯具伸出或缩进缘石的水平距离。

路灯悬挑长度的长短决定了有效照明路宽，悬挑不宜太长，悬挑若太长，路沿和人行道得不到应有的照明，悬臂的机械强度也容易出现问题，还会影响美观，使人觉得不协调，路灯的造价也会增加。因此，建议路灯的悬挑长度不宜超过路灯安装高度的 1/8，悬挑长度一般控制在 2 m 以下。

(四) 路灯仰角 γ

路灯在一定的安装高度下，路灯的仰角增加，可以增大路面横向的照射范围，但路灯灯具仰角过大，特别是在弯道上，产生眩光的机会就会增加。因此，路灯的仰角应予以限制，一般不超过 15°。

图 6-4-1 所示为路灯的安装与布置示意图。

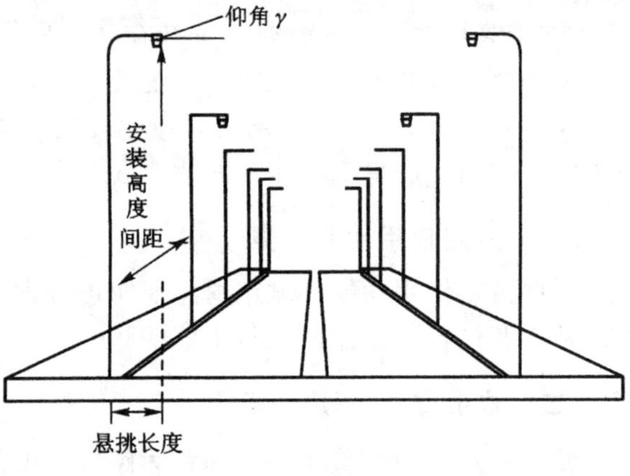

图 6-4-1 路灯的安装与布置示意图

四、城市道路照明质量

城市道路照明质量主要用路面平均亮度、路面亮度均匀度、眩光的控制和路面的诱导性等参数来综合评价。

（一）路面平均亮度

路面平均亮度是指按照国际照明委员会（CIE）的有关规定，在路面上预先设定的点上测得的或计算得到的各点亮度的平均值。

平均亮度较好的路面能提高人眼的视觉舒适程度和灵敏度，能让人及时发现前方的物体。例如，横穿道路的行人或车辆突然出现在人行道上时，在较好的亮度条件下，司机能很快地观察到，并及时处理，避免事故的发生。

表 6-4-1 所示为机动车道照明标准值。

表 6-4-1　机动车道照明标准值

级别	道路类型	路面亮度			路面照度	
		平均亮度维持值（cd/m^2）	总均匀度最小值	纵向均匀度最小值	平均照度维持值（lx）	照度均匀度最小值
Ⅰ	快速路、主干路	1.50/2.00	0.4	0.7	20/30	0.4
Ⅱ	次干路	1.00/1.50	0.4	0.5	15/20	0.4
Ⅲ	支路	0.5/0.75	0.4	—	8/10	0.3

注：1. 表中所列的平均照度仅适用于沥青路面。若为水泥混凝土路面，其平均照度值相应降低约 30%。
2. 表中各项数值仅适用于干燥路面。
3. 表中对每一级道路的平均亮度和平均照度给出了两档标准值，“/”的左侧为低档值，右侧为高档值。
4. 迎宾路、通向大型公共建筑的主要道路、位于市中心和商业中心的道路，执行Ⅰ级照明。

（二）路面亮度均匀度

路面亮度均匀度包括路面亮度总均匀度和路面亮度纵向均匀度。

路面亮度总均匀度是指路面上最小亮度与平均亮度的比值。为了保持一个可以接受的察觉能力，路面亮度总均匀度一般不低于 0.4。

路面亮度纵向均匀度是指路面上各车道的中心线上的最小亮度与最大亮度的比值的最小值。亮度纵向均匀度对视觉舒适度影响较大，例如，当驾驶员在路面上行驶时，前方路面上反复出现明暗区（即所谓“斑纹”效应）的干扰容易使驾驶员产生疲劳感。建议主要道路的路面亮度纵向均匀度最小值为 0.7 左右，以保证足够的视野舒适水平。

（三）眩光的控制

眩光应从以下几方面进行控制：

① 路灯的控制角大小和安装高度应合理。

② 对照明灯具的质量、道路整体的照明设计等方面加以提高和控制。

表 6-4-2 所示为眩光的控制等级和主观评价。眩光的控制等级参见图 6-4-2。

表 6-4-2 眩光控制等级和主观评价对应关系

G	眩光	主观评价
1	无法忍受的眩光	感觉很坏
3	有干扰的眩光	感觉心烦
5	刚好容许的眩光	可以接受
7	令人满意的眩光	感觉好
9	几乎感觉不到的	感觉非常好

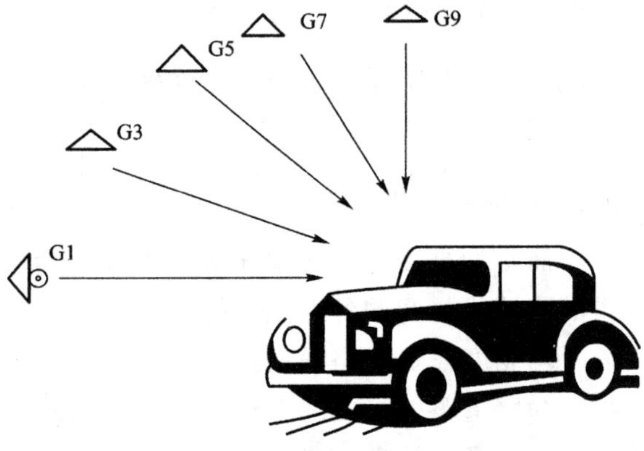

图 6-4-2 眩光的控制等级

(四) 路面的诱导性

路面的诱导性是指沿道路适当地安装灯杆和灯具，能为驾驶员提供前方道路的走向、线形、坡度等视觉信息，是道路照明设施的一项评价指标。

路面的诱导性反映道路使用者观察前面景象时的综合效果。路面诱导性好，说明道路使用者能很容易地看到和正确理解前面道路的走向，并能判断出所处车道边界和这一车道与其他车道或道路的交叉点。路面的诱导性也是为了保证视觉可靠性达到一定水平而考虑的。

五、城市道路的光源、灯具及其附属装置选择

(一) 光源的选择

光源的选择应符合下列规定：

① 快速路和主干路宜采用高压钠灯，也可选择发光二极管灯或陶瓷金属卤化物灯。

② 次干路和支路可选择高压钠灯、发光二极管灯或陶瓷金属卤化物灯。

③ 居住区机动车和行人混合交通道路宜采用发光二极管灯或金属卤化物灯。

④ 市中心、商业中心等对颜色识别要求较高的机动车交通道路可采用发光二极管灯或金属卤化物灯。

⑤ 商业区步行街、居住区人行道路、机动车交通道路两侧人行道或非机动车道可采用发光二极管灯、小功率金属卤化物灯或细管径荧光灯、紧凑型荧光灯。

注意：道路照明不应采用高压汞灯和白炽灯。

(二) 灯具及其附属装置选择

① 机动车道照明必须采用功能性灯具，并应根据照明等级、道路形式及道路宽度等选择灯具的光度参数。

② 商业步行街、人行道路、人行地道、人行天桥以及有必要单独设灯的机动车交通道路两侧的非机动车道和人行道，在满足照明标准值的前提下，宜采用与道路环境协调的功能性和装饰性相结合的灯具。

③ 采用高杆照明时，应根据场所的特点，选择具有合适功率和配光的泛光灯或截光型灯具。

④ 配置高强度气体放电灯的密闭式道路照明灯具，光源腔的防护等级不应低于 IP54。

环境污染严重、维护困难的道路和场所，光源腔的防护等级不应低于 IP65。灯具电气腔的防护等级不应低于 IP43。

⑤ 空气中酸碱等腐蚀性气体含量高的地区或场所宜采用耐腐蚀性能好的灯具。

⑥ 通行机动车的大型桥梁等易发生强烈振动的场所，采用的灯具应符合现行国家标准。

⑦ 高强度气体放电灯应配用节能型电感镇流器，功率较小的光源可配用电子镇流器。

⑧ 高强度气体放电灯的触发器和镇流器与光源的安装距离，应符合国家现行相关产品标准要求。

六、路灯的平面布置

(一) 常规照明路灯的平面布置

常规照明路灯的平面布置可分为单侧布置、双侧交错布置、双侧对称布置、中心对称布置和横向悬索布置五种基本方式，如图 6-4-3 所示。

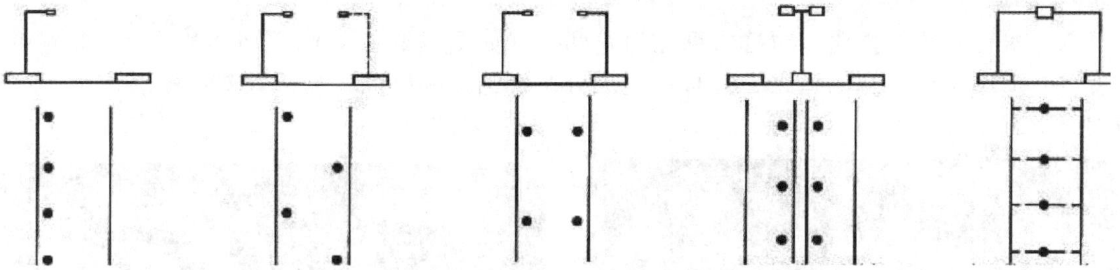

（a）单侧布置　（b）双侧交错布置　（c）双侧对称布置　（d）中心对称布置　（e）横向悬索布置

图 6-4-3　路灯平面布置的五种基本方式

1. 单侧布置

单侧布置是指所有灯具均布置在道路的同一侧，如图 6-4-3（a）、图 6-4-4 所示。单侧布置方式适用于比较狭窄的道路，要求路灯的安装高度等于或大于路面有效宽度。

图 6-4-4　路灯单侧布置实景图

2. 双侧交错布置

双侧交错布置是指路灯按之字形交替排列在道路两侧，如图 6-4-3（b）、图 6-4-5 所示。

双侧交错布置方式适用于比较宽的道路，要求路灯的安装高度不小于路面有效宽度的 7/10。

图 6-4-5 路灯双侧交错布置实景图

3. 双侧对称布置

双侧对称布置是指路灯对称排列在道路两侧，如图 6-4-3（c）、图 6-4-6 所示。双侧对称布置方式适用于比较宽的道路，并且有中央分车带的双幅路面，要求路灯的安装高度不小于路面有效宽度的 1/2。优点是照度均匀，诱导性好，因此应用较多。

图 6-4-6 路灯双侧对称布置实景图

4. 中心对称布置

中心对称布置是指路灯布置在道路中心的分车带上，如图 6-4-3（d）、图 6-4-7 所示。中心对称布置方式适用于比较宽的中间有分车带的双幅道路，要求路灯的安装高度应等于或大于路面有效宽度。

图 6-4-7 路灯中心对称布置实景图

5. 横向悬索布置

横向悬索布置是指路灯布置在道路中心的横向悬索上，如图 6-4-3（e）所示。在行道树遮光严重的道路，可选择横向悬索布置方式。

(二) 平面交叉路口路灯的平面布置

1. T 形交叉路口

T 形交叉路口应在道路尽端设置路灯，如图 6-4-8 所示，并应显现道路形式和结构。

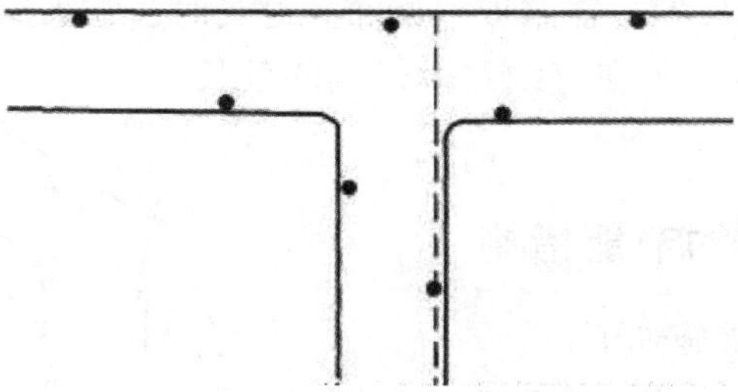

图 6-4-8　T 形交叉路口路灯的平面布置

2. 十字交叉路口

十字交叉路口的灯可根据道路的具体情况和照明要求，分别采用单侧布置、交错布置或对称布置等方式，并应根据路面照明需要增加杆上的灯具。大型交叉路口可另外设置附加照明，附加照明可选择常规照明方式或半高杆照明方式，并应限制眩光。十字交叉路口路灯的平面布置和实景图如图 6-4-9 所示。

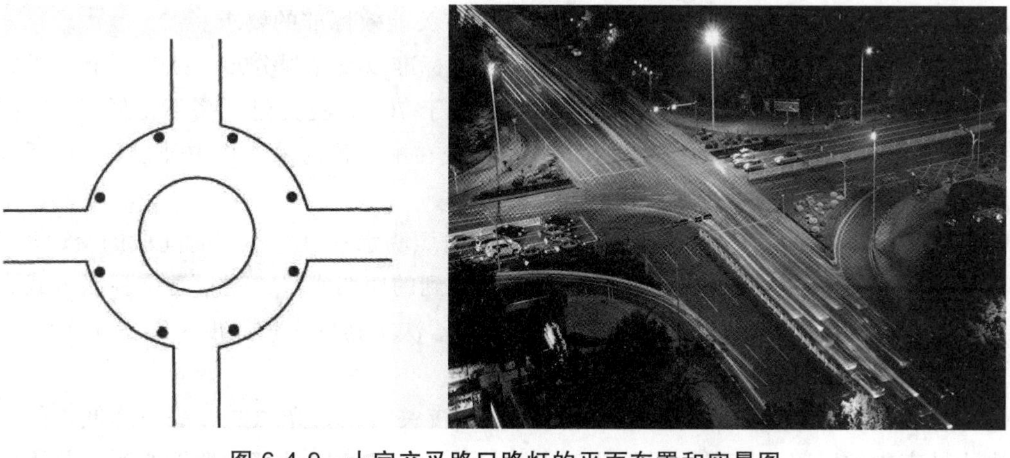

图 6-4-9　十字交叉路口路灯的平面布置和实景图

(三) 曲线路段路灯的平面布置

曲线路段的照明应符合下列规定：

① 半径在 1 000 m 及以上的曲线路段，其照明可按直线路段处理。

② 半径在 1 000 m 以下的曲线路段，灯具应沿曲线外侧布置，灯具间距宜为直线路段灯具间距的 50% ~ 70%。悬挑的长度也应相应缩短。在反向曲线路段上，宜固定在一侧设置灯具，产生视线障碍时可在曲线外侧增设附加灯具，如图 6-4-10 所示。

（a）曲线路段的路灯设置 （b）反向曲线路段的路灯设置

图 6-4-10 曲线路段路灯的平面布置

③ 当曲线路段的路面较宽，需采取双侧布置灯具时，宜采用对称布置。

④ 转弯处的灯具不得安装在直线路段灯具的延长线上，如图 6-4-11 所示。

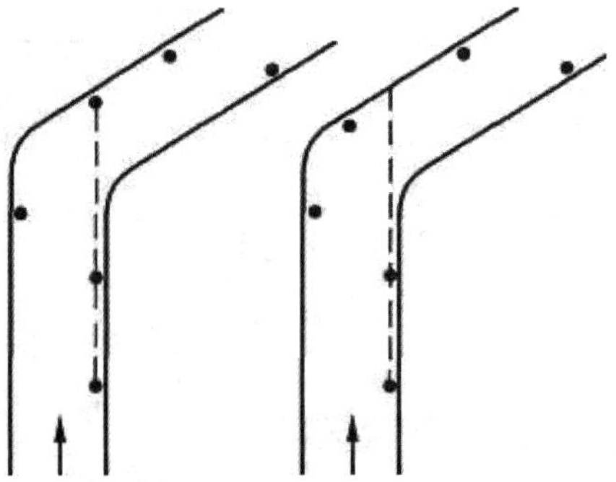

（a）不正确 （b）正确

图 6-4-11 弯道处路灯的平面布置

七、城市道路照明的节能措施

城市道路照明的节能措施如下：

① 进行照明设计时，应提出多种符合照明标准要求的设计方案进行技术经济综合分析比较，从中选择技术先进、经济合理又节约能源的最佳方案。

② 路灯专用配电变压器应选用符合现行国家标准《三相配电变压器能效限定值及能效等级》（GB 20052）规定的节能产品。

③ 照明器材的选择应符合下列规定：

a. 光源及镇流器的能效指标应符合国家现行有关能效标准的要求。

b. 选择灯具时，在满足国家现行对灯具的相关标准以及光强分布和眩光限制要求的前提下，采用传统光源的常规道路照明灯具效率不得低于 70%；泛光灯效率不得低于 65%。

④ 气体放电灯应在灯具内设置补偿电容器，或在配电箱内采取集中补偿，补偿后系统的功率因数不应小于 0.85。

⑤ 宜根据所在道路的照明等级、夜间路面实时照明水平以及不同时间段的交通流量、车速、环境亮度的变化等因素，确定相应时段需要达到的照明水平，通过智能控制方式，调节路面照度或亮度。但经过调节后的快速路、主干路、次干路的平均照度不得低于 10 lx，支路的平均照度不得低于 8 lx。

⑥ 采用双光源灯具照明的道路，可通过在深夜关闭一只光源的方法来降低路面照明水平。中小城市中的道路可采用关闭不超过半数灯具的方法来降低路面照明水平，且不应同时关闭沿道路纵向相邻的两盏灯具。

⑦ 应制定维护计划，定期进行灯具清扫、光源更换及其他设施的维护。

【巩固练习】

1. 什么是城市道路？城市道路可分为哪几种？
2. 道路照明有哪些种类？

3. 路灯的安装要求有哪些？
4. 路灯的平面布置方式有哪些？
5. 道路照明的质量要求有哪些？

技能要求

【工作任务】 城市道路照明认知。

【任务描述】 学生根据城市道路照明实景图，现场辨识城市道路照明的种类、平面布置方式、照明特点和照明手法等内容，做到快速、果断、安全、规范。

【任务实施】

1. 准备工作

① 人员组织：将班级学生分为2人1组，每次考核1组。

② 设备准备：现场城市道路照明实景图10～20例，以能满足所有学生考核为准。

③ 资料准备：评分表1张，记录笔1支。

2. 实际操作

① 考核人员：2人/组。

② 考核时间：10 min。

③ 考核标准：

评分表

第______小组　　学生姓名______________　　总评分__________

项目及配分		考核内容及评分标准	自评分 30%	小组评分 30%	教师评分 40%
考核程序	50分	1. 根据城市道路照明实景图，辨识采用的照明种类、照明方式、照明特点和表现手法。每错一处扣5分。			
		2. 根据教师提问回答问题。每错一题扣5分。			
考核质量	30分	1. 根据城市道路照明实景图能立即说出采用的照明种类、平面布置方式、照明特点和表现手法。迟疑或停顿时间较长，每处扣2分。			
		2. 回答老师问题应迅速、果断。停顿、迟疑时间较长，每处扣3分。			
考核时间	10分	考核总时间为10 min。每超时1 min扣2分，超时3 min及以上停止考核。			
安全规章	10分	遵章守纪，具有团结协作精神，仪容仪表应符合安全文明生产要求。团结协作精神缺乏，酌情扣1～5分。			
合计	100分				

任务五　城市亮化工程认知

【学习目标】

一、知识目标

1. 掌握城市亮化工程的种类及其表现方式。
2. 掌握城市亮化工程的作用。
3. 熟悉城市亮化工程的设计注意事项。
4. 熟悉对城市亮化工程实景的分析方法。

二、技能目标

1. 能正确辨识城市亮化工程的种类和特点。
2. 能正确辨识城市亮化工程的表现手法和艺术表现力。

三、素质目标

1. 培养对城市亮化工程艺术的欣赏能力。
2. 培养团结协作的精神。
3. 培养安全意识，牢固树立“安全第一”的作业思想。

知识要求

【知识要点】

城市亮化工程，也称为城市夜景照明，是展示城市现代化水平的一个重要标志，也是城市建设管理的一项重要内容。它既是城市繁华和经济实力的象征，又是改善城市投资环境，提升城市形象的物质载体。

近年来，随着我国改革开放和经济建设的发展、经济实力的增强，城市建设得到了很大的发展，城市格局不断形成，城市环境综合整治的力度在不断加大，城市的居住环境和城市面貌均发生了较大的变化。

为了满足人民物质文化生活的需要，改善城市投资环境，体现城市的可持续发展战略，目前全国各大中城市在规划城市发展和建设的同时，都十分重视城市夜景照明建设，并取得了一定的成绩。

一、城市亮化工程的定义和作用

(一) 城市亮化工程的定义

城市亮化工程就是通过城市道路照明、广场照明、建筑物照明、园林绿地照明以及景点、景区照明等来美化城市夜间环境的综合性照明工程。

城市亮化工程是多学科、综合性工程，主要涉及城市规划、建筑物理学、景观建筑学、艺术设计、建筑电工学等专业领域。

(二) 城市亮化工程的作用

1. 美化城市形象，体现城市的发展和活力

夜景照明美化了城市形象，给城市带来勃勃生机，既能展示出经济发展欣欣向荣的大好形势和强烈的时代气息，又能反映出城市的文化底蕴、城市特色，体现出城市的科技发展、建设成就和管理水平。

2. 丰富群众生活，使人产更加安全、方便、舒适

夜景照明推出新的景观，亮化、美化我们的城市，对人们树立现代生活观念起到推动作用，给人们夜间社交和户外活动提供安全、方便、舒适的条件，有利于人们增强活力、陶冶情操、提高素质、丰富生活，感受现代生活气息。

3. 促进城市经济的发展，增强社会、环境和经济效益

夜景照明事业的发展，不仅给城市带来了明显的环境效益和社会效益，同时也促进了经济的发展，产生特有的经济效益。夜景照明工程是最好的广告宣传和形象美化工程，有利于商业的发展、经济的繁荣和旅游业的发展。

城市亮化工程实景如图 6-5-1、图 6-5-2 所示。

图 6-5-1　城市亮化工程实景图（一）

图 6-5-2　城市亮化工程实景图（二）

二、城市亮化工程的规划和设计

城市亮化工程也就是城市夜景照明规划，作为城市景观规划的延伸与补充，为了使城市夜景成为有城市特色的人文景观，城市景观规划师、照明设计师应高度重视城市亮化工程的规划与设计。

在实施城市亮化工程的规划和设计时，应当采用城市规划的基本步骤和方法，即总体规划、分区规划、景区群体形象设计及单体设计的方法，结合照明设计自身的特点，进行城市亮化工程的规划设计。

(一) 城市亮化工程的规划

要想使城市夜景照明建设达到高品位、高水平，必须有一个高起点、系统化的规划。按其城市规模，城市夜景照明规划一般分为总体规划、分区规划、景区群体形象设计及单体设计。

1. 总体规划

城市夜景照明总体规划是城市规划不可缺少的重要部分，规划的一个重要依据是城市定位，即城市经济、城市文化的发展规模、特色和级别。例如，深圳是我国经济特区，是一个新兴的工业城市，其夜景照明应反映出这一定位。

城市夜景照明的总体规划主要包括城市道路景观、景点景观、城市轮廓线、城市标志、河道景观和区域景观等方面。

2. 分区规划

分区规划是城市夜景照明总体规划的延伸，是对城市夜景照明的总体规划所包括的城市道路景观、景点景观、城市轮廓线、城市标志、河道景观和区域景观的进一步详细规划。

3. 景区群体形象设计及单体设计

景区群体形象设计及单体设计，主要是根据总体规划要求，对各个景区或建筑物（如商业街、文化街、广场等）群体形象在照明平均亮度（或照度）水平、色调气氛、照明方法等方面所做出的规划，以达到总体宏观上的协调，保证整个城市夜景照明的总体效果。

景区群体形象设计及单体设计的主要内容如下：

① 夜景照明的基本要求、原则和将要达到的总体效果。

② 夜景照明的总格调，总的平均亮度（照度）水平。

③ 分析景区内各照明对象在群体中的地位，确定单个照明对象的照明方案。

④ 制定出实施的步骤、方法和进度。

(二) 城市亮化工程的设计原则、步骤

1. 设计原则

① 严格按照明总体规划进行城市夜景照明建设。

② 照明必须紧扣本城市或建筑物的形象特征，遵循以人为本、和谐统一、简洁大气、重视文化和艺术品位的原则。

③ 夜景照明要符合本城市的建设发展规划和国内外夜景照明技术文件、标准规范的要求。

④ 夜景照明要突出重点，要有特色，不能一般化，照明方法应多元化，不要千篇一律地

使用单一的照明方法。

⑤ 注重夜景照明新技术的使用，提高新技术的含量。

⑥ 慎用彩色光，特别是公共建筑夜景照明的配色更需谨慎。

⑦ 贯彻绿色照明原则，采取措施，节资节能，保护环境，防止光污染。

⑧ 夜景照明的设备要安全可靠，切忌用伪劣产品。

⑨ 科学设计照明控制系统，一般应按平时和节日两种方案分别控制。

⑩ 加强管理，建立严密的管理体系，使管理工作做到科学化和法制化，以确保夜景照明设施正常运行。

2. 设计步骤和方法

① 了解建筑物的特点、规模、主题以及业主对照明的要求，一般采用光、影、彩、混光等多种形式勾画被照物的轮廓，加强美感。

② 收集相关建筑物的资料，如立面图、平面图、局部大样、建筑物彩色图片或现场照片。

③ 灯具选择。根据建筑物的特点选用适合的灯具，确定灯具的功率、光源类型。

④ 照度设计。按一般建筑物的照度标准来设计，不同材料的外墙有相应的照度标准，一般情况下，浅色材料按 80～1501x 设计，深色按 100～3001x 设计。必须注意，主视立面和次视立面的照度是不一样的，在设计时必须分主次，突出层次感。

⑤ 数量统计。根据选定的照度值计算灯具数量，可采用照明设计软件来计算，或通过公式按经验估算。

⑥ 布灯位置、光束角的确定。在确定灯具数量之后，根据建筑物的位置和特点确定灯具的安装位置、投光角度，灯具的安装既要达到设计的效果，又应避免影响建筑物的外观。泛光照明不仅要考虑被照物自身的美感，也要考虑被照物与环境的融合及协调。

⑦ 必要时可画出灯光效果图来实施安装，此过程相对比较复杂，包括：建模→打灯光→灯光渲染→后期修改→完成制作→打印。这个工作量非常大，如前期的资料准备不充分的话，所花的时间就更多。

⑧ 消除眩光，在设计时，灯具光束角的多次瞄准是不可缺少的。

⑨ 绘制灯具安装位置图（CAD），并确定照明负荷，指导专业安装公司按总体设计及灯具的安装要求进行安装，并对此进行调试。

⑩ 合格验收。

三、城市亮化工程的种类

城市亮化工程的具体对象为：城市的广场、街道、公园绿地、住宅区、旧城中传统街区和诸多的纪念性标志建筑，以及在其中发生的人类各种活动等。

人们看到的城市亮化工程（城市夜景照明）往往是静态的，而城市夜景照明的形成却是个动态的过程，好的景观是人们长时间经营、推敲、锤炼出来的。

随着城市不断的变化和发展，塑造的城市夜景照明就凝聚成文化结晶，供人们欣赏和享受。丰富多样且优美的城市空间和景观环境，不仅让人们生活在其中感到舒适、愉快、健康，还有着丰富的物质和精神内涵。因此，城市夜景照明中的核心要素不仅表现为审美的特征，更是一种感性的、主观的意识形态，其含义包括空间、时间、交往、活动、意义等综合内容。

(一) 城市亮化工程按内容分类

城市亮化工程从内容上划分，包括三个方面，即视觉景观、生态环境和行为场所。

视觉景观主要是从人类视觉形象的感受要求出发，根据美学规律，利用空间实体景物，研究如何创造出赏心悦目的环境形象。

生态环境主要是根据自然界的生物学原理，利用阳光、气候、动植物、土壤、水体等天然和人工材料，研究如何创造出令人舒适的良好的物理环境。

行为场所主要是从人类行为心理的需要出发，利用空间设计及其文化内容的引导，创造出能满足人们行为心理规律的、使人赏心悦目、积极上进的环境。

(二) 城市亮化工程按时间分类

从时间上划分，城市亮化工程分为白天景观和夜晚景观。

白天景观很好理解，这里不再多说。城市夜晚景观是城市白天景观的延续，但并非简单的重复，它与灯光的运用息息相关。灯光是夜晚空间环境必备的要素，通过各种高科技的演光手段，对城市夜间景观环境进行二次审美创造，为市民夜生活提供必要、舒适的休闲、娱乐、购物及交往的人工照明环境。

城市夜晚景观可以通过城市夜间的各种物质组成要素间接地展现出来，如建筑、广告、橱窗、小品、绿化等，也可以通过人的各种夜生活行为来展现，如商业活动、娱乐活动、交通活动、节日活动等。所以，现代城市夜晚景观环境不仅包括高质量的城市照明体系，更与城市居民的活动内容交融在一起。

城市照明的塑造离不开灯光，夜晚道路照明与夜景照明息息相关。与夜景照明不同，道路照明对城市景观的作用首先在于其功能性，即道路照明的效果、照度和亮度、眩光控制、诱导性、光色等以及由它们所构成的人工照明环境；其次，路灯本身的艺术性，即路灯的城市家具属性、造型、高度、色彩、布置方式等也是城市景观的重要影响因素。

四、城市夜景亮化工程示例

现代化的城市需要富有创意和想象力的夜景亮化照明，只有通过不断探索、不断创新，才能使城市的道路照明、建筑照明和绿化照明在夜晚亮起来、美起来，成为城市夜景的闪光点。

我国自 1998 年在上海外滩和南京路率先实施城市亮化工程后，北京、广州、深圳、重庆、武汉等许多城市也相继进行城市亮化工程建设。如今，从沿海到内地，从大城市到中小城市都在进行城市亮化工程建设，重视城市形象已成为社会各界的共识。

城市夜景照明常采用轮廓照明、内透光照明及投光灯照明等照明方式来塑造城市夜晚形象：各种灯光在空中、地面、水上交相辉映，使公园中的树木、花草、高大建筑物、标志性建筑物、雕塑等景物在夜色中鲜明突出，有力地提高了城市形象，展现了现代城市的自然环境、经济繁荣和现代化进程。预计今后我国城市夜景亮化工程将有更大的发展。

图 6-5-3 所示为上海外滩亮化工程，图 6-5-4 所示为上海浦东新区亮化工程。

外滩南临黄浦江，与东方明珠隔江相望，波光水影，环境独特。外滩的建筑物为欧式建筑，造型优美，有“万国建筑博览会”的美称。建筑物表面多为漫射性质的花岗石，经过几十年的风雨洗礼，更透出一种优雅的气质，是进行泛光照明的良好载体。灯光环境以建筑照明作为重点，用投光灯把建筑物的立面照亮，用虚实、明暗等手法来增强建筑物的层次感。同时每栋建筑物也不是平均处理，而是注意对细部的刻画，或局部加强照度，或利用建筑物的造型制造阴影，前者表现了建筑物的质感，后者加强了建筑物的立体感。

图 6-5-3　上海外滩亮化工程

图 6-5-4　上海浦东新区亮化工程

作为外景的东方明珠塔，由于外墙为玻璃幕墙，主要采用内透光，中下层以白色光源金属卤灯照明为主，较高层使用了光纤，加强了各立面、各层间的虚实、明暗对比，很好地表现了建筑物的立体感，尤其是对塔顶上的“明珠”做了重点加强处理，在投光灯的照射映衬下，在夜晚十分显眼，与外滩隔江呼应，起到了画龙点睛的效果。

五、城市亮化工程设计注意事项

随着经济和生活水平的提高，城市化的进展加快，特别是随着城市旅游业的发展，城市亮化工程成了必不可少的观光项目。城市亮化工程的规划设计如同城市的设计，需要契合城市主体，同时要具备自身独特的创意，体现照明技术和景观艺术的完美结合。因此，在进行城市亮化工程的设计时，需要注意以下事项：

(一) 不求最亮，只求最好

不要认为亮化工程就是“亮”，这是错误的。一个成功的亮化设计，是让人在夜晚能看到它熠熠生辉、美丽非凡。所以说，亮化工程的效果不在于单纯的亮度，而在于对比。在夜晚，周围亮度很低，亮化工程的效果就好；白天由于周围亮度高于亮化设施营造的亮度，亮化工程就没有效果。当然这是一个极端的例子，但告诉我们在进行亮化设计时，一定要注意亮化部分与周围背景的对比，包括亮度的对比、颜色的对比、变换的对比。因此，进行亮化设计时不必追求最亮，应追求最佳的对比，才能达到最佳效果。

在实际操作中，亮化面与背景的亮度比控制在 3∶1 左右是较好的选择，但这也不是绝对的，如果需要对一些特殊点进行夸大、强调的话，比例还可以加大。另外，除了亮度，还可以通过不同颜色的光源来达到亮化目的，通过使用有色照明来唤起对某一白天环境的感受，如暖色光意味着热度、蓝色光带给人寒冷的感觉。

(二) 结合规划，注重特色

每个城市都有自己的特色，城市亮化工程应避免抄袭，突出自身特色，才能取得成功。

在实际操作中，每个城市都应根据自身的总体城市发展规划来制定“城市亮化专项规划”，在专项规划中明确城市总体亮化工程的原则与特点。总体原则制定后，再对各个功能区的基本照明指标，如照度、亮度、均匀度、眩光控制要求、色彩控制要求、灯杆灯具控制要求等一一注明，做到每一地区都可以根据专项规划的要求来进行具体设计，这样就可以突出特色，避免重复。

(三) 锦上添花，宁缺毋滥

城市亮化工程是一项锦上添花的工作，也就是说，通过光的作用突出、夸大一个城市的优点、特点，让人得到美的享受。所以，城市亮化工作是城市发展到较高层次的需要，它不是生活必需，应当遵循宁缺毋滥的原则。

(四) 端正目的，以人为本

城市亮化技术不是建立在照明工程原理基础之上的，而是基于对美学价值的感受和洞察力。一个成功的亮化工程必须得到广大市民的认可。因此在进行城市亮化设计时，不管是亮化道路、广场还是建筑物，必须明确亮化目的，灯光效果应该让人感到舒适、美观，要以人为本。

(五) 注重环境，节约资源

城市亮化工程必须充分考虑对环境的影响。

城市亮化工程过多过滥，不仅没有美感，甚至会造成严重的光污染，影响市民的正常生活，甚至对生活在同一环境下的动植物造成不良影响。因此，在进行亮化工程设计时应充分考虑对周边环境的影响。

同时，城市亮化工程也必须注意节约能源。城市亮化工程是为城市发展服务的，而城市需要建立一种可持续的发展模式，因此城市亮化工程也要追求用较少的资源和能源消耗来取得较好的效果。这就要求设计人员在设计时应尽量采用耗能小的方案，采用节能灯具等。

【巩固练习】

1. 什么是城市亮化工程？
2. 城市亮化工程总体规划包括哪几方面？
3. 城市亮化工程有什么作用？
4. 城市亮化工程分为哪几种？
5. 城市亮化工程设计的注意事项有哪些？

技能要求

【工作任务】 城市亮化工程认知。

【任务描述】 学生根据城市亮化工程实景图，现场辨识城市亮化工程的种类、方式、照明特点和照明手法等内容，做到快速、果断、安全、规范。

【任务实施】

1. 准备工作

① 人员组织：将班级学生分为 2 人 1 组，每次考核 1 组。

② 设备准备：现场城市亮化工程实景图 10 ~ 20 例，以能满足所有学生考核为准。

③ 资料准备：评分表 1 张，记录笔 1 支。

2. 实际操作

① 考核人员：2 人/组。

② 考核时间：10 min。

③ 考核标准：

评分表

第______小组　　　　学生姓名______________________　　　　总评分____________

项目及配分		考核内容及评分标准	自评分 30%	小组评分 30%	教师评分 40%
考核程序	50 分	1. 根据城市亮化工程实景图辨识采用的照明种类、照明方式、照明特点和表现手法。每错一处扣 5 分。			
		2. 根据教师提问回答问题。每错一题扣 5 分。			
考核质量	30 分	1. 根据城市亮化工程实景图能立即说出采用的照明种类、方式、照明特点和表现手法。迟疑或停顿时间较长，每处扣 2 分。			
		2. 回答老师问题应迅速、果断。停顿、迟疑时间较长，每处扣 3 分。			
考核时间	10 分	考核总时间为 10 min。每超时 1 min 扣 2 分，超时 3min 及以上停止考核。			
安全规章	10 分	遵章守纪，具有团结协作精神，仪容仪表应符合安全文明生产要求。团结协作精神缺乏，酌情扣 1 ~ 5 分。			
合计	100 分				

附 录

附表 1 工业企业室内一般照明灯具的最低悬挂高度

光源种类	灯具形式	灯具遮光角	光源功率/W	最低悬挂高度/m
白炽灯	有反射罩	10° ~ 30°	≤100	2.5
			150 ~ 200	3.0
			300 ~ 500	3.5
	乳白色玻璃漫射罩	—	≤100	2.0
			150 ~ 200	2.5
			300 ~ 500	3.0
荧光灯	无反射罩	—	≤40	2.0
			>40	3.0
	有反射罩	—	≤40	2.0
			>40	2.0
荧光高压汞灯	有反射罩	10° ~ 30°	<125	3.5
			125 ~ 250	5.0
			≥400	6.0
	有反射罩带格栅	>30°	<125	3.0
			125 ~ 250	4.0
			≥400	5.0
金属卤化物灯 高压钠灯 混光光源	有反射罩	10° ~ 30°	<150	4.5
			125 ~ 250	5.5
			250 ~ 400	6.5
			>400	7.5
	有反射罩带格栅	>30°	<150	4.0
			125 ~ 250	4.5
			250 ~ 400	5.5
			>400	6.5

附表 2 图书馆照明照度标准值

类别	参考平面及其高度	照度标准值 / lx
一般阅览室、研究室、美工室	0.75 m 水平面	300
老年阅览室、善本书室	0.75 m 水平面	500
陈列室、视听室等	0.75 m 水平面	150
读者休息室	0.75 m 水平面	75
书库	0.25 m 垂直面	50
敞开式运输传送设备	0.75 m 水平面	100

附表 3 厂区露天作业场所和交通运输线照度标准值

类别		规定照度的平面	照度标准值 / lx
露天作业	视觉要求较高的工作	作业面	75
	用眼睛检查质量的金属焊件	作业面	30
	用仪器检查质量的金属焊件	作业面	20
	间接地检查仪表	作业面	20
	装卸工作	地面	15
	露天堆场	地面	2
道路广场	主干道	地面	5
	次干道	地面	3
	厂前区	地面	10
站台	视觉要求较高的站台	地面	10
	一般站台	地面	3
装卸码头		地面	15

附表 4 住宅建筑照明照度标准值

房间或场所		参考平面及其高度	照度标准值 / lx	显色指数 R_a
起居室	一般活动	0.75 m 水平面	100	80
	书写、阅读	0.75 m 水平面	300*	80
卧室	一般活动	0.75 m 水平面	75	80
	床头、阅读	0.75 m 水平面	150*	80
餐厅		0.75 m 餐桌面	150	80
厨房	一般活动	0.75 m 餐桌面	100	80
	操作台	台面	150*	80
卫生间		0.75 m 餐桌面	100	80
电梯前厅		地面	75	60
走道、楼梯间		地面	50	60
车库		地面	30	60

注：*指混合照明照度。

附表 5 办公建筑照明照度标准值

房间或场所	参考平面及其高度	照度标准值 / lx	UGR	U_0	显色指数 R_a
普通办公室	0.75 m 水平面	300	19	0.60	80
高档办公室	0.75 m 水平面	500	19	0.60	80
会议室	0.75 m 水平面	300	19	0.60	80
视频会议室	0.75 m 水平面	750	19	0.60	80
接待室、前台	0.75 m 水平面	200	—	0.40	80
服务大厅、营业厅	实际工作面	300	22	0.40	80
设计室	0.75 m 水平面	500	19	0.60	80
文件整理、复印、发行室	0.75 m 水平面	300	—	0.40	80
资料、档案存放室	0.75 m 水平面	200	—	0.40	80

注：1. 此表适用于所有类型建筑的办公室和类似用途场所的照明。
2. 表中 UGR 为照明眩光值；R_a 为显色指数；U_0 为照度均匀度。

附表 6 博物馆建筑陈列室展品的照度标准值及年曝光量限值

类别	参考平面及其高度	照度标准值 / lx	年曝光量/(lx · h/a)
对光特别敏感的展品：纺织品、织绣品、绘画、纸质物品、彩绘、陶(石)器、染色皮革、动物标本等	展品面	≤50	≤50 000
对光敏感的展品：油画、蛋清画、不染色皮革、角制品、骨制品、象牙制品、竹木制品和漆器等	展品面	≤150	≤360 000
对光不敏感的展品：金属制品、石质器物、陶瓷器、宝玉石器、岩矿标本、玻璃制品、搪瓷制品、珐琅器等	展品面	≤300	不限制

注：1. 陈列室一般照明应按展品照度值的 20%～30% 选取；
2. 陈列室一般照明眩光值 UGR 不宜大于 19；
3. 一般场所显色指数 R_a 不应低于 80，辨色度要求高的场所，R_a 不应低于 90。

附表 7 博物馆建筑其他场所的照明标准值

房间或场所	参考平面及其高度	照度标准值 / lx	UGR	U_0	显色指数 R_a
门厅	地面	200	22	0.40	80
序厅	地面	100	22	0.40	80
会议报告厅	0.75 m 水平面	300	22	0.60	80
美术制作室	0.75 m 水平面	500	22	0.60	90
编目室	0.75 m 水平面	300	22	0.60	80
摄影室	0.75 m 水平面	100	22	0.60	80
熏蒸室	实际工作面	150	22	0.60	80
实验室	实际工作面	300	22	0.60	80
保护修复室	实际工作面	750*	19	0.70	90

注：*指混合照明照度。

附表 8　美术馆建筑照明标准值

房间或场所	参考平面及其高度	照度标准值 / lx	UGR	U_0	显色指数 R_a
会议报告厅	0.75 m 水平面	300	22	0.60	80
休息厅	0.75 m 水平面	150	22	0.40	80
美术品售卖厅	0.75 m 水平面	300	19	0.60	80
公共大厅	地面	200	22	0.40	80
绘画展厅	地面	100	19	0.60	80
雕塑展厅	地面	150	19	0.60	80
藏画库	地面	150	22	0.60	80
藏画修理室	0.75 m 水平面	500	19	0.70	90

注：1. 绘画、雕塑展厅的照明标准值中不含展品陈列照明；
2. 当展览对光敏感的展品时，应满足博物馆建筑陈列室展品照度标准值的要求。

附表 9　科技馆建筑照明标准值

房间或场所	参考平面及其高度	照度标准值 / lx	UGR	U_0	显色指数 R_a
科普教室、实验区	0.75 m 水平面	300	19	0.60	80
会议报告厅	0.75 m 水平面	300	22	0.60	80
纪念品售卖区	0.75 m 水平面	300	22	0.60	80
儿童乐园	地面	300	22	0.60	80
公共大厅	地面	200	22	0.60	80
球幕、巨幕、3D、4D 影院	地面	100	19	0.60	80
常设展厅	地面	200	22	0.60	80
临时展厅	地面	200	22	0.60	80

注：常设展厅和临时展厅的照明标准值中不含展品陈列照明。

附表 10　会展建筑照明标准值

房间或场所	参考平面及其高度	照度标准值 / lx	UGR	U_0	显色指数 R_a
会议室、洽谈室	0.75 m 水平面	300	19	0.60	80
宴会厅	0.75 m 水平面	300	22	0.60	80
多功能厅	0.75 m 水平面	300	22	0.60	80
公共大厅	地面	200	22	0.40	80
一般展厅	地面	200	22	0.60	80
高档展厅	地面	300	22	0.60	80

附表 11 交通建筑照明标准值

场所		参考平面及其高度	照度标准值 / lx	UGR	U_0	显色指数 R_a
售票台		台面	500*	—	—	80
问讯处		0.75 m 水平面	200	—	0.60	80
候车（机、船）室	普通	地面	150	22	0.40	80
	高档	地面	200	22	0.60	80
贵宾室、休息室		0.75 m 水平面	300	22	0.60	80
中央大厅、售票大厅		地面	200	22	0.40	80
海关、护照检查		工作面	500	—	0.70	80
安全检查		地面	300	—	0.60	80
换票、行李托运		0.75 m 水平面	300	19	0.60	80
行李认领、到达大厅		地面	200	22	0.40	80
通道、连接区、扶梯、换乘厅		地面	150	—	0.40	80
有棚站台		地面	75	—	0.60	60
无棚站台		地面	50	—	0.40	20
走廊、楼梯、平台、流动区域	普通	地面	75	25	0.40	60
	高档	地面	150	25	0.60	80
地铁站厅	普通	地面	100	25	0.60	80
	高档	地面	200	22	0.60	80
地铁进出站门厅	普通	地面	150	25	0.60	80
	高档	地面	200	22	0.60	80

注：*指混合照明照度。

附表 12 金融建筑照明标准值

房间或场所		参考平面及其高度	照度标准值 / lx	UGR	U_0	显色指数 R_a
营业大厅		地面	200	22	0.60	80
营业柜台		台面	500	—	0.60	80
客户服务中心	普通室	0.75 m 水平面	200	22	0.60	60
	贵宾室	0.75 m 水平面	300	22	0.60	80

注：本表适用于银行、证券、期货、保险、电信、邮政等行业，也适用于类似用途（如供电、供水、供气）的营业厅、柜台和客服中心。

附表 13 其他居住建筑照明标准值

房间或场所		参考平面及其高度	照度标准值 / lx	显色指数 R_a
职工宿舍		地面	100	80
老年人卧室	一般活动	0.75 m 水平面	150	80
	床头，阅读		300*	80
老年人起居室	一般活动	0.75 m 水平面	200	80
	书写，阅读		500*	80
酒店式公寓		地面	150	80

注：* 指混合照明照度。

附表 14 无电视转播的体育建筑照明标准值

运动项目		参考平面及其高度	照度标准值 / lx			显色指数 R_a		眩光指数（GR）	
			训练	业余比赛	专业比赛	训练	比赛	训练	比赛
篮球、排球、手球、室内足球		地面	300	500	750	65	65	35	30
体操、艺术体操、技巧、蹦床、举重		台面							
速度滑冰		冰面							
羽毛球		地面	300	750/500	1 000/500	65	65	35	30
乒乓球、柔道、摔跤、跆拳道、武术		台面	300	500	1 000	65	65	35	30
冰球、花样滑冰、冰上舞蹈、短道速滑		冰面							
拳击		台面	500	1 000	2 000	65	65	35	30
游泳、跳水、水球、花样游泳		水面	200	300	500	65	65	—	—
马术		地面							
射击、射箭	射击区、弹（箭）道区	地面	200	200	300	65	65	—	—
	靶心	靶心垂直面	1 000	1 000	1 000				
击剑		地面	300	500	750	65	65	—	—
		垂直面	200	300	500				
网球	室外	地面	300	500/300	750/500	65	65	55	50
	室内							35	30
场地自行车	室外	地面	200	500	750	65	65	55	50
	室内							35	30
足球、田径		地面	200	300	500	20	65	55	50
曲棍球		地面	300	500	750	20	65	55	50
棒球、垒球		地面	300/200	500/300	750/500	20	65	55	50

注：1. 当表中同一格有两个值时，“/”前为内场的值，“/”后为外场的值；
2. 表中规定的照度应为比赛场地参考平面上的使用照度。

附表 15 有电视转播的体育建筑照明标准值

<table>
<tr><th colspan="2" rowspan="2">运动项目</th><th rowspan="2">参考平面及其高度</th><th colspan="3">照度标准值 / lx</th><th colspan="2">显色指数 R_a</th><th colspan="2">T_{cp}（K）</th><th rowspan="2">眩光指数（GR）</th></tr>
<tr><th>国家、国际比赛</th><th>重大国际比赛</th><th>HDTV</th><th>国家、国际比赛，重大国际比赛</th><th>HDTV</th><th>国家、国际比赛，重大国际比赛</th><th>HDTV</th></tr>
<tr><td colspan="2">篮球、排球、手球、室内足球、乒乓球</td><td>地面 1.5 m</td><td rowspan="5">1 000</td><td rowspan="5">1 400</td><td rowspan="5">2 000</td><td rowspan="13">≥80</td><td rowspan="13">>80</td><td rowspan="13">≥4 000</td><td rowspan="13">≥5 500</td><td rowspan="2">30</td></tr>
<tr><td colspan="2">体操、艺术体操、技巧、蹦床、柔道、摔跤、跆拳道、武术、举重</td><td>台面 1.5 m</td></tr>
<tr><td colspan="2">击剑</td><td>台面 1.5 m</td><td>—</td></tr>
<tr><td colspan="2">游泳、跳水、水球、花样游泳</td><td>水面 0.2 m</td><td>—</td></tr>
<tr><td colspan="2">冰球、花样滑冰、冰上舞蹈、短道速滑、速度滑冰</td><td>冰面 1.5 m</td><td>30</td></tr>
<tr><td colspan="2">羽毛球</td><td>地面 1.5 m</td><td>1 000/750</td><td>1 400/1 000</td><td>2 000/1 400</td><td>30</td></tr>
<tr><td colspan="2">拳击</td><td>台面 1.5 m</td><td>1 000</td><td>2 000</td><td>2 500</td><td>30</td></tr>
<tr><td rowspan="2">射箭</td><td>射击区、箭道区</td><td>地面 1.0 m</td><td>500</td><td>500</td><td>500</td><td>—</td></tr>
<tr><td>靶心</td><td>靶心垂直面</td><td>1 500</td><td>1 500</td><td>2 000</td><td>—</td></tr>
<tr><td rowspan="2">场地自行车</td><td>室内</td><td rowspan="2">地面 1.5 m</td><td rowspan="4">1 000</td><td rowspan="4">1 400</td><td rowspan="4">2 000</td><td>30</td></tr>
<tr><td>室外</td><td>50</td></tr>
<tr><td colspan="2">足球、田径、曲棍球</td><td>地面 1.5 m</td><td>50</td></tr>
<tr><td colspan="2">马术</td><td>地面 1.5 m</td><td>—</td></tr>
<tr><td rowspan="2">网球</td><td>室内</td><td rowspan="2">地面 1.5 m</td><td rowspan="3">1 000/750</td><td rowspan="3">1 400/1 000</td><td rowspan="3">2 000/1 400</td><td rowspan="3">≥80</td><td rowspan="3">>80</td><td rowspan="3">≥4 000</td><td rowspan="3">≥2 500</td><td>30</td></tr>
<tr><td>室外</td><td>50</td></tr>
<tr><td colspan="2">棒球、垒球</td><td>地面 1.5 m</td><td>50</td></tr>
<tr><td rowspan="2">射击</td><td>射击区、弹道区</td><td>地面 1.5 m</td><td>500</td><td>500</td><td>500</td><td colspan="2" rowspan="2">≥80</td><td rowspan="2">≥3 000</td><td rowspan="2">≥4 000</td><td rowspan="2"></td></tr>
<tr><td>靶心</td><td>靶心垂直面</td><td>1 500</td><td>2 000</td><td>2 000</td></tr>
</table>

注：1. HDTV 指高清晰度电视，其特殊显色指数 R_a 应大于零；
2. 表中同一格有两个值时，“/”前为内场的值，“/”后为外场的值；
3. 表中规定的照度除射击、射箭外，其他均应为比赛场地主摄像机方向的使用照度值。

附表 16 商店建筑照明标准值

房间或场所	参考平面及其高度	照度标准值 / lx	UGR	U_0	R_a
一般商店营业厅	75 m 水平面	300	22	0.60	80
一般室内商业街	地面	200	22	0.60	80
高档商店营业厅	75 m 水平面	500	22	0.60	80
高档室内商业街	地面	300	22	0.60	80
一般超市营业厅	0.75 m 水平面	300	22	0.60	80
高档超市营业厅	0.75 m 水平面	500	22	0.60	80
仓储式超市	0.75 m 水平面	300	22	0.60	80
专卖店营业厅	0.75 m 水平面	300	22	0.60	80
农贸市场	0.75 m 水平面	200	25	0.40	80
收款台	台面	500*	—	0.60	80

注：*指混合照明照度。

附表 17 观演建筑照明标准值

房间或场所		参考平面及其高度	照度标准值 / lx	UGR	U_0	R_a
门厅		地面	200	22	0.40	80
观众厅	影院	0.75 m 水平面	100	22	0.40	80
	剧场、音乐厅	0.75 m 水平面	150	22	0.40	80
观众休息厅	影院	地面	150	22	0.40	80
	剧场、音乐厅	地面	200	22	0.40	80
排演厅		地面	300	22	0.60	80
化妆室	一般活动区	0.75 m 水平面	150	22	0.60	80
	化妆台	1.1 m 高处垂直面	500*	—	—	90

注：*指混合照明照度。

附表 18 旅馆建筑照明标准值

房间或场所		参考平面及其高度	照度标准值 / lx	UGR	U_0	R_a
客房	一般活动区	0.75 m 水平面	75	—	—	80
	床头	0.75 m 水平面	150	—	—	80
	写字台	台面	300*	—	—	80
	卫生间	0.75 m 水平面	150	—	—	80
中餐厅		0.5 m 水平面	200	22	0.60	80
西餐厅		0.75 m 水平面	150	—	0.60	80
酒吧间、咖啡厅		0.75 m 水平面	75	—	0.40	80
多功能厅、宴会厅		0.75 m 水平面	300	22	0.60	80
会议室		0.75 m 水平面	300	19	0.60	80
大堂		地面	200	—	0.40	80
总服务台		台面	300*	—	—	80
休息厅		地面	200	22	0.40	80
客房层走廊		地面	50	—	0.40	80
厨房		台面	500*	—	0.70	80
游泳池		水面	200	22	0.60	80
健身房		0.75 m 水平面	200	22	0.60	80
洗衣房		0.75 m 水平面	200	—	0.40	80

注：*指混合照明照度。

附表 19 医疗建筑照明标准值

房间或场所	参考平面及其高度	照度标准值 / lx	UGR	U_0	R_a
治疗室、检查室	0.75 m 水平面	300	19	0.70	80
化验室	0.75 m 水平面	500	19	0.70	80
手术室	0.75 m 水平面	750	19	0.70	90
诊室	0.75 m 水平面	300	19	0.60	80
候诊室、挂号厅	0.75 m 水平面	200	22	0.40	80
病房	地面	100	19	0.60	80
走道	地面	100	19	0.60	80
护士站	0.75 m 水平面	300	—	0.60	80
药房	0.75 m 水平面	500	19	0.60	80
重症监护室	0.75 m 水平面	300	19	0.60	90

附表 20 教育建筑照明标准值

房间或场所	参考平面及其高度	照度标准值 / lx	UGR	U_0	R_a
教室、阅览室	课桌面	300	19	0.60	80
实验室	实验桌面	300	19	0.60	80
美术教室	桌面	500	19	0.60	90
多媒体教室	0.75 m 水平面	300	19	0.60	80
电子信息机房	0.75 m 水平面	500	19	0.60	80
计算机教室、电子阅览室	0.75 m 水平面	500	19	0.60	80
楼梯间	地面	100	22	0.40	80
教室黑板	黑板面	500*	—	0.70	80
学生宿舍	地面	150	22	0.40	80

注：*指混合照明照度。

附表 21 工业建筑一般照明标准值

房间或场所		参考平面及其高度	照度标准值 / lx	UGR	U_0	R_a	备注
1. 机、电工业							
机械加工	粗加工	0.75 m 水平面	200	22	0.40	60	可另加局部照明
	一般加工 公差≥0.1 mm	0.75 m 水平面	300	22	0.60	60	应另加局部照明
	精密加工 公差<0.1 mm	0.75 m 水平面	500	19	0.70	60	应另加局部照明
机电仪表装配	大件	0.75 m 水平面	200	25	0.60	80	可另加局部照明
	一般件	0.75 m 水平面	300	25	0.60	80	可另加局部照明
	精密	0.75 m 水平面	500	22	0.70	80	应另加局部照明
	特精密	0.75 m 水平面	750	19	0.70	80	应另加局部照明
电线、电缆制造		0.75 m 水平面	300	25	0.60	60	—

续附表

房间或场所		参考平面及其高度	照度标准值/lx	UGR	U_0	R_a	备注
1. 机、电工业							
线圈绕制	大线圈	0.75 m 水平面	300	25	0.60	80	—
	中等线圈	0.75 m 水平面	500	22	0.70	80	可另加局部照明
	精细线圈	0.75 m 水平面	750	19	0.70	80	应另加局部照明
线圈浇注		0.75 m 水平面	300	25	0.60	80	—
焊接	一般	0.75 m 水平面	200	—	0.60	60	—
	精密	0.75 m 水平面	300	—	0.70	60	—
钣金		0.75 m 水平面	300	—	0.60	60	—
冲压、剪切		0.75 m 水平面	300	—	0.60	60	—
热处理		地面至 0.5 m 水平面	200	—	0.60	20	—
铸造	熔化、浇铸	地面至 0.5 m 水平面	200	—	0.60	20	—
	造型	地面至 0.5 m 水平面	300	25	0.60	60	—
精密铸造的制模、脱壳		地面至 0.5 m 水平面	500	25	0.60	60	—
锻工		地面至 0.5 m 水平面	200	—	0.60	20	—
电镀		0.75 m 水平面	300	—	0.60	80	—
喷漆	一般	0.75 m 水平面	300	—	0.60	80	—
	精细	0.75 m 水平面	500	22	0.70	80	—
酸洗、腐蚀、清洗		0.75 m 水平面	300	—	0.60	80	—
抛光	一般装饰性	0.75 m 水平面	300	22	0.60	80	应防频闪
	精细	0.75 m 水平面	500	22	0.70	80	应防频闪
复合材料加工、铺叠、装饰		0.75 m 水平面	500	22	0.60	80	—
机电修理	一般	0.75 m 水平面	200	—	0.60	60	可另加局部照明
	精密	0.75 m 水平面	300	22	0.70	60	可另加局部照明
2. 电子工业							
整机类	整机厂	0.75 m 水平面	300	22	0.60	80	—
	装配厂房	0.75 m 水平面	300	22	0.60	80	应另加局部照明
元器件类	微电子产品及集成电路	0.75 m 水平面	500	19	0.70	80	—
	显示器件	0.75 m 水平面	500	19	0.70	80	可根据工艺要求降低照度值
	印制线路板	0.75 m 水平面	500	19	0.70	80	—
	光伏组件	0.75 m 水平面	300	19	0.60	80	—
	电真空器件，机电组件等	0.75 m 水平面	500	19	0.60	80	—
电子材料类	半导体材料	0.75 m 水平面	300	22	0.60	80	—
	光纤、光缆	0.75 m 水平面	300	22	0.60	80	—
酸、碱、药液及粉配制		0.75 m 水平面	300	—	0.60	80	—

续附表

房间或场所		参考平面及其高度	照度标准值/lx	UGR	U_0	R_a	备注
3. 纺织、化纤工业							
纺织	选毛	0.75 m 水平面	300	22	0.70	80	可另加局部照明
	清棉、和毛、梳毛	0.75 m 水平面	150	22	0.60	80	—
	前纺：梳棉、并条、粗纺	0.75 m 水平面	200	22	0.60	80	—
	纺纱	0.75 m 水平面	300	22	0.60	80	—
	织布	0.75 m 水平面	300	22	0.60	80	—
织袜	穿综筘、缝纫、量呢、检验	0.75 m 水平面	300	22	0.70	80	可另加局部照明
	修补、剪毛、染色、印花、裁剪、熨烫	0.75 m 水平面	300	22	0.70	80	可另加局部照明
化纤	投料	0.75 m 水平面	100	—	0.60	80	—
	纺丝	0.75 m 水平面	150	22	0.60	80	—
	卷绕	0.75 m 水平面	200	22	0.60	80	—
	平衡间、中间贮存、干燥间、废丝间、油剂高位槽间	0.75 m 水平面	75	—	0.60	60	—
	集束间、后加工间、打包间、油剂调配间	0.75 m 水平面	100	15	0.60	60	—
	组件清洗间	0.75 m 水平面	150	25	0.60	60	—
	拉伸、变形、分级包装	0.75 m 水平面	150	25	0.70	80	操作面可另加局部照明
	化验、检验	0.75 m 水平面	200	22	0.70	80	可另加局部照明
	聚合车间、原液车间	0.75 m 水平面	100	22	0.60	60	—
4. 制药工业							
制药生产：配制、清洗灭菌、超滤、制粒、压片、混匀、烘干、灌装、轧盖等		0.75 m 水平面	300	22	0.60	80	—
制药生产流转通道		地面	200	—	0.40	80	—
更衣室		地面	200	—	0.40	80	—
技术夹层		地面	100	—	0.40	40	—

续附表

房间或场所		参考平面及其高度	照度标准值/lx	UGR	U_0	R_a	备注
5. 橡胶工业							
炼胶车间		0.75 m 水平面	300	—	0.60	80	—
压延压出工段		0.75 m 水平面	300	—	0.60	80	—
成型裁断工段		0.75 m 水平面	300	22	0.60	80	—
硫化工段		0.75 m 水平面	300	—	0.60	80	—
6. 电力工业							
火电厂锅炉房		地面	100	—	0.60	60	—
发电机房		地面	200	—	0.60	60	—
主控室		0.75 m 水平面	500	19	0.60	80	—
7. 铜铁工业							
炼铁	高炉炉顶平台、各层平台	平台面	30	—	0.60	60	—
	出铁场、出铁机室	地面	100	—	0.60	60	—
	卷扬机室、碾泥机室、煤气清洗配水室	地面	50	—	0.60	60	—
炼钢及连铸	炼钢主厂房和平台	地面、平台面	150	—	0.60	60	需用加局部照明
	连铸浇注平台、切割区、出坯区	地面	150	—	0.60	60	需另加局部照明
	精整清理线	地面	200	25	0.60	60	—
轧钢	棒线材主厂房	地面	150	—	0.60	60	—
	钢管主厂房	地面	150	—	0.60	60	—
	冷轧主厂房	地面	150	—	0.60	60	需另加局部照明
	热轧主厂房、钢坯台	地面	150	—	0.60	60	—
	加热炉周围	地面	50	—	0.60	20	—
	垂绕、横剪及纵剪机组	0.75 m 水平面	150	25	0.60	80	—
	打印、检查、精密分类、验收	0.75 m 水平面	200	22	0.70	80	—

续附表

房间或场所		参考平面及其高度	照度标准值 / lx	UGR	U_0	R_a	备注
8. 制浆造纸工业							
备料		0.75 m 水平面	150	—	0.60	60	—
蒸煮、选洗、漂白		0.75 m 水平面	200	—	0.60	60	—
打浆、纸机底部		0.75 m 水平面	200	—	0.60	60	—
纸机网部、压榨部、烘缸、压光、卷取、涂布		0.75 m 水平面	300	—	0.60	60	—
复卷、切纸		0.75 m 水平面	300	25	0.60	60	—
选纸		0.75 m 水平面	500	22	0.60	60	—
碱回收		0.75 m 水平面	200	—	0.60	60	—
9. 食品及饮料工业							
食品	糕点、糖果	0.75 m 水平面	200	22	0.60	80	—
	肉制品、乳制品	0.75 m 水平面	300	22	0.60	80	—
饮料		0.75 m 水平面	300	22	0.60	80	—
啤酒	糖化	0.75 m 水平面	200	—	0.60	80	—
	发酵	0.75 m 水平面	150	—	0.60	80	—
	包装	0.75 m 水平面	150	25	0.60	80	—
10. 玻璃工业							
备料、退火、熔制		0.75 m 水平面	150	—	0.60	60	—
窑炉		地面	100	—	0.60	20	—
11. 水泥工业							
主要生产车间（破碎、原料粉磨、烧成、水泥粉磨、包装）		地面	100	—	0.60	20	—
储存		地面	75	—	0.60	60	—
输送走廊		地面	30	—	0.40	20	—
粗坯成型		0.75 m 水平面	300	—	0.60	60	—
12. 皮革工业							
原皮、水浴		0.75 m 水平面	200	—	0.60	60	—
转毂、整理、成品		0.75 m 水平面	200	22	0.60	60	可另加局部照明
干燥		地面	100	—	0.60	20	—

续附表

房间或场所		参考平面及其高度	照度标准值/lx	UGR	U_0	R_a	备注
13. 卷烟工业							
制丝车间	一般	0.75 m 水平面	200	—	0.60	80	—
	较高	0.75 m 水平面	300	—	0.70	80	—
卷烟、接过滤嘴、包装、滤棒成型车间	一般	0.75 m 水平面	300	22	0.60	80	—
	较高	0.75 m 水平面	500	22	0.70	80	—
膨胀烟丝车间		0.75 m 水平面	200	—	0.60	60	—
贮叶间		1.0 m 水平面	100	—	0.60	60	—
贮丝间		1.0 m 水平面	100	—	0.60	60	—
14. 化学，石油工业							
厂区内经常操作的区域，如泵、压缩机、阀门、电操作柱等		操作位高度	100	—	0.60	20	—
装置区现场控制和检测点，如指示仪表、液位计等		测控点高度	75	—	0.70	60	—
人行通道、平台、设备顶部		地面或台面	30	—	0.60	20	—
装卸站	装卸设备顶部和底部操作位	操作位高度	75	—	0.60	20	—
	平台	平台	30	—	0.60	20	—
电缆夹层		0.75 m 水平面	100	—	0.40	60	—
避难间		0.75 m 水平面	150	—	0.40	60	—
压缩机厂房		0.75 m 水平面	150	—	0.60	60	—
15. 木业和家具制造							
一般机器加工		0.75 m 水平面	200	22	0.60	60	应防频闪
精细机器加工		0.75 m 水平面	500	19	0.70	80	应防频闪
锯木区		0.75 m 水平面	300	25	0.60	60	应防频闪
模型区	一般	0.75 m 水平面	300	22	0.60	60	—
	精细	0.75 m 水平面	750	22	0.70	60	—
胶合、组装		0.75 m 水平面	300	25	0.60	60	—
磨光、异形细木工		0.75 m 水平面	750	22	0.70	80	—

注：需增加局部照明的作业面，增加的局部照明照度值宜按该场所一般照明照度值的 1.0～3.0 倍选取。

附表 22 公共和工业建筑通用房间或场所照明标准值

房间或场所		参考平面及其高度	照度标准值/lx	UGR	U_0	R_a	备注
门厅	普通	地面	100	—	0.40	60	—
	高档	地面	200	—	0.60	80	—
走廊、流动区域、楼梯间	普通	地面	50	25	0.40	60	—
	高档	地面	100	25	0.60	80	—
自动扶梯		地面	150	—	0.60	60	—
厕所、盥洗室、浴室	普通	地面	75	—	0.40	60	—
	高档	地面	150	—	0.60	80	—
电梯前厅	普通	地面	100	—	0.40	60	—
	高档	地面	150	—	0.60	80	—
休息室		地面	100	22	0.40	80	—
更衣室		地面	150	22	0.40	80	—
储藏室		地面	100	—	0.40	60	—
餐厅		地面	200	22	0.60	80	—
公共车库		地面	50	—	0.60	60	—
公共车库检修间		地面	200	25	0.60	80	可另加局部照明
试验室	一般	0.75 m 水平面	300	22	0.60	80	可另加局部照明
	精细	0.75 m 水平面	500	19	0.60	80	可另加局部照明
检验	一般	0.75 m 水平面	300	22	0.60	80	可另加局部照明
	精细，有颜色要求	0.75 m 水平面	750	19	0.60	80	可另加局部照明
计量室、测量室		0.75 m 水平面	500	19	0.70	80	可另加局部照明
电话站、网络中心		0.75 m 水平面	500	19	0.60	80	—
计算机站		0.75 m 水平面	500	19	0.60	80	防光幕反射
变、配电站	配电装置室	0.75 m 水平面	200	—	0.60	80	—
	变压器室	地面	100	—	0.60	60	—
电源设备室、发电机室		地面	200	25	0.60	80	—
电梯机房		地面	200	25	0.60	80	—
控制室	一般控制室	0.75 m 水平面	300	22	0.60	80	—
	主控制室	0.75 m 水平面	500	19	0.60	80	—
动力站	风机房、空调机房	地面	100	—	0.60	60	—
	泵房	地面	100	—	0.60	60	—
	冷冻站	地面	150	—	0.60	60	—
	压缩空气站	地面	150	—	0.60	60	—
	锅炉房、煤气站的操作层	地面	100	—	0.60	60	锅炉水位表照度不小于 50 lx
仓库	大件库	1.0 m 水平面	50	—	0.40	20	—
	一般件库	1.0 m 水平面	100	—	0.60	60	—
	半成品库	1.0 m 水平面	150	—	0.60	80	—
	精细件库	1.0 m 水平面	200	—	0.60	80	货架垂直照度不小于 50 lx
车辆加油站		地面	100	—	0.60	60	油表表面照度不小于 50 lx

注：需增加局部照明的作业面，增加的局部照明照度值宜按该场所一般照明照度值的 1.0～3.0 倍选取。

附表 23 直管形荧光灯灯具的效率（%）

灯具出光口形式	开敞式	保护罩（玻璃或塑料）		格栅
		透明	棱镜	
灯具效率	75	70	55	65

附表 24 紧凑型荧光灯筒灯灯具的效率（%）

灯具出光口形式	开敞式	保护罩	格栅
灯具效率	55	50	45

附表 25 小功率金属卤化物灯筒灯灯具的效率（%）

灯具出光口形式	开敞式	保护罩	格栅
灯具效率	60	55	50

附表 26 高强度气体放电灯灯具的效率（%）

灯具出光口形式	开敞式	格栅或透光罩
灯具效率	75	60

附表 27 发光二极管筒灯灯具的效率（%）

色温	2 700 K		3 000 K		4 000 K	
灯具出光口形式	格栅	保护罩	格栅	保护罩	格栅	保护罩
灯具效能	55	60	60	65	65	70

附表 28 发光二极管平面灯灯具的效率（%）

色温	2 700 K		3 000 K		4 000 K	
灯盘出光口形式	反射式	直射式	反射式	直射式	反射式	直射式
灯盘效能	60	65	65	70	70	75

附表 29 作业面邻近周围照度

作业面照度 / lx	作业面邻近周围照度 / lx
≥750	500
500	300
300	200
≤200	与作业面照度相同

附表 30 工作房间内表面反射比

表面名称	反射比
顶棚	0.6 ~ 0.0
墙面	0.3 ~ 0.8
地面	0.1 ~ 0.5

附表 31 直接型灯具的遮光角

光源平均亮度/ (kcd/m^2)	遮光角 / (°)
1 ~ 20	10
20 ~ 50	15
50 ~ 500	20
≥500	30

附表 32 灯具平均亮度限值（cd/m^2）

屏幕分类	灯具平均亮度限值	
	屏幕亮度 > 200 cd/m^2	屏幕亮度 ≤200 cd/m^2
亮背景暗字体或图像	3 000	1 500
暗背景亮字体或图像	1 500	1 000

参考文献

[1] 北京照明学会照明设计专业委员会. 照明设计手册[M]. 3版. 北京：中国电力出版社，2016.
[2] 方光辉，薛国祥. 实用建筑照明设计手册[M]. 长沙：湖南科学技术出版社，2015.
[3] 《电气工程师手册》编辑委员会，周鹤良. 电气工程师手册[M]. 北京：中国电力出版社，2008.
[4] 方大千，方懿. 电气设备安装·使用·维修手册[M]. 北京：化学工业出版社，2018.
[5] 杨清德. 电工入门要诀[M]. 北京：中国电力出版社，2016.
[6] 郝晶卉，鹿学俊. 照明线路安装与检修[M]. 北京：高等教育出版社，2015.
[7] 赵德申. 电气照明[M]. 北京：高等教育出版社，2006.
[8] 杨玲. 照明系统安装与维修——项目式教学[M]. 北京：高等教育出版社，2009.
[9] 刘惠英. 配电线路与照明[M]. 北京：中国铁道出版社，2013.
[10] 徐兰文，朱嫣红. 安装电工实用技术[M]. 2版. 北京：高等教育出版社，2015.